東洋數學大系 V

楊輝算法

차종천 편

敎友社

역자서문

「양휘산법」은 13세기 후반 남송의 수학 르네상스를 대표하는 역저 가운데 하나이다. 이 책은, 특히 우리 입장에서 보자면, 「산학계몽」, 「산법통종」 등과 함께 조선시대 수학의 성격을 결정 짓는데 큰 영향을 미쳤으며, 임진왜란을 거치면서는 선조들의 우수한 인쇄술로 찍어낸 판본이 일본에 전래되어 그네들의 이른 바 "와산(和算)" 발달에 일대 기폭제가 되었고, 또 후일 중국 본토에서 이것이 완벽하게 일실되고 말았을 때에도 역으로 우리 문헌을 통해 송대 수학사의 큰 탈루 부분의 복원을 가능케 하기도 했던 기묘한 인연을 지니고 있다. 아마도 동양수학사상 적어도 세 나라 간의 학술교류라는 측면에서 이처럼 파란만장하게, 또 중요한 역할을 담당한 책은 다시 찾아보기 어렵지 않을까 한다.

돌이켜 보면, 역자가 이 책의 번역에 본격적으로 매달리게 된지도 이미 여러 해가 흘렀다. 원래 초역 자체는 1년쯤 걸려 마쳤으나, 정작 원고를 가다듬고, 주석을 달고, 해설을 가하는 작업이 생각처럼 쉽게 이어지지 못했던 것이다. 물론 이렇게 지연이 일어난 것은 산학에 대한 역자 자신의 연구관심이 도중에 중국, 한국, 일본을 망라하는 "동양수학대계" 수준으로 확대된 것과 무관하지 않다. 다만, 초역이 끝나갈 무렵 송일기 교수(당시 전남대, 현 중앙대)가 주도하고 있었던 해남 녹우당(綠雨堂) 소장 장서 연구에 합류하여 그 중에 들어있는 양휘산법의 필사본을 검토하게 된 것은 역자에게는 이 책이 우리 전통사회에 미친 영향을 확인하는 매우 소중한 기회가 되었고, 또 그 때 쓴 논문 "녹우당 소장 필사본 「양휘산법」의 특징과 조선시대의 산학"(단, 차종천(2003)의 제목은 다소 바뀌었음)이 결과적으로 이 책의 해설 역할을 맡게 되었다는 사실은 그나마 위안거리가 아닐 수 없다.

역자는 동양수학의 고전들을 번역하고 해부해보고자 하는 이러한 일련의 작업들을 추진해오는 과정에서 언제나 그것들이 동양수학의 전체상은 물론, 동시에 중국, 한국, 일본 3국의 나라별 특성까지 잘 드러내 줄 수 있는 가장 핵심적이고도 대표적인 고전들로 꾸며져야 한다는 점에 주력했으며, 그 결과 다음과 같은 15권을 기획하여 "**동양수학대계(東洋數學大系)**"라는 이름으로 묶기로 했다.

I.	「算數書」, 算經十書 上(「九章算術」,「周髀算經」)
II.	算經十書 下(「海島算經」,「孫子算經」,「五曹算經」,「張邱建算經」,「夏侯陽算經」)
III-IV.	「夢溪筆談」,「數書九章」
V.	「楊輝算法」
VI-VII.	「四元玉鑑」,「算學啓蒙」
VIII.	「算法統宗」
IX.	「梅氏叢書輯要」,「割圓密率捷法」, 李善蘭
X.	「默思集算法」,「九數略」,「籌解需用」
XI-XII.	「九一集」
XIII.	和算選集(「塵劫記」, 關孝和, 安島直圓, 和田 寧)
XIV.	Smith and Mikami,「日本數學史(A History of Japanese Mathematics)」
XV.	동양수학사의 흐름, 총색인

따라서 이 15권이 모두 완성되게 되면, 우리나라를 포함한 동아시아 문명권에서 누천년의 역사를 통하여 발달시켜온 소중한 수학적 업적의 진면목이 당연히 살아있는 전통으로 소생하여 우리 모두의 값진 문화자산으로 활용될 수 있을 것으로 믿어 의심치 않는 것이다.

이제 이「양휘산법」을 포함해서「산수서」, "산경십서" 가운데 7종(「구장산술」,「주비산경」,「해도산경」,「손자산경」,「오조산경」,「장구건산경」,「하후양산경」), 홍정하의「구일집」, 그리고 스미스와 미카미의「일본수학사」 등을 커버하는 총 6권을 동양수학대계의 일환으로 우선 상재(上梓)하게 되니, 역자로서는 비록 철저히 혼자 힘으로 밀어 붙여왔다고는 하나, 감사를 올려야 할 분들이 한둘이 아니다. 특히 수학교육학회, 과학사학회, 수학사학회, 과학기술사학회의 여러 학계 선배·동학과 맺어온 교류는 역자의 전통수학 천착을 위해서 큰 힘이 되어주었지만, 유감스럽게도 도움 받은 분들을 일일이 거명하는 것이 물리적으로 불가능해 안타깝게 생각한다. 개인적으로는, 동양수학과 관련하여 이만큼이나마 성과물을 만들어내게 된 것에 대해 새삼스럽게 아내와 더불어 자축하고 싶다. 그가 이 여러모로 부족한 인간에게는 언제나 궁극적인 후원자인 까닭이다. 한편, 2003년 가을부터 1년간 연구년을 보낸 도쿄대와 캠브리지대로부터 받은 지원은 재직중인 성균관대로부터 받은 지원과 더불어 몰아치기 번역에 돌입하는 것을 가능케 해주었다. 또한, 역자로 하여금 이 작업에 본격적으로 매달릴 수 있도록 흔쾌한 출판 승낙과 격려를 해주신 교우사 오판근 사장께도 깊은 감사를 드린다. 마지막으로 역자는 동양문화의 수학적 전통을 돌이켜보고자 하는 많은 분들께 이것들이 조금이나마 소용 닫기를 바라마지 않으며, 앞으로 여러 전문가들의 고견과 비판을 받아서 점차 개선해 나갈 수 있기를 기약해본다.

2006년 6월
북한산자락 한구석 서실에서
차종천

차 례

승제통변본말

전무비류승제첩법

속고적기산법

녹우당소장필사본

찾아보기

승제통변본말

乘除通變本末

서문(序)[1]

숫자 계산은 구구셈에서 시작되고, 계산 법칙들은 곱셈과 나눗셈으로부터 나온다. 곱수나 나눗수가 1을 따르는 것은 더하거나 빼고, 문제에 1이 들어있지 않으면, 반으로 나누거나 배로 곱하는데, 올리는 것은 "구귀"라는 이름의 덧셈을 하고, 내리는 것은 "하승"이라는 이름의 더는 셈을 한다. 이것들이 곱셈과 나눗셈을 보완하여 날개를 이루니 산학자들의 묘수이다. 배우는 사람들은 단지 "가감귀손"의 방법이 있는 줄만 알지, 그것들의 적용을 확대하고 변형시킬 수 있음은 깨닫지 못한다. 금과부에서 "알기가 어려운 게 아니라 적용하기가 어렵다"고 한 것도 결코 허튼 말이 아니다.

필자는 이제 여러 가지 다양한 방법들을 뽑아서 적고, 주석과 도해를 붙여서 "승제(통변)산보"라는 이름으로 엮게 되었다. 비록 선현들의 오묘한 이치를 다 밝혀내지는 못할지라도, 후학들을 위한 가교 노릇을 할 수는 있을 것이다. 이에 감히 출판에 붙여 후세에 전하고자 한다.

함순 갑술년 하지에 전당의 양휘가 쓰다.

---

1) "승제통변본말(乘除通變本末)"은 "곱셈과 나눗셈에 관한 여러 가지 계산법을 망라했음"을 뜻한다.

算之數,起于九九,制算之法,出自乘除. 法首從一者,則爲加爲減,題式無一者,則乃折乃倍,以上加名九歸,以下損名下乘[2]. 幷副乘除羽翼,算家之妙. 學者唯知有加減歸損之術,而不知伸引變之用. 金科賦[3]曰,知非難而用爲難,言不誣矣. 今將諸術衍盤取用,標注圖草,目之曰乘除算寶. 雖未盡前賢之閫奧,亦可爲後學之梯階. 敬鋟梓以遠其傳. 咸淳甲戌夏至[4],錢塘[5]楊輝序.

승제통변산보목록(乘除通變算寶目錄)

전당 양휘 편집(錢塘 楊輝 編集)

상권

계산학습의 개요(습산강목)

　곱셈, 나눗셈, 가감법의 활용(승제가감용법)

---

2) "하승(下乘)"은 곱하임수의 가장 높은 자릿수부터 시작하여 1단위까지 진행하는 곱셈을 가리킨다.

3) "금과(金科)"는 원래 법률, 법령을 뜻하였으나, 규칙이나 처리원칙에도 적용되었다.

4) 즉, 1274년 6월 21일. "함순(咸淳)"은 남경 탁종(南京度宗)의 연호이다.

5) "전당(錢塘)"은 양휘의 출신지이며, 남송 임안부(臨安府)의 현명으로서 오늘날의 절강성 항주(浙江省 杭州)에 해당한다.

인, 승, 손 세 계산법의 동일함(인승손삼법즉일)

곱셈, 나눗셈, 가감법의 자리수 정하기(승제가감정법)

여섯 가지 곱셈법(상승육법)

한 자리수 곱셈(단인)(중요한 적용)

한 자리수 여러 개로 하는 곱셈(중인)(전체 필수를 토대로 자수를 물음)

곱하임수 앞에 몫을 놓는 곱셈(신전인)(한 근당 단가가 31문, 410문)

서로 곱하기(상승)(전체 양수를 알려주고 몇 수인지 묻고, 단가를 토대로 총액을 물음)

인수분해하여 몇 번에 걸쳐서 하는 곱셈(중승)(다섯 자리 곱셈)

덜어내는 곱셈(손승)(커미션을 구함)

두 가지 나눗셈법(상제이법)

나뉨수가 나눗수보다 클 때(전체 금액으로 물건의 수량을 구함)

나뉨수가 나눗수보다 작을 때(물건의 수량으로 단가를 구함)

중권

다섯 가지 더하는 곱셈법(가법오술)

한 자리를 더하는 곱셈(가일위)(실수령액을 원래 모은 금액으로부터 구하려는데, 가6하여 직접 나누는 것을 대신함)

두 자리를 더하는 곱셈(가이위)(커미션을 구함)

두 번 자리를 더하며 하는 곱셈(중가)(원래 모은 금액과 무관함)
자리를 띠며 더하는 곱셈(가격위)(자투리 땅의 값을 구함)
잇달아 곱하임수에 더하는 곱셈(연신가)(구리 타수로부터 근수를 구함)

네 가지 빼는 곱셈법(감법사술)
한 자리를 빼는 곱셈법(감일위)(커미션으로부터 원금을 구함)
두 자리를 빼는 곱셈법(감이위)(3말 7되를 곱하여 뺌)
두 번 자리를 빼며 하는 곱셈(중감)(가이위를 중감으로 만듬)
자리를 띠며 빼는 곱셈(격위감)(소모된 실로부터 정품을 구함)

2배하고 반으로 나누는 곱셈법(구일승법)
5, 6, 7, 8, 9를 2배할 수 있을 때(커미션을 구하고, 지급된 쌀로부터 총량을 구함)
5, 6, 7, 8, 9를 2배할 수 없을 때(한 냥당 단가로부터 총액을 구하고, 지급된 조로부터 총량을 구함)
2와 3을 반으로 나눌 수 있을 때(전체 무수를 토대로 보수를 물음)
2나 3을 반으로 나눌 수 없을 때(거둬들인 조를 토대로 총량을 물음)
4를 만나서 반으로 두 번 나눌 수 있을 때(전체 필수를 토대로 자수를 물음)
4를 만나서 반으로 나눌 수 없을 때(전체 필수를 토대로 자수를 물음)

2배하고 반으로 나누는 나눗셈법(구일제법)

5, 6, 7, 8, 9를 2배할 수 있을 때(커미션으로부터 원금을 구하고, 물건의 수량으로부터 사람 수를 구함)

5, 6, 7, 8, 9를 2배할 수 없을 때(단가로부터 물건의 수량을 구하고, 조의 양으로부터 지급된 사람 수를 구함)

2와 3을 반으로 나눌 수 있을 때(전체 필수를 토대로 자수를 물음)

2와 3을 반으로 나눌 수 없을 때(거둬들인 조를 토대로 전체 넓이를 물음)

4를 만나서 반으로 두 번 나눌 수 있을 때(전체 필수를 토대로 자수를 물음)

4를 만나서 반으로 나눌 수 없을 때(전체 필수를 토대로 자수를 물음)

구귀법에 관한 어제, 오늘의 쟁점

83귀(실제 섬수로부터 원래 모은 수량을 구함)

69귀(밭의 길이로 너비를 구함)

일정하지 않은 계산법

계산법을 짐작하는 수(23, 46, 375가 곱수일 때는 서로 곱하지 않고, 대신 그에 걸맞는 방식으로 구함)

계산법을 짐작하지 못하는 수(97이 곱수일 때는 서로 곱하지 않고, 대신 뺀 값(휴수)을 곱수로 삼아 구함)

사리를 정하는 지름길(정위첩경)

하권

곱셈을 대신하여 이룬 계산법(1에서 300까지)

나눗셈을 대신하여 이룬 계산법(1에서 300까지)

卷上

習算綱目

乘除加減用法

因乘損三法卽一

乘除加減定法

相乘六法

單因(重用)

重因(緫匹問尺)

身前因(斤價三十一,斤價四百十)

相乘(緫兩問銖,彔價問緫)

重乘代(五位乘)

損乘(求頭子錢)

商除二法

實多法少(價求物)

實少法多(物求價)

卷中

加法五術

加一位(足錢展省,加六代除)

加二位(求頭子錢)

重加(不系省錢)

加隔位(稓地問直)

連身加(銅(金+它)問斤)

減法四術

減一位(頭子錢求原)

減二位(三斗七升因減)

重減(加二位作重減)

隔位減(耗絲求淨)

求一乘法

五六七八九可倍(求頭子錢,支米求總)

五六七八九不倍(兩價問總,支粟求總)

二三須折半(總畝問步)

二三不可折半(收粟問總)

遇四兩折紐(總匹問尺)

遇四不可折紐(總匹問尺)

求一除法

五六七八九可倍(頭子錢求原,物數求人)

五六七八九不倍(以價求物,以粟給人)

二三須折半(積尺問匹)

二三不可折半(收粟求原)

遇四兩折紐(積尺問匹)

遇四不折紐(積尺問匹)

九歸新舊題括

八十三歸(足斛展省)

六十九歸(以田長求闊)

算無定法

以括揆數(二十三,四十六,三七五爲法者,不用相乘,并以括代之)

無括揆數(九十七爲法,不用相乘,以虧數[6],爲法求之)

定位捷徑

卷下

代乘成術(一至三百)

代除成術(一至三百)

6) "휴수(虧數)"는, 예컨대, 100에서 3을 뺀 97처럼, 일정한 수가 모자라는 값이라는 뜻이다. 「승제통변산보」의 문제 [53]을 참조.

(1) 산법통변본말(算法通變本末)

전당 양휘 편집(錢塘 楊輝 編集)

계산학습의 개요(習算綱目[7])

먼저 구구단을 암기하도록 한다. (1×1 = 1에서 9×9 = 81까지 작은 것으로부터 큰 것까지 하며[8], 그 용법을 여기서 제시하지는 않는다.)

곱셈법과 자리를 정하는 법을 배운다.(1일 학습분량.)

곱셈법의 주제를 익힌다.(첫째 자리 곱하기에서 시작하여 6째 자리 이상까지 하며, 자리수 정하는 법도 익힌다. 5일 학습분량.)

나눗셈법과 자리를 정하는 법을 배운다.(1일 학습분량.)

나눗셈법의 주제를 익힌다.(첫째 자리 나누기에서 시작하여 6째 자리 이상의 나눗셈까지 하며, 자리 수를 다시 조정하고 정하는 법도 익힌다. 반달 학습분량.)

곱셈법과 나눗셈법을 알았으면, 「오조산경」과 「응용산법」 두 권을 구하여, 그 책들의 공식과 풀이법에 따라서 매일같이 두세 문제를 푼다.(여러 학파의 산학서들은 진도가 순서대로 되어 있지 않은 수가 많으므로 이 두 권을 이용하는 것이 처음 배우는 사람에게 편리하다.) 또한 이치를 완전히 이해할 필요는 없으나, 문제가 어떻게 나오는지, 그에 답하기 위해서 어떤 풀이법을 써야 되는지, 어떻게 곱하고 나눠야 되는지는 알아야 한다. 두 달 이내에 「오조산경」과 「응용산법」

---

7) "습산강목(習算綱目)"은 "계산학습의 일반적 개요"라는 뜻이다.

8) 구구단을 고대에는 9×9 = 81부터 시작했으나, 남송이래로 1×1 = 1부터 시작하게 된 것을 강조한 것이다.

계산의 70, 80퍼센트를 마칠 수 있을 것이다. 「상해(구장)산법」 제1권에는 곱셈과 나눗셈의 응용에 초점을 맞춘 문제 13개가 실려있는데 그 뜻과 주석을 음미해보면 저절로 밝혀질 것이다.

先念九九合數[9]. (一一如一,至九九八十一,自小至大,用法不出於此.)
學相乘起例幷定位. (功課一日.)
溫習乘法題目. (自一位乘,至六位以上,幷定位,功課五日.)
學相除起例幷定位. (功課一日.)
溫習除法題目. (自一位除,至六位除以上,幷更易定位,功課半月日.)
識乘除起例,收買「五曹[10]」,「應用算法[11]」二本. 依法術日下兩三問. (諸家算法,不循次第,今用二書,以便初學.) 且未要窮理,但要知如何發問,作如何用法答題,如何用乘除. 不過兩月,而五曹,應用已算得七八分矣. 詳解算法[12]第一卷,有乘除立問一十三題,專說乘除用體. 玩味注字,自然開曉.

여러 학자들의 산학서에서 사용하고 있는 방법은 곱셈, 나눗셈, 제곱근 계산의 3가지를 넘지 못하고, 계산공식은 "여(如)," "십(十)" 두 자를 넘지 못하며, 풀이 과정도 가로, 세로 2 자리를 넘지 못한다.

9) "합수(合數)"는 수를 서로 곱하는 것을 말하며, "구구합수"는, 따라서, 구구단을 가리킨다.
10) 산경십서 가운데 하나로서, 대략 위진남북조 시대에 이루어진 것으로 여겨지나, 저자미상이다.
11) 송 장순원(蔣舜元, 1080)의 저서인데, 일실되었다.
12) 양휘의 초기작 가운데 하나로서 1261년에 발행되었으나, 현재는 그 일부만이 전해지고 있다.

그러나 그것들을 확장했을 때, 응용범위는 얼마나 무궁무진한가! 곱셈과 나눗셈은 원래 깊이 낚고 멀리 이르는 법이라 「지남산법」은 덧셈, 뺄셈, 구귀, 구일에서 지름길을 구하였으니, 배우는 이들이 어찌 이것들을 깨우치고 활용하지 않을 수 있겠는가?

> 諸家算書,用度不出乘,除,開方三法,起例不出如,十二字,下算不出横,直二位. 引而申之,其機殆無窮盡矣! 乘除者,本鉤深致遠之法,指南算法[13]以加,減,九歸,求一旁求捷徑,學者豈容不曉宜兼而用之.

덧셈법과 자리를 정하는 법을 배운다.(1일 학습분량)
한 자리, 두 자리, 건너뛰는 자리의 덧셈을 익힌다.(3일)
뺄셈법과 자리를 정하는 법을 배운다.(1일 학습분량)

덧셈은 수를 증가시키고, 뺄셈 공부는 수를 없앤다. 덧셈이 있으면, 뺄셈도 있는 법이다. 무릇 뺄셈을 배울 때에는 반드시 덧셈으로 답에 대입하여 검산해봐야 하는데, 그러면 그 근원을 알 수가 있다. 이렇게 익히는 데는 5일이면 충분하다.

구귀 학습을 위한 44구의 노래들을 적으려면, 5-7일은 있어야 될 것이다. 그러나 「상해산법」에 제시된 구귀법 설명을 자세히 검토하면, 이 기법의 핵심적 의미를 이해할 수 있을 것이고, 응용법을 암기하는 데에도 하루면 충분하다.

구귀의 주제를 익힌다.(1일)

13) 양휘가 인용하고 있는 고대 산서의 하나지만, 일실되어 전해지지 않는다.

한 가지는 본래 가감에서 나온 것으로서 배로 곱하거나 반절 내는 것을 함께 활용하여 "구일"이라고 불린다. 사실 별로 심오할 것도 없고 그저 응용 지식만이 요구된다. 이에 관한 문제와 풀이법은 다음 장에 두루 갖춰져 있다. 이것을 익히는 데는 하루가 걸릴 뿐이다.

"천제"는 또한 "비귀"라고도 불리는데, 상수와 제수의 본래의 자리를 지키는 것에 불과하다. 이에 관한 글은 「상해산법」에 수록되어 있으므로 참고하면 이해가 될 것이다. 가감에서 천제에 이르기까지는 모두 쉬운 방법들이다.

學加法起例幷定位. (功課一日.)
溫習加一位,加二位,加隔位. (三日.)
學減法起例幷定位. (功課一日.)
加法乃生數也,學減法乃去其數也,有加則有減. 凡學減,必以加法題答考之,庶知其源. 用五日溫習足矣.
學九歸,若記四十四句念法[14], 非五七日不熟. 今但于「詳解算法」九歸題術中細看注文,便知用意之隙,而念法用法, 一日可記矣!
溫習九歸題目. (一日.)
一本是加減,乃以倍折兼用,故名求一. 其實無甚深奥,却要知用度. 卷後具有題術下法,溫習只須一日.
穿除,又名飛歸,不過就本位商數除而已. 詳解有文,一見而曉. 加減至穿除,皆小法也.

나누어 딱 맞아떨어지지 않고 남는 수는 나눗수를 분모로 삼고, 나뉨수를 분자로 삼는다.

---

14) "염법(念法)"은 가결(歌訣)을 가리키는 송나라 때의 말인데, 필시 수학공식을 노래로 만들어서 외우기 좋게 한 것을 지칭한 것으로 보인다.

만약 곱해서 원래의 분수로 환원하려면, 반드시 통분을 사용하고, 분모, 분자가 번잡스러우면, 반드시 약분을 사용하고, 여러 분모, 분자들이 고르지 않은데, 더하려면, 반드시 합분을 사용하고, 두 분수의 크기를 견주려면, 반드시 과분을 사용하며, 고르지 않은 분수들의 평균을 구하려면, 반드시 평분을 사용한다.

근에 이은 수, 양(즉, 무게의 측정치)이나 필에 달린 자, 치(즉, 피륙의 길이 측정치)도 분수와 비슷하여, 분수의 곱셈(승분)과 분수의 나눗셈(제분)이 아니고서는 다룰 수 없다. 분수를 다루는 것은 산학의 핵심요소이다. 그것을 배우지 않으면, 산학을 충분히 이해할 수가 없으니, 「구장산술」의 방전장에도 여러 분수 계산법이 실리게 되었다. 하루에 한 가지 계산법씩 익히면, 열흘이 못되어 두루 알게 될 것이며, 다시 두 달 동안 복습하면, 반드시 설명할 수 있을 것이다. 「장구건산경」 서문에 이르기를, 곱셈, 나눗셈이 어렵다고 걱정 말고, 분수가 어렵다고 걱정하라고 하였다. (그러나) 필자는 분수가 원래 어려운 것이 아니라, 번잡스러운 것에 불과하므로 여러 분수들을 분해하고 분석하여 착오를 일으키지 말아야 한다는 점만을 지적하고자 한다.

商除後,不盡之數,法爲分母,實爲分子. 若乘而還源,必用通分,分母分子繁者,必用約分,諸分母子不齊而欲幷者,必用合分,分母子有二,較其多寡者,必用課分,均不齊之分者,則用平分. 斤連銖兩,匹帶尺寸,亦猶分子,非乘分除分不能治也. 治分,乃用算之喉襟也. 如不學,則不足以知算. 而諸分幷著「九章[15]」方田. 若以日習一法,不旬日而周知. 更以兩月溫習,必能開釋. 張丘建算[16]序云,不患乘除爲難,以患分母子之爲難. 以輝言之,分子本不爲難,不過位繁,剖析諸分,不致差錯而已矣!

제곱근을 구하는 것(개방)은 산법의 중요한 단원이며, 구고, 방요, 연단, 쇄적과 같은 여러 분야에서 활용된다. 그것은 예컨대, 첫날에는 제곱근 구하기(개평방), 둘째 날에는 원의 넓이로부터 지름을 구하기(개평원), 셋째 날에는 세제곱근 구하기(개립방), 넷째 날에는 구의 부피로부터 지름을 구하기(개립원), 다섯째 날에는 분수의 제곱근 구하기(개분자방), 여섯째 날에는 삼승 이상의 제곱근을 구하기(개삼승이상방), 일곱째 날에는 대종평방을 배우는 식으로 일곱 부분으로 나눌 수 있는데, 소광, 구고 두 장에 함께 실려 있다. 하루에 한 가지 계산법씩 익히고, 두 달 동안 이 단원을 연습하도록 한다. 모름지기 용법의 근원을 잘 터득하여, 오랫동안 잊지 않도록 해야 할 것이다.

「구장산술」의 246 문제는 비록 곱셈, 나눗셈, 제곱근 구하기라는 세 가지 계산법을 넘지 못하지만, 방법을 제시하고 배치한 것이 특히 주의 깊게 적용하기에 알맞다. 교차 곱셈과 비례산(호승호환), 여러 비율 사이의 교차곱셈(유승열쇠), 표 계산(방정) 등을 책 앞머리에 함께 도해한다.

「구장산술」의 246 문제와 관련된 곱셈, 나눗셈, 분수산, 제곱근 구하기에 대한 연습을 마치면, 방전, 속미로부터 시작하는데, 단지 하루면 터득할 수 있을 것이다. 쇠분에서의 1인당 노동량은 비율에 따라 결정된다. 소광은 전체가 분수의 합산에 가깝고, 상공은 모두 동일한 부피를 치환하고(절변), 균수는 쇠분과 호승을 적용하는데 한 장당 사흘씩 연습하며 영부족, 방정, 구고에서 사용하는 풀이법

---

15) 산경십서 중에서도 중심적인 위치를 차지하는 동양수학 최대의 고전이라고 할 수 있으며, 방전, 속미, 쇠분, 소광, 상공, 균수, 영부족, 방정, 구고의 9장에 걸쳐서 모두 246문제를 수록하고 있다.

16) 산경십서 가운데 하나로서, 5세기 중엽에 이루어진 것으로 여겨진다.

들은 좀더 복잡하므로, 한 장당 나흘씩 연습하도록 한다. 다시 「구장산법찬류」를 자세히 검토하여 계산 사례들을 완전히 깨우치면, 「구장산술」의 뜻이 낱낱이 드러날 것이다.

開方,乃算法中大節目. 句股,旁要[17],演段[18],鎖積[19]多用. 例有七體,一日開平方,二日開平圓,三日開立方,四日開立圓,五日開分子方,六日開三乘以上方,七日帶從平方. 幷載少廣,句股二章. 作一日學一法,用兩月演習題目,須討論用法之源,庶久而無失忘矣.
「九章」二百四十六問,固是不出乘除開方三術. 但下法布置,尤宜編曆. 如互乘互換,維乘,列衰,方程幷列圖于卷首.
「九章」二百四十六問,除習過乘除諸分開方,自余方田,粟米,只須一日下遍. 衰分功在立衰. 少廣全類合分. 商功皆是折變. 均輸取用衰分互乘. 每一章作三日演習. 盈不足,方程,句股用法頗雜,每一章作四日演習. 更將「九章」纂類[20]消詳. 庶知用算門例,「九章」之義盡矣.

「사물기원」에 실려 있는 구고와 방요는 원래 두 장이었다. 지금은 합쳐서 한 장으로 삼고 있으나 풀이법의 뜻을 자세히 살펴보면, 실제로 별개의 두 부분임이 드러난다. 유휘는 방요술을 중차와

---

17) 진(秦)대 이전에 "구수(九數)"라고 불리운 것 중의 하나로서 직각삼각형에 내접한 원이나 정사각형과 관련된 측량 및 기하 계산을 뜻한다.

18) 제곱근을 구하는데 있어서 천원술처럼 실, 종, 염 등을 세워서 계산하는 것을 송·원대에는 "조단(條段)"으로 불렀으며, 조단을 기하문제 풀이에 적용한 것을 "연단"이라고 했다. 람(Lam, 1977: 13)은 "풀이과정(procedure)"이라고만 옮기고 있다.

19) 제곱근 구하기를 포함한 2차 이상의 방정식 풀이를 송·원대에는 "쇄적," "쇄방(鎖方)," "석쇄(釋鎖)" 등으로 불렀다. 람(1977: 13)의 번역은 "넓이의 합산(collection of areas)"이다.

20) 양휘, 「상해구장산법」의 제1장을 가리킨다.

감적으로 바꾸어 「해도산경」 9 문제를 만들었으며, 유익은 구고술로 연단과 쇄방을 다루어 「의고근원」 200 문제를 저술했다. 대종, 익우 개방은 사실 전례가 없는 것이다. 「구장」의 서문에서 이르기를, 사람에 따라서는 한두 가지만을 익혀가지고서도 일가로서의 책을 이루어낼 수 있다고 했는데, 충분히 그럴 법하다. 그러나 「해도산경」은 문제와 풀이법이 심오해서 그 신비를 파헤치기 어렵다. 이순풍이 주해하려고 시도했으나 풀이법을 적는 데 그쳤을 뿐, 그 역시 기원을 설명하지는 못했다. 「의고근원」은 원래 자세한 계산(세초)이 없으니, 풀이법에 따라 계산하더라도 역시 그 뜻을 알 도리가 없다. 「구장산술」의 구고장으로부터 이 두 책이 유래하고, 두 책으로 말미암아 여러 대가들의 오묘함이 널리 전달된 셈이다. 서문은 또한, "「구장산술」은 유가의 육경, 의술의 「황제팔십일난경」이나 「소문」, 병법의 「손자」나 마찬가지이다! 그러므로 열심히 배우려는 이는 「구장산술」을 깨우쳐야 할 것이다."라고 하였다.

「事物紀原」載,句股,旁要,本是兩章. 今總爲一章,詳觀法意,實是兩端. 劉徽以旁要之術,變重差減積,爲「海島[21]」九問. 劉益[22]以句股之術,治演段鎖方,撰「議古根源」二百問. 帶從,益隅開方實冠前古. 「九章[23]」序云,或得一二,以能自成一家之書,信矣. 但「海島」題法隱奥,莫得其秘. 李淳風[24]雖注,只云下法,亦不曾說其源. 「議古根源」原無細草,但依術演算,亦不知其旨. 自「九章」句股而有二書,因二書增續諸家之妙. 序又云,「九章」猶儒者之六經,醫家之難[25],素[26],兵法之「孫子[27]」歟! 是故勉學者知「九章」矣!

21) 유휘가 지은 것으로서 원래 그가 263년에 「구장산술」을 편집하고 주석을 붙여서 펴낼 때 "중차(重差)"라는 이름을 붙여서 제10장으로 삼으려고 한 것이었다.

곱셈, 나눗셈, 가감법의 활용(乘除加減用法)

올라가는 곱셈(상승)과 나눗셈에 있어서는 몫이 한 자리일 때, 곱하임수 또는 나뉨수 자리에 맞춰서 적는 법(언여대신)과 몫이 두 자리일 때, 10을 곱하임수 또는 나뉨수 자리를 지나쳐서 적는 법(언십과신)을 이용한다. 1×3＝3에 3 하나를 덧붙이면, 2×3＝6이 되고, 또 3 하나를 덧붙이면, 3×3＝9가 되는데, 모두 제 자리에서 나오지 않으므로, '언여대신'이라고 부른다. 3×3＝9 위에 또 다시 3 하나를 덧붙이면, 3×4＝12가 되는데, 그 10은 한 자리에 맞춰서 윗자리로 돌려놓는다. 그러므로 '언십과신'이라고 부른다.

내려가는 곱셈(하승)과 가감에 있어서는 몫이 두 자리일 때, 10을 곱하임수 또는 나뉨수 자리에 맞춰서 적는 법(언십당신)과 몫이 한 자리일 때, 곱하임수 또는 나뉨수 자리 아래에 놓는 법(언여하포)를 이용한다.

곱셈은 결국 곱하임수의 자리를 늘리게 마련이므로, 따라서 '언십과신'이니 '언여대신'이니 한 것이다. 줄어드는 곱셈과 가감에 있어서는 모두 몫으로 첫 자리를 삼고, 무릇 10을 곱하임수 또는 나뉨

---

22) 송대의 수학자로서 생몰 연대가 불분명하고, 그가 지은 「의고근원」도 일실되었으나, 그 내용의 일부가 「양휘산법」 내의 「전무비류승제첩법」을 통하여 전해지고 있다.

23) 송 가헌(賈憲)이 지은 「황제구장산경세초(黃帝九章算經細草)」(1148)를 가리킨다.

24) 이순풍(李淳風, 605?-672)은 당 나라 때의 수학자 · 천문가로서 656년에 「산경십서」의 주석본을 펴냈다.

25) "난(難)"은 중국의학 경전의 하나인 「황제팔십일난경」을 가리킨다.

26) 중국 고대의학의 가장 대표적인 경전인 「황제내경 · 소문」을 말한다.

27) 전국시대 때 오나라 사람이었던 손무(孫武)가 지은 중국 고대 병법서 중 최대의 경전인 「손자병법」을 말한다.

수 자리에 맞춰서 적으며, 마치 다음 자리를 좇아서 놓듯이 적으므로, 따라서 계산법도 '언십당신'이니 '언여하포'니 한 것이다.

上乘[28),商除,用言如對身,言十過身. 一三如三,添一箇三,是二三如六,又添一箇三,是三三如九,皆不出本位,故曰,言如對身. 三三如九上,更添一箇三,是三四十二,其十揭歸上位,對位如零. 故曰,言十過身.
下乘[29),加減,用言十當身,言如下布.

上乘臨了乘實位,故取言十過身,言如對身. 下乘與加減,幷以實爲首位,凡言十者,當身布起,若言如,數從次位布起,故法取,言十當身,言如下布.

인, 승, 손 세 계산법의 동일함에 대한 논의(辯因,乘,損[30)三法即一)

「지남산법」에 따르면 여러 자리(두세 자리 이상) 수를 곱하는 것을 승이라고 하며, 한 자리 수를 곱하는 것을 인이나 손이라고 한다. 확실히 세 자리 곱수로 한 자리 곱하임수를 승하는 것은 고려하지 않았는데 이는 곧 한 자리 곱수로 세 자리 곱하임수를 인하는 것일 뿐이다. 이와 같으니, 인하고 승하는 것은 처음부터 차이가 없다. 옛 사람들이 상승이라는 두 자를 내세워서 곱수와 곱하임수를 통용

28) "상승(乘)"은 곱하임수의 1단위부터 시작하여 가장 높은 자릿수까지 진행하는 곱셈을 가리킨다.
29) "하승(下下乘)"은 곱하임수의 가장 높은 자릿수부터 시작하여 1단위까지 진행하는 곱셈을 가리킨다.
30) "손(損)"은 "손승(損乘)"을 가리키며, 현대중국에서는 "보수승법(補數乘法)"이라고 부르는 것이다. 이것은, 예를 들면, 8을 곱하는 대신, 10을 곱한 데서 2를 곱한 것을 빼는 계산을 말한다.

하였는데, 보다 자세한 증명은 다음과 같다. 또 다시 그에 따르면, 먼저, 늘어나게 하는 것을 인이라고 부르면서 승하고(1로 9를 곱하는 것은 인이라고 부르며, 입으로 읊는 것도 인이라고 한다.), 다음으로, 줄어들게 하는 것도 역시 승한다(10에서 손1하면, 9가 되니, 10은 곧 1이다.)고 한다. 이와 같으니, 인하고 손하는 것은 곧 승하는 것의 다른 이름일 뿐이다.

「指南算」曰,衆位名乘(兩位三位以上). 單位名因一位,名損一位. 殊不思二位法乘一位實,乃是一位實因二位法. 如此而因與乘初無異也. 古人立相乘二字,法,實通用,尤爲有證. 又曰,上生出者名因爲乘(以一乘九,謂之因,又曰,口誦者爲因.) 下損出者亦爲乘(十損一,得九,十卽一也.) 如此,因與損,卽乘之易名也.

인손일체도(인은 수를 늘리는 곱셈이며, 손은 수를 줄이는 곱셈임.)

손1	○	9	8	7	6	5	4	3	2	1	9인
손2	○	○	8	7	6	5	4	3	2	1	8인
손3	○	○	○	7	6	5	4	3	2	1	7인
손4	○	○	○	○	6	5	4	3	2	1	6인
손5	○	○	○	○	○	5	4	3	2	1	5인
손6	○	○	○	○	○	○	4	3	2	1	4인
손7	○	○	○	○	○	○	○	3	2	1	3인
손8	○	○	○	○	○	○	○	○	2	1	2인

늘리는 곱셈(상승), 몫을 몸 앞에 두는 곱셈(신전인) 및 물건으로부터 가격을 구하려는 나눗셈에서는 곱수(또는 나눗수)의 끝자리 수를 곱하임수(또는 나뉨수)에 맞춘다.

줄이는 곱셈(하승), 가감, 손 및 가격으로부터 물건을 구하려는 나눗셈에서는 곱수(또는 나눗수)의 첫 자리 수를 곱하임수(또는 나뉨수)에 맞춘다.

구귀에서 나눗수와 나뉨수의 첫 자리가 천 자리에서 만나면 나뉨수를 백 자리에 정하고 나눗수와 나뉨수의 첫 자리가 백 자리에서 만나면 나뉨수를 십 자리에 정한다.

因損一體圖(生數爲因名乘,退數爲損名乘.)

損一	○	九	八	七	六	五	四	三	二	一 九因
損二	○	○	八	七	六	五	四	三	二	一 八因
損三	○	○	○	七	六	五	四	三	二	一 七因
損四	○	○	○	○	六	五	四	三	二	一 六因
損五	○	○	○	○	○	五	四	三	二	一 五因
損六	○	○	○	○	○	○	四	三	二	一 四因
損七	○	○	○	○	○	○	○	三	二	一 三因
損八	○	○	○	○	○	○	○	○	二	一 二因

上乘,身前因[31]及商除物求價,幷法尾之數定實.

下乘,加減,損,幷商除價求物,幷法首之數定實.

九歸,法首是千,實上定百,法首是百,實上定十.

31) "신전인(身前因)"은 몫을 곱하임수 앞에 놓는 곱셈이라는 뜻이다.

여섯 가지 곱셈법(相乘六法)

첫째, 한 자리수 곱셈(단인), 둘째, 한 자리수 여러 개로 하는 곱셈(중인), 셋째, 곱하임수 앞에 몫을 놓는 곱셈(신전인), 넷째, 서로 곱하기(상승), 다섯째, 분해한 인수로 몇 번에 걸쳐서 하는 곱셈(중승), 여섯째, 덜어내는 곱셈(손승)을 들 수 있다.

> 一曰單因[32),]二曰重因,三曰身前因,四曰相乘,五曰重乘,六曰損乘.

한 자리수 곱셈법(단인법)에 따르면, 여러 자리수(중위)를 곱하임수(실)로 놓고, 한 자리수는 곱수(법)로 삼아서 몰래 적은 다음, 윗자리로부터 곱하기 시작하여, 몫이 10을 넘으면, 그에 따라 [곱하임수 왼쪽에] 고쳐 적는다.

자리를 정하는 것은 곱셈에서와 마찬가지이다.

「의고근원」에 따르면, 인법은 비단 곱셈뿐 아니라 나눗셈도 할 수 있다. 자리를 정하는 것은 나눗셈과 마찬가지로서, 단인에 따른 새로운 방법이 도입된다.

---

32) "단인(單因)"은 한 자리 수의 곱셈이라는 뜻이다.

單因法曰,置衆位爲實,陰記單位爲法,從上位因起,言十過身,言如就身改之.
定位如乘.議曰,因法不獨能乘,而亦能除. 定位如除,以單因引用新術.

[1] 돈 9관을 월리 1리 8호로 풀었다. 금고에 11개월 17일을 넣어두었다면, 이자는 얼마인가?

답 : 1관 873문 8푼.

풀이법에 따라서, 달수에 3을 곱하고, 모두 날로 통하게 한 다음, 날수와 합치고(미리 정해져 있던 날 부분), 푼 금액 9를 곱하고, 또 하루 이율 6을 곱하면, 이자가 된다.(풀어놓은 1관의 월리가 18문이므로 하루에 6푼을 얻으니 따라서 6 곱하기를 적용한다.)

계산법에 따라서 11개월을 놓고, 3을 곱하고, 날을 더한 다음(도합 347), 푼 금액(9관)을 곱하고, 또 하루 이율(6푼)을 곱하면, 답이 나온다.

解錢九貫文[33],月利一釐八毫. 在庫十一箇月零十七日. 問息錢若干?
答曰,一貫八百七十三文八分.
術曰,三因月數,皆通爲日而幷零日(日上定分),以所解錢數九因,又日利六因,爲息(解一貫月利十八文,日得六分,故用六因).
草曰,置十一箇月,以三因,幷零日(共三百四十七),以所解錢數(九貫)因之,又日利(六分)因之,合問.

[2] 정사면체로 쌓아올린 것(삼각타)의 밑변의 개수가 7이면, 총합은 얼마인가?(「일용산법」에 그림이 제시되어 있음.)

답 : 84개.

풀이법에 따라서 밑변의 개수를 놓고, 세 자리로 늘린다. 원래의 자리는 더하지 않으며, 가운데 자리는 1을 더하고, 아래 자리는 2를 더한다. 그 가운데 6으로 나눌 수 있는 한 자리를 취해서 6으로 나누고, 세 자리를 서로 곱하면, 총합을 얻는다.

계산법에 따라서 밑변의 개수(7개)를 놓고, 세 자리(가로, 세로, 높이)로 늘린다. 원래의 자리(7개)는 더하지 않으며, 가운데 자리는 1을 더하고(8개), 아래 자리는 2를 더한다(9개). 그 가운데 9를 취해서 6으로 나누고($1\frac{1}{2}$ 개가 됨), 7을 곱하고, 또 8을 곱하면, 답을 얻는다.

주해 "삼각타"를 이루는 단위들의 개수는 꼭대기부터 층별로 1, 3, 6, 10, 15, ...와 같이 늘어나며, 그에 따라 특정 층까지의 총합은 1, 4, 10, 20, 35, ...와 같이 늘어난다. 풀이법에서도 정확하게 명시하고 있듯이 일반적으로 삼각타의 꼭지점으로부터 n층까지의 총합은

$$S = n\times 1 + (n-1)\times 2 + (n-2)\times 3 + \cdots + 2\times(n-1) + 1\times n$$
$$= \frac{1}{6}n(n+1)(n+2)$$

33) 1관(貫)은 1,000문(文)이다.

로 나타내어진다. 밑변의 개수가 7이라는 것은 층이 7개라는 것을 가리키므로 따라서 총합은

$$S = \frac{7 \times 8 \times 9}{6} = 84$$

이다.

三角垜[34],底面七箇,問積幾何?(「日用[35]」有圖.)

答曰,八十四箇.

術曰,置底面數,張三位. 本位不加,中加一,下加二. 于內取一位可以六除者,六除訖,以三位相乘,爲積.

草曰,置底層(七箇),張三位(一闊一長一高). 本位(七箇)不加,中加一(八箇),下加二(九箇). 內取九箇,可用六除(爲一箇半). 以七因之,又八因之,合問.

[3] 또 다른 정사면체로 쌓아올린 것의 밑변의 개수가 4이면, 총합은 몇 개인가?

답 : 20개.

계산법에 따라서, 밑변의 개수(4개)를 놓고, 그 다음 가운데 자리에는 1을 더해서 놓고(5개), 그 다음 아래 자리에는 2를 더해서 놓는다(6개). 6을 만나서 쓸 필요가 없으니 막 바로 5와 4를 서로 곱해서 총합을

34) "삼각타(三角垜)"는 형상수(figurate numbers) 가운데 기본형의 하나인 정사면체의 수열(tetrahedral numbers)과 관련된다.

35) 양휘가 1262년에 지은 2권짜리 저술이지만, 일실되었다.

얻으면(6인을 적용하지 않고, 6제하는 것도 피함), 답이 나온다.

又三角垜,底層四箇,問積幾何?

答曰,二十箇.

草曰,置底層(四箇),副置中位加一(五箇),副置下位加二(六箇). 遇六數不用,直以五四相因得積(不用六因,亦免六除),合問.

[4] 정사각뿔이 되게 쌓아올린 것(사우타)의 밑변의 개수가 6개이면, 총합은 몇 개인가?(「일용산법」에 그림이 제시되어 있음.)

답 : 91개.

풀이법에 따라서 밑변의 개수를 놓고, 세 자리로 늘린다. 윗자리는 더하지 않으며, 가운데 자리는 $\frac{1}{2}$을 더하고, 아랫자리는 1을 더한다. 그 가운데 3으로 나눌 수 있는 한 자리를 취해서 나누고, 세 자리를 서로 곱하면, 총합이 나온다.

계산법에 따라서, 밑변의 개수(6개)를 놓고, 세 자리(가로, 세로, 높이)로 늘린다. 윗자리는 더하지 않으며, 가운데 자리는 $\frac{1}{2}$을 더하고($6\frac{1}{2}$ 개), 아랫자리는 1을 더한다(7개). 그 가운데 윗자리(6개)를 3으로 나누면, 2가 되는데, $6\frac{1}{2}$을 곱하고, 또 7을 곱하면, 답이 나온다(6 대신 2를 써서 3으로 나누는 것을 피함).

주해 일반적으로 정사각뿔의 꼭지점으로부터 n층까지의 총합은

$$S = 1^2 + 2^2 + 3^2 + \cdots + n^2$$
$$= \frac{1}{6} n(n+1)(2n+1)$$

로 나타낼 수 있다. 풀이법에서는 그 값을 $\frac{1}{3} n(n+\frac{1}{2})(n+1)$이라고 표시하는 것으로 드러난다. 밑변의 개수가 6이라는 것은 층이 6개라는 것을 가리키므로, 총합은

$$S = \frac{6 \times 6\frac{1}{2} \times 7}{3} = 91$$

이다.

四隅垜[36],底層六箇,問積幾何?(「日用」有圖.)

答曰,九十一箇.

術曰,置底層數,張三位,上不加,中加半,下加一. 內取一位可三除者,除訖,三位相乘爲積.

草曰,置底層(六箇),張三位(一闊一長一高),上不加,中加半(六箇半),下加一(七箇). 內上位(六箇),三除爲二,以因六箇半,又七因之,合問(以六爲二,免三除也.).

[5] 1인당 쌀 5말씩 나눠줬더니, 모두 246섬이 지급되었다. 몇 명에게 지급한 것인가?

36) "사우타(四隅垜)"는 정사각뿔(square pyramidal numbers)을 가리킨다.

답 : 492명.

풀이법에 따라서 5로 나누는 대신 2를 곱한다.

계산법에 따라서 쌀의 수량(246섬 ; 섬수 위에 사람 수 자리를 정함)을 놓고 2를 곱하면 사람수가 된다.

每人給米五斗,共支二百四十六石. 問給幾人?
答曰,四百九十二人.
術曰,二因可代五除也.
草曰,置米數(二百四十六石,石上定人),二因,爲人數.

[6] 3,333명에게 도합 2,746섬을 지급하였다. 각자에게 얼마나 지급한 것인가?

답 : 8말 2되 3홉 8작(총 나머지는 2말 7되 4홉 6작).

풀이법에 따라서 3을 곱하여 번거로운 3의 연속으로 나누는 것을 대신하고, 원래의 나눔수의 위치를 네 자리 물려서 영 이하의 나머지 수를 얻는다.

계산법에 따라서 쌀의 수량(2,746섬)을 놓아 나눔수로 삼고, 네 자리를 물린 다음, 우선 나누어 떨어지지 않는 수(2말 7되 4홉 6작)를 남긴 채, 원래의 쌀에 3을 곱하면, 답이 나온다(자리를 정하는 것은 나눗셈에서와 마찬가지로서 사람수 위에서 말수를 얻음).

주해 이 문제부터 시작해서 [12]번까지 2,746이라는 숫자가 들어가는 문제가 무려 일곱 차례나 연거푸 등장해서 눈길을 끈다.

三千三百三十三人,共支二千七百四十六石. 問各幾何?

答曰,八斗二升三合八勺(總餘二斗七升四合六勺).

術曰,三因以代繁三[37]爲除,于原實退四位,爲不盡零數.

草曰,置米數(二千七百四十六石)爲實,退四位,先命爲除不盡零數(二斗七升四合六勺),三因原米,合問(定位如除,人上得斗).

[7] 길포에 대해 물리는 세금은 25필당 1필씩인데, 지금 2,746필(1필=48자)이 있다. 세금은 몇 필인가?

답 : 109필 40자 3치 2푼.

풀이법에 따라서 25로 나누는 대신, 4를 곱한다.

계산법에 따라서 포의 수량(2,746필)을 놓고, 4를 곱한다(109필과 나머지 8푼 4리가 됨). 0 이하의 분수를 만날 때에는 6을 곱하고, 또 8을 곱해서 자와 치가 되게 하면, 답이 된다.

吉布[38]二十五匹稅一,今有二千七百四十六匹(法四十八尺).

問稅幾匹?

答曰,一百九匹四十尺三寸二分.

術曰,四因以代二十五除也.

草曰,置布數(二千七百四十六匹),四因(得一百九匹,餘八分四釐). 遇零分,以六因又八因爲尺爲寸,合問.

37) "繁三"은 3,333을 가리킨다.

38) "길포(吉布)"를 두고 孫宏安(1997: 244)은 길주, 곧, 오늘날의 강서성 길안(吉

[8] 돈 2,746관으로 밭을 사려고 하는데, 한 무에 20관이다. 모두 몇 무를 살 수 있는가?

답 : 137무 72보.

풀이법에 따라서 2로 나누는 대신, 5를 곱한다.

계산법에 따라서 전체 금액(2,746관인데 100관 위에 구한 무 자리를 정함)을 놓고, 5를 곱한다(137무와 나머지 3분). 영 이하의 분수를 만날 때에는 3을 곱하고, 또 8을 곱하여 보수가 되게 하면 답이 나온다.

錢二千七百四十六貫,買田,每畝[39]二十貫. 問共買幾畝?

答曰,一百三十七畝七十二步.

術曰,五因以代二除也.

草口,置總錢(二千七百四十六貫,于百貫上定得畝數),五因(得一百三十七畝餘三分). 遇零分,三因又八因爲步數,合問.

[9] 돈 2,746관을 지불하여 능라를 사려고 하는데, 한 장에 1관 666문씩 한다. 모두 얼마나 살 수 있겠는가?

답 : 1,647장 6자(총 나머지는 1관 666문).

풀이법에 따라서, 1,666으로 나누는 대신, 6을 곱한다.

계산법에 따라서 전체 금액(2,746관인데 상제에서와 마찬가지

安)에서 생산되는 베라고 본 반면, 람(1977: 19)은 "길포세"를 경사가 있을 때 포목에 물린 세금(tax on cloth for festive occasions)으로 간주하여 해석상의 차이를 드러내고 있다.

39) 1무(畝)는 중국 고대의 넓이 단위로서 240보^{2}에 해당한다.

로 관 위에 문 자리를 정함)을 놓고, 6을 곱한다(1,647장 6자). 그리고 나서 원래의 금액을 놓고, 네 자리를 물린 다음(관 위에 푼 자리를 정함), 4를 곱하여 나누어 떨어지지 않는 수를 구한다(1관 98문 4푼). 만약 나머지 돈이 한 자 값을 넘으면, 이 방법을 다시 써서 6을 곱하고, 더하는데, 나머지를 그대로 두면, 답이 된다.

支錢二千七百四十六貫買綾,每一丈價値一貫六百六十六文.
問合買若干?
答曰,一千六百四十七丈六尺(總餘一貫六百六十六文).
術曰,六因以代一六六六除也.
草曰,置總錢(二千七百四十六貫,如商除,貫上定得文),六因(得一千六百四十七丈六尺). 副置原錢,退四位(貫上定分),四因爲除不盡零數(一貫九十八文四分). 或零錢盈尺價者,再用本法六因幷之,命零,合問.

[10] 돈 2,746관을 들여서 은을 사려고 하는데, 한 냥에 14관 285문이다. 모두 얼마나 살 수 있겠는가?

답 : 192냥 2전 2푼(총 나머지는 13문 7푼 3리).

풀이법에 따라서 14,285로 나누는 대신, 7을 곱한다.

계산법에 따라서 전체 금액(2,746관 ; 상제에서와 마찬가지로 자리를 정하여, 10관 위에 냥을 고정시킴)을 놓고, 7을 곱한다(192냥 2전 2푼). 그리고 나서 원래의 금액을 놓고, 반으로 나누고, 다섯 자리를 물리면 정수로 딱 떨어지지 않는 나머지 액수가 나와(원래의 금액을 놓고, 반으로 나누고, 다섯 자리를 물리면, 13문 7푼 3리가 됨), 답이 된다.

錢二千七百四十六貫買銀,每兩一十四貫二百八十五文. 問共買得幾何?

答曰,一百九十二兩二錢二分(總餘一十三文七分三釐).

術曰,七因以代一四二八五除也.

草曰,置總錢(二千七百四十六貫,如商除定位,十貫上定兩),七因(得一百九十二兩二錢二分). 副置原實,折半,五退,爲不盡零錢(原實折半,五退,得一十三文七分三釐),合問.

[11] 자은 잡하들에 대한 세금은 12근 반에 1근인데, 지금 2,746근이 있다. 세금은 얼마인가?

답 : 219근 10냥 8전 8푼.

풀이법에 따라서 125로 나누는 대신, 8을 곱한다.

계산법에 따라서 근수(2,746근 ; 100근 위에 세금의 냥을 고정시킴)를 놓고, 8을 곱한다(219근 6분 8리). 근을 넘어서는 나머지에 대해서, 16을 곱하여 냥으로 만들면(6분 8리에 16을 곱하니, 10냥 8전 8푼이 됨), 답이 나온다.

주해 문제에서 수행된 계산은 기본적으로 다음과 같다.

$$2746 \div 12.5 = 2746 \times 8 \div 100 = 219.1088.$$

細物一十二斤半稅一,今有二千七百四十六斤. 問稅幾何?
答曰,二百一十九斤一十兩八錢八分.
術曰,八因以代一二五除也.
草曰,置斤數(二千七百四十六斤,于百斤上定稅兩),八因(得二百一十九斤六分八釐). 斤外零分,加六[40]爲兩(于六分八釐上,加六,得一十兩八錢八分),合問.

[12] 조 2,746섬을 1,111명에게 나눠주려고 한다. 각자에게 얼마나 지급되겠는가?

답 : 2섬 4말 7되 1홉 4작(총 나머지는 2말 7되 4홉 6작).

풀이법에 따라서 번거로운 1의 연속으로 나누는 대신 9를 곱한다.

계산법에 따라서 조의 양(2,746섬 ; 상제에서와 마찬가지로 자리를 정하여 사람수 위에 섬수를 고정시킴)을 놓고, 9를 곱한다(2섬 4말 7되 1홉 4작). 그 다음에 원래의 조의 양을 놓고, 네 자리를 물리면, 정수로 딱 떨어지지 않는 나머지 수가 나와(2말 7되 4홉 6작), 답이 된다.

粟二千七百四十六石,給一千一百一十一人. 問各幾何?
答曰,二石四斗七升一合四勺(總餘二斗七升四合六勺).
術曰,九因以代繁一除也.
草曰,置粟數(二千七百四十六石,如商除,人上定得石),九因得(二石四斗七升一合四勺). 副置原粟,退四位,爲除不盡餘數(得二斗七升四合六勺),合問.

40) "加六"은 기본적으로 1.6을 곱하는 것에 해당한다.

한 자리수 여러 개를 곱하는 셈법(중인술)에 따르면 곱수가 구구단과 같을 경우 곧 중인을 적용하게 된다(예를 들어, 63이면, 7을 곱하고 9를 곱하며, 48이면, 6을 곱하고, 8을 곱함). 자리를 정하는 것은 곱셈에서와 같다.

> 重因術曰,法數如九九合數者,則用重因(謂六十三,用七因九因,如四十八,用六因八因). 定位如乘.

[13] 비단 274필이 있는데, 한 필이 48자라면, 모두 몇 자나 되는가?
답 : 13,152자.

계산법에 따라서 비단의 수량(274필 ; 필 위에 자의 자리를 고정시킴)을 놓고, 그것에 6을 곱하고 나서 8을 곱한다.

주해 이 문제는 문제 [38]로 다시 등장하며, [46]과는 서로 역산 관계에 있다. 문제 풀이에 적용된 중인술 계산은 다음과 같다.

$$274 \times 6 \times 8 = 13152.$$

> 絹二百七十四匹,每匹四十八尺,問共幾尺?
> 答曰,一萬三千一百五十二尺.
> 草曰,置絹數(二百七十四匹,于匹上定得尺),六因又八因之.

[14] 금 274냥이 있는데, 한 냥에 24수씩 한다면, 모두 몇 수나 되는가?
답 : 6,576수.

계산법에 따라서 양수(274 ; 냥 위에 수의 자리를 정함)를 놓고, 그것에 3을 곱하고, 8을 곱한다.

주해 문제 풀이에 적용된 중인술 계산은 다음과 같다.

$$274\times3\times8=6576.$$

金二百七十四兩,每兩二十四銖. 問共幾銖?
答曰,六千五百七十六銖.
草曰,置兩數(二百七十四,于兩上定得銖)三因又八因之.

곱하임수 앞에 몫을 놓는 곱셈법(신전인술)(11에서 19까지는 10의 뒤로 옮기고 곱하임수를 더하는데, 10을 곧 1로 취급하는 셈이다. 만일 21에서 91까지라면 어찌 신전을 써서 곱할 수 없겠는가?)에 따라서 곱하임수를 놓아 몸으로 삼고, 몸 앞에서 인법을 적용하듯이 하여 구한다. 한 자리 숫자는 몸 앞의 자리에 둔다. 두 자리 숫자는 몸 앞의 두 자리 아래에서 일어나게 한다. 자리는 곱셈에서처럼 정한다.

身前因(謂自十一至十九,可于十後加零,而十卽一也. 何二十一至九十一,不可于身前用因乎)術曰,置實數爲身,以一前之數,于身前如因法求之. 言如,身前布位,言十,身前二位下起. 定位如乘.

[15] 232근이 있는데, 한 근에 31문씩 하면, 모두 얼마나 되는가?
답 : 7관 192문.

계산법에 따라서 근수를 몸으로 놓고(근 위에 문 자리를 정함), 몸 앞에서 3을 곱한다.

二百三十二斤,每斤三十一文. 問錢幾何?
答曰,七貫一百九十二文.
草曰,置斤數爲身(斤上定文),于身前三因之.

[16] 234근이 있는데, 한 근에 410문씩 하면, 모두 얼마나 되는가?
답 : 95관 940문.

계산법에 따라서 근수를 몸으로 놓고(근 위에 문 자리를 정함), 몸 앞에서 4를 곱한다.

二百三十四斤,每斤四百一十文. 問錢幾何?
答曰,九十五貫九百四十文.
草曰,置斤數爲身(斤上定十),于身前四因之.

서로 곱하기법(상승술)에 따르면, 곱하임수 자리는 위에 놓고, 곱수 자리는 아래에 놓으며, 곱수의 끝을 곱하임수의 첫 자리와 일치시킨다(곱하임수의 첫 자리와 일치되지 않는 경우에는 곱해지는 자리에 맞춤). 곱수의 끝자리 수로 곱하임수의 자리를 조심스럽게 정한다. 곱수와 곱하임수를 서로 곱하는데, 10은 곱수의 몸을 지나게 하고, 한 자리 수는 곱수에 맞추며, 곱하임수의 나머지는 옆자리에 둔다(이에 관한 주는 「상해구장산법」에 있음).

相乘術曰,實位居上,法位居下,以法尾頂實首位(非頂首位,是頂所乘位也). 詳尾位之數,以定其實. 法實相因,言十過法身,言如對法身,臨了就實身(「詳解[41]」有注.).

[17] 은 24냥 7전이 있는데, 한 냥에 7관 360문씩 한다. 모두 얼마나 되는가?

답 : 181관 792문.

계산법에 따라서 은의 무게를 곱하임수로 놓고, 한 냥 값을 곱수로 놓으며, 양 위에 10문 자리를 정한다.

주해 문제에서 수행된 계산은 기본적으로 다음과 같다.

$$24.7 \times 7.36 = 181.792.$$

---

41) 양휘가 1261년에 펴낸 책이지만, 현재는 그 일부만이 전해지고 있다.

銀二十四兩七錢,每兩價錢七貫三百六十文. 問錢若干?
答曰,一百八十一貫七百九十二文.
草曰,置銀數爲實,兩價爲法,兩上定得十文.

인수분해하여 몇 번에 걸쳐서 하는 곱셈법(중승술)에 따르면, 곱하는 자리가 번잡스러울 경우, 2단으로 인수분해하여 곱셈을 두 번 하도록 한다. 그러면 자리수도 간단해지고 곱셈이 쉬워서 잘못을 피할 수 있다. 곱하는 것과 자리를 정하는 것은 삭삭 본래의 방법을 따르는다.

重乘術曰,乘位繁者,約作二段,作二次乘之,庶幾位簡而易乘,自可無誤也.
相乘與定位,各從本法.

[18] 38,367근이 있는데, 근당 단가가 23관 121문이다. 전체 가격은 얼마인가?

답 : 887,083관 407문.

계산법에 따라서 단가(23관 121문)를 곱수로 놓고, 인수분해하여(먼저 9로 나누고, 다시 7로 나누면, 367이 되는데, 더 이상 나눠지지 않는다), 나누다 남는 수(367)로 근수를 곱한 다음(38,367근을 곱하면, 14,080관 689문이 됨), 원래의 약수인 7과 9의 곱인 63문을 곱한다.

주해 문제에서 수행된 계산은 기본적으로 다음과 같다.

$$23,121 = 9\times7\times367,$$
$$(38,367\times367)\times63 = 14,080,689\times63 = 887,083,407.$$

三萬八千三百六十七斤,每斤價錢二十三貫一百二十一文.問錢若干?
答曰,八十八萬七千八十三貫四百七文.
草曰,置價錢爲法(二十三貫一百二十一文),約之(先以九約,又以七約,乃見三百六十七,更不可約也.),以約餘之數(三百六十七),乘斤數(三萬八千三百六十七斤,得一萬四千八十貫六百八十九文),却以原約七九之數,作六十三文乘之.

덜어내는 곱셈법(손승법)(즉, 하승으로서, 상승은 수를 만들어내는데 비해서, 하승은 수를 줄인다)에 따르면, 9를 곱하는 것은 손1(10 − 1 =9), 8을 곱하는 것은 손2(10 − 2 =8), 7을 곱하는 것은 손3(10 − 3 =7), 6을 곱하는 것은 손4(10 − 4 =6), 5를 곱하는 것은 절반(반으로 나누는 것이니 곧 손5임), 4를 곱하는 것은 손6, 3을 곱하는 것은 손7, 2를 곱하는 것은 손8인데, 모두 끝자리에서 시작하기 때문에 하승이라고 하며, 구귀법의 역산에 해당된다. 자리는 곱셈에서와 마찬가지로 정한다.

損乘(卽下乘也,上乘以生數,下乘卽損數.),九乘者損一(十去其一,卽九),八乘者損二(十去其二,卽八),七乘者損三(十去其三,卽七),六乘者損四(十去其四,卽六),五乘者折半(折半卽是損五),四乘者損六,三乘者損七,二乘者損八,幷自末位求起,卽下乘也,是反用九歸之術. 定位如乘.

[19] 관청에서 26,410관을 지급하는데, 한 관에 두자전 56문씩을 제한다. (두자전은) 모두 얼마나 되는가?

답 : 147관 896문.

계산법에 따르면, 56은 원래 7을 곱하고 8을 곱하는 것이지만, 여기서는 손법을 쓰면 용이하다. 7을 곱하는 대신, 먼저 손3하고(26,410관을 놓고, 10관 위를 100으로 정하고, 끝자리에서 3을 빼는 것을 따르면, 184관 870이 됨), 또한 8을 곱하는 대신, 손2하면, 답이 나온다.

주해 문제에서 수행된 계산은 기본적으로 다음과 같다.

$$26410\times56=26410\times7\times8=26410\times(10-3)\times(10-8).$$
$$=184870\times(10-2)=1478960$$

두자전에 관한 문제는 문제 [24], [28]에서도 찾아볼 수 있다.

官支錢二萬六千四百一十貫,每貫除頭子錢[42]伍拾陸文. 問共得若干?

答曰,一百四十七貫八百九十六文.

草曰,五十六,本是七因八因,今易爲損法,當先用損三以代七因(置二萬六千四百一十貫,于十貫上定百,從末位損三,得一百八十四貫八百七十),又用損二以代八因,而得答數.

두 가지 나눗셈법(자리를 정하는 두 방법)(商除二法(定位二法))

첫째, 나뉨수가 나눗수보다 클 때의 방법에 따르면, 내는 값(출률)을 나뉨수로 놓고, 비율(구율)을 나눗수로 삼아, 나뉨수를 나눗수로 나누는데, 구구단을 활용한다. 10이 넘으면, 나눗수보다 한 자리 지나게 하고, 한 자리 수이면, 나눗수의 자리와 같게 하면서, 나눈다. (이에 관한 주는 「상해산법」에 있음).

둘째, 나뉨수가 나눗수보다 작을 때의 방법에 따르면, 나눗수를 바꿔서 나뉨수로 하고, 나뉨수를 바꿔 나눗수로 하여, 나뉨수를 나눗수로 나누는데, 구구단을 활용한다. 10이 넘으면, 나눗수보다 한 자리 지나게 하고, 한 자리 수이면, 나눗수의 자리와 같게 하면서, 나눈다.

자리를 정하는 방법에 따르면 단가가 나눗수일 때에는 물건의 수량을 구하는데, 나눗수의 첫 자리를 나뉨수에 맞추며 물건의 수량

42) "두자전(頭子錢)" 또는 "두전(頭錢)"은 현대중국어의 "회구(回扣)"에 해당하며, 커미션 내지 리베이트를 가리킨다.

이 나눗수일 때에는 단가를 구하는데, 나눗수의 끝자리에 따라 가리키는 곳을 결과의 자리로 정한다.

其一,實多法少術曰,置出率爲實,以求率爲法,以法商實,命九九合數,言十過法身,言如對法身,除之(「詳解算法」有注.).
其二,實少法多術曰,易法爲實,易實爲法,以法商實,命九九,言十過法身,言如對法身,除之.
定位,以價爲法,求物數者,以法首之數定實.
以物數爲法,求價者,隨法尾所指處,定爲所得.

[20] 729관의 돈을 내서 물건을 사려고 하는데, 한 냥에 2관 430문씩 한다. 물건(의 수량)은 몇 냥이나 되는가?
답 : 300냥.

첫째 방법에 따르면, 내는 값을 나뉨수로 놓고(729관), 단가를 나눗수로 삼아(2관 430문), 나뉨수를 나눗수로 나누는데, 나눗수의 첫 자리를 나뉨수에 맞춘다(나눗수의 첫 자리는 관이며, 관 위에 얻어지는 냥의 자리를 정하고, 100관 위에는 100냥의 자리를 정함). 상상에 300냥을 놓고, 나눗수로 나눠주면, 정수로 맞아떨어지면서 답이 나온다.

주해 이 문제에서 수행된 계산은 기본적으로 다음과 같으며, 문제 [21]의 그것과는 서로 역산의 관계에 놓여 있다.

$$729 \div 2.43 = 300.$$

出錢七百二十九貫,買物,每兩二貫四百三十文. 問物幾兩?
答曰,三百兩.
其一術曰,置出率爲實(七百二十九貫),以求率爲法(二貫四百三十),以法商實首相頂,首位,以法首之數定實(法首是貫,于貫上定得兩,約至百貫上,定百兩). 上商置三百兩,以法除之,適盡,合問.

[21] 2관 430문의 돈을 내서 729개의 물건을 샀다. 얼마씩 주고 산 것인가?

답 : 1전에 3개씩 삼.

둘째 방법에 따르면 물건의 수량을 나뉨수로 놓고(729개), 맞바꾼 금액을 나눗수로 삼아(2관 430문), 나뉨수를 나눗수로 나누는데, 나눗수의 끝자리에 따라 가리키는 곳을 결과의 자리로 정한다(나눗수의 끝자리는 10문이며, 위에 나뉨수를 10개로 표시함). 이는 곧 1문을 알면, 1개를 얻는다는 것이다. 상상이 3으로서(즉, 3개), 나눗수로 나눠주면, 맞아떨어지니, 답이 된다.

주해 이 문제에서 수행된 계산은 기본적으로 다음과 같으며, 문제 [20]의 그것과는 서로 역산의 관계에 놓여 있다.

$$2430 \div 729 = 10 \div 3 = \frac{10}{3}.$$

出錢二貫四百三十文,買物七百二十九枚. 問買幾何?
答曰,一錢買三枚.
其二術曰,置物數爲實(七百二十九枚),易錢數爲法(二貫四百三十),法首與實首相頂,置位,隨法尾指處,爲所得(法尾是十文,上指實十枚),卽知一文得一枚也. 上商三(卽得三枚),以法除之,適盡,合問.

(2) 승제통변산보(乘除通變算寶)

다섯 가지 더하는 곱셈법(加法五術)

첫째, 한 자리를 더하는 곱셈(가1위), 둘째, 두 자리를 더하는 곱셈(가2위), 셋째, 두 번 자리를 더하며 하는 곱셈(중가), 넷째, 자리를 띠며 더하는 곱셈(가격위), 다섯째, 잇달아 곱하임수에 더하는 곱셈(연신가)을 들 수 있다.

一曰加一位,二曰加二位,三曰重加,四曰加隔位,五曰連身加.

한 자리를 더하는 곱셈법(가1위술)에 따르면, 갖고 있는 물건의 수량을 곱하임수로 하여 몸으로 하고, 나눗수의 첫 자리를 나뉨수에 맞춘다. 물건의 단가의 10 자리는 1이다. 곱하임수의 몸에 덧붙여서 다음 자리에 더한다. 10자리 수는 곱하임수에 맞추어 자리를 정하고, 차신하듯이 부르며 구하도록 한다.

加一位術曰,以所有物數爲實,爲身,以法首之數,定爲得數. 以所求物價,一後零數,于身後加之,言十當身布起,言如次身求之.

[22] 신구 화폐를 교환하여 얻어진 액수(족전)가 96관 250문이고, 교환비율이 77%라면, (구화폐는) 얼마나 되는가?

답 : 125관.

계산법에 따라서 실제 얻어진 액수로부터 줄이기 전의 구화폐의 액수를 구하려면(족전전생[43]), 13을 곱하고, 관 단위만 주목하고 문 단위를 몫에서 제거한다(77로 나누는 대신, 가3한다(즉, 13을 곱함). 관을 주목하는 것은 넷째 자리로 물린 다음, 문을 제거한다는 것임). 신화폐 액수를 몸으로 놓고(관 위에 관의 자리를 정함), 가3한다(125관 125문이 됨). 관을 주목하고 문을 제거하면(위는 125관이며, 아래의 125문은 제거함), 답이 나온다.

주해 이 문제를 위한 계산은 기본적으로

43) 만성적인 동전 부족이 끊임없이 '생맥(省陌)'이라고 일컬어진 구화폐의 평가절하로 이어졌던 이와 같은 송대의 사회경제적 배경을 이해하기 위해서는 립프레히트(Libbrecht, 1973 : 418-20)을 참조할 것. '전생(展省)'은 생맥의 대상이 된 명목가치를 말한다.

$$96.25 \times \frac{100}{77} = 125$$

라는 것에 불과하지만, 여기서는 .77로 나누는 대신 1.3을 곱해서 계산한 다음, 소수점 이하를 버려서 답을 구하라고 추천하고 있음을 볼 수 있다. 즉, 문제 속의 계산법에서 벌어진 계산은 다음과 같다.

$$96.25 \times 1.3 \times \frac{100}{100.1} = 125.125 \times \frac{100}{100.1} = 125$$

요긴대 $77 \times 1.3 = 100.1$이라는 점에 착안한 계산인 것이다. 한편, “족전” 관련 유제들은 문제 [64], [65], [69], [80]에서도 발견된다.

足錢[44]九十六貫二百五十文,問展七十七陌[45]幾何?

答案,一百二十五貫文.

草曰,足錢展省,乃加三,望貫除一[46](猶加三,以一代七十七除也,望貫者,退位于第四位,除文.). 置足錢爲身(貫上定貫),加三(得一百二十五貫一百二十五文). 望貫除文(上是一百二十五貫,下除一百二十五文),合問.

44) 원래 “족전(足錢)”은 화폐개혁시 매관 1,000문에 대해서 등가적으로 교환하는 것을 가리키고, 그와 반대로 줄여서 교환하는 것은 “생전(省錢)”이라고 부르는데, 남북조시대 양(梁) 무제(武帝) 이후에는 역대 왕조를 통하여 생전하는 것이 관례가 되었다. 그러나 여기서 “족전”이라고 한 것은 교환을 통해 얻어진 신화폐의 액수를 가리킨다.

45) “맥(陌)”은 100문을 말하며, 따라서 “七十七陌”은 100문 당 77문을 교환해준다는 것을 의미한다.

46) “除一”은 다음에 등장하는 것처럼 “除文”으로 쓰여졌어야 마땅하다고 여겨진다.

[23] 274관의 돈을 내서 물건을 사려고 하는데, 한 근에 6관 250문씩 하면, 몇 근이나 살 수 있는가?

답 : 43근 13냥 4전 4푼.

풀이법에 따라서 625로 나누는 대신, 가6한다(즉, 16을 곱함).

계산법에 따라서 전체 출자금액을 나뉨수로 놓고(274관, 관 위를 근의 자리로 정한다), 근수를 구한 다음(43근 8푼 4리), 근 밖에 분수가 있을 때에는 가6하여 양으로 만들면 답이 나온다.

주해 문제에서 수행된 계산은 기본적으로 다음과 같다.

$$274 \div 6.25 = 274 \times 16 \div 100 = 43.84.$$

出錢二百七十四貫買物,每斤六貫二百五十.
問買得幾斤?答曰,四十三斤一十三兩四錢四分.
術曰,加六以代六二五除也.
草曰,置總錢數爲實(二百七十四貫,貫上定斤),用加求斤(得四十三斤八分四釐),斤外有分零,加六爲兩,合問.

두 자리를 더하는 곱셈법(가2위술)에 따르면, 갖고 있는 주어진 물건의 수량을 곱하임수로 삼아서 몸으로 하고, 곱수의 첫 자리를 얻어지는 값의 자리수로 삼는다. 몫을 구하는 값의 1 다음의 두 자리가 0이면, 먼저 곱하임수의 몸 뒤의 둘째 자리부터 더한다. 곱이 10 단위면, 몸 다음 자리에 놓고, 1 단위면, 한 자리 띄고 더한다.

다시 첫째 자리를 더하는데, 1 단위면, 몸 다음 자리에 놓고, 10 단위면, 몸 자리에 놓아서 구하도록 한다.

加二位術曰,以所有物數爲實爲身,以法首之數,定爲所得數,以所求物價47),一後二位零數48),于實身後先加第二位49),言十次身布,言如隔位加,却加第一位50),言如次身置,言十起當身,求之.

[24] 관청에서 세금 342관을 거두는데, 한 관에 두자전 56문씩을 물린다면, 얼마나 거두겠는가?

답 : 19관 152문.

두자전은 가12하고 반으로 나누는 법, 즉 몸 밖으로 두 자리 더하는 것을 쓴다.

계산법에 따라서 전체 세금액수를 몸으로 놓고, 관 위에 백 자리를 정하고 먼저 가2하고, 그 다음에 가1하여 곱하는 것을 마치고, 반으로 나눈다.

주해 문제에서 수행된 계산은 기본적으로 다음과 같다.

$$342\times56\div1000 = 342\times112\div2\div1000 = 19.152.$$

이와 같은 두자전 관련 문제는 문제 [19], [28]에서도 찾아볼 수 있으

47) "소구물가(所求物價)" 내지 "구하는 값"이란 곱수를 가리킨다.
48) "1 다음의 두 자리가 0이면(一後二位零數)"은 "100 단위이면"의 뜻이다.
49) 즉, 1 단위.
50) 여기서 "첫째 자리(第一位)"란 곧, 10 단위를 가리킨다.

며, 특히 [28]과는 서로 역산의 관계에 놓여 있다.

> 官收稅錢三百四十二貫,每貫剋納頭子錢五十六文. 問收錢幾何?
>
> 答曰,一十九貫一百五十二文.
>
> 頭子錢有加一二折半之法,卽是身外加二位.
>
> 草曰,置總錢爲身,貫上定百,先加二,次加一,加畢折半.

두 번 자리를 더하며 하는 곱셈법(중가술)에 따르면, 문제의 곱수가 번잡스러우면, 간략하게 하고, 가1위법을 쓴 다음, 다시 더하는데, 자리를 정하는 것도 이 방법에 따른다.

> 重加術曰,題法煩者,約之,用加一位之法,加訖,重加,定位幷依本法.

[25] 관청에서 세금 247관을 거두는데 한 관마다 액면가와 별도(불계생전)로 1문 9푼 5리씩을 내게 하면 모두 얼마나 거두겠는가?

답 : 481문 $6\frac{1}{2}$ 푼.

이 문제를 가2위처럼 하면 반드시 번잡스럽게 되니 중가를 적용한다.

계산법에 따라서 세금 총액을 놓고, 몸으로 삼은 다음(관 위에 문의 자리를 정한다), 먼저 가3하고, 또 가5하면, 답이 나온다.

또 다른 계산법에 따라서 1문 9푼 5리를 놓고, 먼저 가3한 다음, 가9해도 역시 결과는 같다.

주해 문제에서 수행된 계산은 기본적으로 다음과 같다.

$$247\times1.95 = 247\times13\times15\div100 = 1.95\times13\times19 = 481.65.$$

官收稅錢二百四十七貫,每貫剋納不係省錢[51]一文九分五釐.
問收幾何?
答曰,四百八十一文六分半.
此題若加二位,必煩,而用重加.
草曰,置稅錢爲身(貫上定文),先加三又加五合問.
又草曰,置一文九分五釐,先加三又加九亦同.

자리를 띠며 더하는 곱셈법(가격위술)에 따르면 곱하임수를 몸이 되게 놓고 나눗수로서 10 자리는 곱하임수 다음 자리에 적고(언십신후포기), 사이를 띠고 10을 곱할(격위가영) 때처럼 적는다.

51) "불계생전(不係省錢)"을 두고 람(1977: 30)은 "액면가와는 별도의 공제(not the deduction of the full nominal value)"라고 옮기고 있다.

加隔位術曰,置實數爲身,以法數,言十身後布起,言如隔位加零.

[26] 육지 107무가 있는데, 한 무에 10관 600문씩 한다면 전체 땅값은 얼마인가?

답 : 1,134관 200문.

계산법에 따라서 107무를 놓고(무 위에 10관 얻는 자리를 정한다), 격위가6한다.

또 다른 계산법에 따라서 10관 600문을 놓고(백 위에 10관 자리를 정한다), 격위가7한다.

稑地一百七畝,每畝一十貫六百文. 問値幾何?
答曰,一千一百三十四貫二百文.
草曰,置一百七畝(畝上定得十貫),隔位加六.
又草曰,置一十貫六百(百上定十貫),隔位加七.

잇달아 곱하임수에 더하는 곱셈법(연신가)(23을 29와 더할 때, 합하는 값들이 소수들이므로 이 방법을 만든 것임)에 따라서 가1위법과 마찬가지로 먼저 가0하고, 그 다음에 몸 수로 들어가는데, 자리를 정하는 것은 덧셈에서와 같다.

連身加(加二十三與二十九,合數中所無者,故立此術)法曰,如加一位之法,先加零數,後入身數,定位如加.

[27] 구리 29타[52]가 있는데, 한 타는 23근이다. 모두 얼마나(즉, 몇 근이나) 되는가?

답 : 667근.

계산법에 따라서 구리의 양을 몸으로 놓고(29타이며 타 위에 10근의 자리를 정한다) 먼저 가3하고 나서 그 다음에 몸으로 들어간다.

또 다른 계산법에 따라서 23근을 몸으로 놓고(근 위에 10근의 자리를 정한다), 먼저 가9하고 나서 그 다음에 몸으로 들어간다.

주해 문제에서 수행된 계산은 기본적으로 다음과 같다.

$$29\times23 = 290 + 29\times13 = 230 + 23\times13 = 667.$$

銅二十九鉈,每鉈二十三斤. 問重幾何?

答曰,六百六十七斤.

草曰,置銅數爲身(二十九鉈,于鉈上定十斤),先加三,後入身.

又草曰,置二十三斤爲身(斤上定十斤),先加九,後入身.

52) "타(鉈)"는 저울추(秤錘)의 뜻을 지닌 무게 단위로서, '砣'자와 통한다.

네 가지 빼는 곱셈법(減法四術)

첫째, 한 자리를 빼는 곱셈(감일위), 둘째, 두 자리를 빼는 곱셈(감이위), 셋째, 두 번 자리를 빼며 하는 곱셈(중감), 넷째, 자리를 띠며 빼는 곱셈(격위감)을 들 수 있다.

一曰減一位,二曰減二位,三曰重減,四曰隔位減.

한 자리를 빼는 곱셈법(감일위술)에 따라서 주어진 금액을 나뉨수로 삼고, 단가를 10 단위로 하여 나눗수로 삼아서, 나뉨수의 머리자리로부터 몸을 살리며, 얻어진 값에서 단위 수를 뺀다. 10 단위면, 몸 자리에 놓고, 1 단위면, 몸 다음 자리에 놓아서 구한다.

자리를 정하는 것은 곱셈, 나눗셈에서와 같다.

減一位術曰,以出錢數爲實,以所求題一後零數爲法,從實首位存身,得數減零. 言十當身減,言如次身減之.
定位如商除.

[28] 원래 납부한 커미션(두자전)이 19관 152문이라면, 세금 총액은 모두 얼마인가?(원래 거둔 1관에 대한 두자전은 56문씩이다.)

답 : 342관.

계산법에 따라서 두자전의 액수를 4로 나누고(4관 788문이며, 10문 위에 관의 자리를 정함), 감4하면, 답이 나온다.

주해 문제에서 수행된 계산은 기본적으로 다음과 같다.

$$19152 \div 56 = (19152 \div 4) \div (56 \div 4) = 4788 \div 14 = 342.$$

두자전에 관한 문제는 문제 [19], [24]에서도 찾아볼 수 있으며, 특히 [24]와는 서로 역산 관계에 놓여 있다.

原納頭子錢一十九貫一百五十二文. 問求稅錢若干? (原收稅錢 一貫解頭子錢五十六文.)
答曰,三百四十二貫.
草曰,置頭子錢數兩折半訖(四貫七百八十八文,又十文上定貫),減四,合問.

[29] 쌀 97섬 3말 1되를 지급했는데, 한 사람 앞에 3말 7되씩 돌아갔다면, 몇 명에게 지급한 것인가?

답 : 263명.

3말 7되를 나눗수로 삼고, 구일법을 따라서(나눗수의 첫 자리 수가) 2, 3이면, 반드시 반으로 나누게 되는데, 돌이켜보면, 번잡스럽다.

계산법에 따라서 총지급량(적수)을 3배 한 다음(쌀의 양을 3배하면, 291섬 9말 3되가 되는데, 섬 위에 받은 사람의 자리를 정한다), 몸밖에서 감11하면, 답이 나온다.

주해 이 문제는 두 자리를 빼는 곱셈법(감이위술)을 적용한 것이다. 계산법에서 말하는 풀이 과정은

$$9731 \div 37 = (9731 \times 3) \div (37 \times 3) = 29193 \div 111 = 263$$

이라는 식으로 나타낼 수 있다.

支米九十七石三斗一升,每人給三斗七升. 問給幾人?
答曰,二百六十三人.
三斗七升爲法,若依求一[53]用二三須折半,反見繁矣.
草曰,三因積數(三因米數爲二百九十一石九斗三升,于石上定得人),身外減一一,合問.

두 번 자리를 빼며 하는 곱셈법(중감술)에 따라서 나누기가 번잡스러운 것은 인수분해를 하고, 두 번이나 세 번으로 나누어 나누는데 자리를 간단히 하는 것은 계산을 신속히 이루어지게 할 뿐, 원래의 방법에서 자리를 정한 것을 결코 방해하지 않는다.

53) "구일법(求一法)"은 2배하고 반으로 나누는 법인데, 곧 이어 자세하게 취급된다.

重減術曰,除題位煩者,約之,作兩次減或三次減,位簡必捷,不妨本法定位.

[30] 돈 441관 320문을 187인에게 지급했으면 각자 얼마씩 받았겠는가?

답 : 2관 360문.

187인을 나눗수로 삼고, 중감하면, 감2위하는 것 같이 번잡스럽지는 않을 것이다.

계산법에 따라서 총지급액을 놓고(상제에서처럼 사람 위에 받은 금액의 자리를 정함.), 먼저 감1하고, 그 다음에 감7하면, 답이 나온다.

주해 문제에서 수행된 계산은 기본적으로 다음과 같다.

$$441.32 \div 187 = 441.32 \div 11 \div 17 = 2.36.$$

支錢四百四十一貫三百二十文,給一百八十七人. 問各得幾何?
答曰,二貫三百六十文.

一一百八十七人爲法,若用減二位之術,不亦繁矣. 莫若用重減.

草曰,置支錢總數(如商除,定人上得貫),先減一而後減七合問.

가령 154가 나눗수라면, 먼저 감1하고, 그 다음에 감4하는 방법을 쓴다.

또한 156이 나눗수라면, 먼저 감2하고, 그 다음에 감3하는 방법을 쓴다.

假如一百五十四爲法,術用先減一後減四.
又如一百五十六爲法,術用先減二後減三.

자리를 띠며 빼는 곱셈법(격위감술)에 따르면, 나뉨수를 몸으로 놓고, 나눗수로 나뉨수를 다루는데, 만일 두 자리 수라면, 한 자리 아래에서 빼고, 사이를 띠고 0으로 물러나듯이 나눈다(격위퇴영).

隔位減術曰,置實數爲身,以法命實,言十身下減起,言如隔位退零.

[31] 연사 10냥마다 3전이 소모되는데, 지금 실 무게가 2,822냥 2전이라면, 남는 연사(연정사)는 얼마나 되겠는가?

답 : 2,740냥.

계산법에 따라서 실을 나뉨수로 놓고(2,822냥 2전을 다음처럼 자리를 정한다), 격위감3하면 답이 나온다.

주해 문제에서 수행된 계산은 기본적으로 다음과 같다.

$$2822.2 \div 103 \times 100 = 2740.$$

煉絲每一十兩,耗三錢,今有絲重二千八百二十二兩二錢,問煉淨絲幾何?
答曰,二千七百四十兩.
草曰,置絲爲實(二千八百二十二兩二錢,定位如後),隔位減三合問.

2배하고 반으로 나누는 법(구일법)으로 직섭석인 곱셈·나눗셈을 대신하는 것에 대한 설명(求一代乘除說)

문제에 따라 그에 맞는 풀이법을 사용하면 재빨리 답을 구하게 되지만, 풀이법을 정해놓고 문제를 그에 맞추려고 하면 졸렬해진다. 구일 문제를 만나면, 그대로 구일법을 쓰고, 구귀 문제를 만나면, 그대로 구귀법을 쓴다. 2배할지 반으로 나눌지, 가법을 쓸지 감법을 쓸지, 인법을 쓸지 변환할지, 모두 문제에 따라 결정하지 않을 수 없으며, 구일술을 적용할지도 일반적으로 문제에 달려있을 뿐이다. 이제 그 한 두 문제를 뽑아서 후학들이 깨우치도록 다음과 같이 싣는다.

隨題用法者捷,以法就題者拙. 遇求一題,則用求一法,遇九歸題,則用九歸法. 或倍或折,或加或減,或因或變,莫不隨題用意,其可執求一之術,而統諸題. 今姑摘其一二,載之後題以覺後知.

구일법을 적용한 곱셈(구일승)에 따라서 5, 6, 7, 8, 9에 대해서는 그것들을 2배한다. 수가 2, 3을 넘지 않으면 반드시 반으로 나눈다. 4를 만나면 반으로 두 번 나눈다. 2배하고 반으로 나누기를 곱수에 대해서 할 때에는 곱하임수에 대해서 그의 역산을 해주도록 한다. 곱수를 2배하면 곱하임수를 반드시 반으로 나눠야 하며 곱하임수를 2배하면 곱수를 반드시 반으로 나눠야 한다. 가법을 써서 승법을 대신하면 그 값을 같게끔 지키기에 족하다.

求一乘曰,五六七八九,倍之,數不走

二三須當半,遇四兩折紐.

倍折本從法,實即反其有.

倍法必折實,倍實必折法.

用加以代乘,斯數足可守.

[32] 237관을 지급했는데, 지급된 한 관마다 커미션(두자전) 56문씩을 거뒀다면, 모두 얼마나 되는가?

답 : 13관 272문.

구일법의 계산(구일초)에 따라서, 나눗수를 배로 곱하고(56의 배는 112임), 나뉨수를 반으로 나눈 다음(총지급액의 절반은 118관 500문), 가12하면(112로 곱함), 답이 나온다.

주해 이 문제는 문제 [40]과 서로 역산 관계에 놓여 있다. 문제에서 수행된 구일초의 계산은 기본적으로 다음과 같다.

$$237\times.056=(237\div2)\times(56\times2)\div1000$$
$$=118.5\times112\div1000=13.272.$$

支錢二百三十七貫,每貫收頭子錢五十六文. 問共若干?
答曰,一十三貫二百七十二文.
求一草曰,倍法(倍五十六爲一百一十二),折實(折總錢數,折作一百一十八貫五百),加一二,合問.

[33] 은 237냥을 사려고 하는데, 한 냥에 5관 700문씩 하면, 가격이 모두 얼마나 되는가?

답 : 1350관 900문.

불용구일초에 따라서 은의 양에 3을 곱하고, 가9하면, 답이 나온다.

주해 이 문제는 문제 [41]과 서로 역산 관계에 놓여 있다. 이 문제에 대한 불용구일초의 계산과정은

$$237 \times 5.7 = (237 \times 3) \times (5.7 \div 3) = 124.5 \times 19 \div 10 = 1350.9$$

라는 식으로 나타낼 수 있다.

> 買銀二百三十七兩,每兩五貫七百. 問錢幾何?
> 答曰,一千三百五十貫九百文.
> 不用求一草曰,三因銀數,加九合問.

[34] 249명이 있는데, 1인당 6말 2되씩 지급했다면, 모두 얼마를 나눠줬는가?

답 : 154섬 3말 8되.

구일법의 계산(구일초)에 따라서 나눗수를 배로 하고(1인당 지급량 6말 2되의 배는 1섬 2말 4되), 나뉨수를 반으로 나누어(사람 수의 반은 $124\frac{1}{2}$ 명), 가24하면, 답이 나온다.

주해 이 문제는 문제 [42]와 서로 역산의 관계에 있다. 이 문제에 대한 구일초의 계산과정은

$$249 \times 62 = (249 \div 2) \times (62 \times 2) = 124.5 \times 124 = 15438$$

이라는 식으로 나타낼 수 있다.

二百四十九人,各支米六斗二升. 問共幾何?
答曰,一百五十四石三斗八升.
求一草曰,倍法(倍六斗二升,作一石二斗四升),折實(人數折作一百二十四人半),加二四,合問.

[35] 249명이 있는데, 1인당 6말 3되씩 지급한다면, 모두 얼마나 되는가?

답 : 156섬 8말 7되.

불용구일초에 따라서 7을 곱하고, 또 9를 곱하면 답이 나온다.

주해 이 문제는 문제 [43]과 서로 역산의 관계에 있다. 이 문제에 대한 불용구일초의 계산과정은

$$249 \times 6.3 = 249 \times 7 \times 9 \div 10 = 1568.7$$

이라는 식으로 나타낼 수 있다.

二百四十九人,各支粟六斗三升. 問共幾何?
答曰,一百五十六石八斗七升.
不用求一草曰,七因人數,又九因合問.

[36] 238무가 있는데, 한 무가 240보^{2}이니 모두 몇 보가 되겠는가?

답 : 57,120보^2.

구일법의 계산(구일초)에 따라서 곱수를 반으로 나누고(무의 곱수를 반으로 나누면 120보^2), 곱하임수를 배로 하고(무수의 배는 476), 가2하면(즉, 12를 곱함), 답이 나온다.

주해 이 문제는 문제 [44]와 서로 역산의 관계에 있으며, 풀이법이 가리키는 계산과정은

$$238\times240=(238\times2)\times(240\div2)=476\times120=57120$$

이라는 식으로 나타낼 수 있다.

二百三十八畝,每畝二百四十步. 問共幾何?
答曰,五萬七千一百二十步.
求一草曰,半法(畝法折半,作一百二十步),倍實(倍畝數,得四百七十六),加二合問.

[37] 238무가 있는데 한 무에 조 2섬 7말씩을 거둔다면 모두 얼마나 거두겠는가?

답 : 642섬 6말.

불용구일초에 따라서 무수를 3배하고 또 9배하면 답이 나온다.

또 다른 계산법에 따라서 무수를 놓고 가5하고(즉, 15를 곱함), 가8한다(즉, 18을 곱함).

주해 이 문제는 문제 [45]와 서로 역산의 관계에 있으며, 불용구일초와 다른 계산법이 가리키는 계산과정은

$$238\times2.7 = 238\times3\times9\div10 = 238\times15\times18\div100 = 642.6$$

이라는 식으로 나타낼 수 있다.

二百三十八畝,每畝收粟二石七斗. 問共幾何?
答曰,六百四十二石六斗.
不用求一草曰,三因畝數,又九因合問.
又草曰,置畝數,加五加八.

[38] 비단 274필이 있는데, 한 필이 48자라면, 모두 몇 자인가?
답 : 13,152자.

구일법의 계산(구일초)에 따라서 필의 나눗수를 반으로 두 번 나누고(원래 48자이던 것이 반으로 두 번 나누니 12가 됨), 비단의 수량을 4배한 다음(1,096이 됨), 가2하면(즉, 12로 곱함), 답이 나온다.

주해 이 문제는 앞에 나온 [13]과 일치하며, [46]과는 서로 역산의 관계에 놓여 있다. 구일초의 계산과정은

$$274\times\frac{48}{4}\times4 = (274\times4)\times12 = 1096\times12 = 13152$$

라는 식으로 나타낼 수 있다.

絹二百七十四匹,每匹四十八尺,問共幾尺?
答曰,一萬三千一百五十二尺.
求一草曰,兩折匹法(原四十八尺,兩折爲十二),四因絹數(得一千九十六),加二合問.

[39] 능라 274필이 있는데, 한 필이 49자라면, 모두 몇 자인가?
답 : 13,426자.

불용구일초에 따라서 능라의 필수를 놓고, 7을 두 번 곱하면, 답이 나온다.

주해 이 문제는 문제 [47]과 서로 역산의 관계에 있다. 불용구일초의 계산과정은

$$274 \times 49 = 274 \times 7 \times 7 = 13426$$

이라는 식으로 표시된다.

綾二百七十四匹,每匹四十九尺,問共幾尺?
答曰,一萬三千四百二十六尺.
不用求一草曰,置綾匹數,兩度七因合問.

구일법을 적용한 나눗셈(구일제)에 따르면, 5, 6, 7, 8, 9에 대해서는 그것들을 2배한다. 수가 2, 3을 넘지 않으면, 반드시 반으로 나눈다. 4를 만나면 반으로 두 번 나눈다. 2배하고 반으로 나누기를 나눗수에 대해서 할 때에는 몫에 대해서도 같은 계산을 해주도록 한다. 나눗수를 2배하면 나뉨수도 반드시 2배해야 하며, 나눗수를 반으로 나누면 나뉨수도 반드시 반으로 나눠야 한다. 감법을 써서 제법을 대신하자면 자리 정하기를 전과 같이 해서 구한다.

求一除曰,五六七八九,倍之,數不走
二三須當半,遇四兩折紐.
倍折本從法,爲除積相就.
倍法必倍實,折法必折實.
用減以代除,定位求如舊.

[40] 지급된 한 관마다 커미션(두자전) 56문씩을 거뒀는데, 모두 13관 272문이 걷혔다. 원래 지급된 돈은 모두 얼마인가?

답 : 237관.

구일법의 계산(구일초)의 계산법에 따라서, 나눗수를 배로 곱하고(56의 배는 112임), 나뉨수를 배로 곱한 다음(26관 544문이 됨), 감12(즉, 112로 나눔)하면, 답이 나온다.

주해 이 문제는 문제 [32]의 역산에 해당된다. 구일법의 계산과정은

$$(13272\times2)\div(56\times2)=26544\div112=237$$

이라는 식으로 나타낼 수 있다.

支錢一貫,收頭子錢五十六文,今收一十三貫二百七十二文.
問原支錢若干?
答曰,二百三十七貫.
求一草曰,倍法(倍五十六爲一百一十二),倍實(爲二十六貫五百四十四),減一二,合問.

[41] 돈 1350관 900문을 내서 은을 사려고 하는데, 한 냥에 5관 700문씩 하면, 모두 얼마나 살 수 있겠는가?

답 : 237냥.

불용구일초에 따라서 매입 총액을 놓고(1350관 900문이며 나눔수 관 위에 냥 자리를 정함), 3으로 나누고(450냥 3전이 됨), 감9하면, 답이 나온다.

주해 이 문제는 문제 [33]의 역산에 해당된다. 불용구일초의 계산과정은

$$1350.9\div5.7=(1350.9\div3)\div(5.7\div3)=450.3\div19\times10=237$$

이라는 식으로 나타낼 수 있다.

出錢一千三百五十貫九百文,買銀,每兩五貫七百文. 問得銀多少?

答曰,二百三十七兩.

不用求一草曰,置出錢數(一千三百五十貫九百,于實貫上定兩),三歸(爲四百五十兩三錢),減九,合問.

[42] 쌀 154섬 3말 8되가 있는데, 한 사람 앞에 6말 2되씩 지급했다면, 모두 몇 명에게 나눠준 것인가?

답 : 249명.

구일법의 계산(구일초)에 따라서, 나눗수를 배로 하고(1인당 지급량 6말 2되의 배는 124되), 나뉨수를 2배 하여(쌀의 총량의 배는 308섬 7말 6되), 존신감24하면, 답이 나온다.

주해 이 문제는 문제 [34]와 서로 역산 관계에 있다. 구일초의 계산과정은

$$15438 \div 62 = (15483 \times 2) \div (62 \times 2) = 30876 \div 124 = 249$$

라는 식으로 나타낼 수 있다.

米一百五十四石三斗八升,每人支米六斗二升. 問給幾人?
答曰,二百四十九人.
求一草曰,倍法(倍每人六斗二升,爲一二四),倍實(倍總米,作三百八石七斗六升),存身減二四,合問.

[43] 조 156섬 8말 7되가 있는데, 1인당 6말 3되씩 지급했다면, 모두 몇 명에게 나눠준 것인가?

답 : 249명.

불용구일초에 따라서, 9로 나누고, 또 7로 나누면 답이 나온다.

주해 이 문제는 문제 [35]와 서로 역산 관계에 있다. 불용구일초의 계산과정은

$$1568.7 \div 6.3 = 15687 \div 9 \div 7 = 249$$

라는 식으로 나타낼 수 있다.

粟一百五十六石八斗七升,每人支六斗三升. 問給幾人?
答曰,二百四十九人.
不用求一草曰,九歸,又七歸之合問.

[44] 57,120보는 몇 무인가?

답 : 238무.

구일법의 계산(구일초)에 따라서 나눗수를 반으로 나누고(무의 나눗수는 240이므로 반은 120임), 나뉨수를 반으로 나눈 다음(전체 넓이의 절반은 28,560이 됨), 감2법을 써서 12로 나누면 답이 나온다.

주해 이 문제는 문제 [36]과 서로 역산의 관계에 있다. 구일초의 계산과정은

$$57120 \div 240 = 28560 \div 120 = 2856 \div 12 = 238$$

이라는 식으로 나타낼 수 있다.

五萬七千一百二十步,問得幾畝?
答曰,二百三十八畝.
求一草曰,半法(畝法二百四十,半作一百二十),半實(總步折半,爲二萬八千五百六十),減二合問.

[45] 한 무에 조 2섬 7말씩을 거두는데, 지금 모두 조 642섬 6말을 거뒀다면 밭 넓이는 얼마인가?

답 : 238무.

불용구일초에 따라서 조의 양에 9귀하고, 또 다시 3귀하면, 답이 나온다.

또 다른 계산법에 따라서 조의 양을 놓고, 감5한 다음, 또 감8하면 답이 나온다.

주해 이 문제는 문제 [37]과 서로 역산의 관계에 있다. 불용구일초와 다른 계산법의 과정은

$$642.6 \div 2.7 = 642.6 \div 9 \div 3 \times 10 = 642.6 \div 15 \div 18 \times 100 = 238$$

이라는 식으로 나타낼 수 있다.

每畝收粟二石七斗,今共收粟六百四十二石六斗,問原田若干?
答曰,二百三十八畝.
不用求一草曰,九歸粟數,又三歸合問.
又草曰,置粟數減五又減八合問.

[46] 비단 13,152자는 몇 필인가(단, 한 필은 48자임)?
답 : 274필.

구일법의 계산(구일초)에 따라서 필의 나눗수를 4로 나누고(12가 됨), 비단의 수량을 4로 나눈 다음(3,288이 됨), 12로 나누면, 답이 나온다.

주해 이 문제는 문제 [13], [38]의 역산에 해당된다. 구일초의 계산과정은

$$13152 \div 48 = 3288 \div 12 = 274$$

라는 식으로 나타낼 수 있다.

> 絹一萬三千一百五十二尺,問爲絹幾匹(匹法四十八尺)?
> 答曰,二百七十四匹.
> 求一草曰,兩折匹法(作一十二尺),兩折絹數(作三千二百八十八尺),減二合問.

[47] 능라 13,426자는 (한 필이 49자라면) 모두 몇 필인가?

답 : 274필.

불용구일초에 따라서 능라의 자수를 놓고, 7귀를 두 번 하면, 답이 나온다.

주해 이 문제는 문제 [39]의 역산에 해당된다. 불용구일초의 계산과정은

$$13426 \div 49 = 13426 \div 7 \div 7 = 274$$

라는 식으로 표시된다.

> 綾一萬三千四百二十六尺(每匹四十九尺),問計幾匹?
> 答曰,二百七十四匹.
> 不用求一草曰,置綾尺數,兩度七歸合問.

구귀법에 대한 자세한 설명(九歸詳說)

나눗수가 한 자리일 때 나눗셈을 하려면, 구귀법을 적용하여 나눗셈을 대신할 수 있다. 만약 나눗수가 두세 자리이더라도, 귀법을 사용할 수 있다. 오늘날 사람들은 한 자리에 대해서 귀법을 쓰고, 두세 자리에 대해서는 상제를 쓴다. 그러므로 한 문제에 두 가지 풀이법이 관련되어 있는 것이다. 원래 옛날의 구귀법은 나눗수를 2에서 9까지에만 국한시키지 않았다. 필자는 일찍이 이 방법의 본래의 뜻을 노래로 만들었었다. 무릇 두 자리 나눗셈에서도 역시 귀법을 섞어 쓸 수 있으니, 귀법을 쓰고 또 상제를 쓸 필요는 없을 것이다. 그 한 두 문제를 뽑아서 귀법이 졸렬하지 않음을 나타내도록 다음과 같이 싣는다.

구귀법의 새로운 표에는 옛 구절과 지금의 주가 함께 들어있다.
몫이 10이 되기를 구한다.
[9귀] 9를 만나면 10이 되게 한다, [8귀] 8을 만나면 10이 되게 한다,
[7귀] 7을 만나면 10이 되게 한다, [6귀] 6을 만나면 10이 되게 한다,
[5귀] 5를 만나면 10이 되게 한다, [4귀] 4를 만나면 10이 되게 한다,
[3귀] 3을 만나면 10이 되게 한다, [2귀] 2를 만나면 10이 되게 한다.

귀법으로 나눈 나머지(귀여)는 위에 더한다.

[9귀] 1이 보이면 밑에 1을 적고, 2가 보이면 밑에 2를 적고, 3이 보이면 밑에 3을 적고, 4가 보이면 밑에 4를 적는다.

[8귀] 1이 보이면 밑에 2를 적고, 2가 보이면 밑에 4를 적고, 3이 보이면 밑에 6을 적는다.

[7귀] 1이 보이면 밑에 3을 적고, 2가 보이면 밑에 6을 적고, 3이 보이면 밑에 12를 적거나 9를 적는다.

[6귀] 1이 보이면 밑에 4를 적고, 2가 보이면 밑에 12를 적거나 8을 적는다.

[5귀] 1이 보이면 2가 되고, 2가 보이면 4가 된다.

[4귀] 1이 보이면 밑에 12를 적거나 6을 적는다.

[3귀] 1이 보이면 밑에 21을 적거나 7을 적는다.

(나뉨수가 나눗수의) 반이면, 몫이 5가 된다.

[9귀] 45가 보이면 5이다,

[8귀] 4가 보이면 5이다,

[7귀] 35가 보이면 5이다,

[6귀] 3이 보이면 5이다,

[5귀] 25가 보이면 5이다,

[4귀] 2가 보이면 5이다,

[3귀] 15가 보이면 5이다,

[2귀] 1이 보이면 5이다.

자리 정한 것을 물릴 때에는 실수가 없도록 한다.

나눗셈에서는 말 위에 심 자리를 정하는데, 지금은 섬 위에 섬 자리를 정한다.

나눗셈에서는 사람수 위에 문 자리를 정하는데, 지금은 사람수 위에 십(문) 자리를 정한다.

一位爲法爲除,則用九歸代之. 若兩三位商除,自合身引歸法取用. 今人以第一位用歸,以第二位第三位仍用商除. 是一題涉二法也. 原九歸古括,初未嘗拘二至九而已. 輝嘗原作術本意而爲歌括. 凡二位除者,亦可用混然歸法,不必歸而又商除,姑摘一二,載之後題,以表歸法之不拙也.

九歸新括. 以古句今注兩存之.

歸數求成十.

[九歸] 遇九成十, [八歸] 遇八成十,

[七歸] 遇七成十, [六歸] 遇六成十,

[五歸] 遇五成十, [四歸] 遇四成十,

[三歸] 遇三成十, [二歸] 遇二成十.

歸餘自上加.

[九歸] 見一下一,見二下二,見三下三,見四下四.

[八歸] 見一下二,見二下四,見三下六.

[七歸] 見一下三,見二下六,見三下十二,卽九.

[六歸] 見一下四,見二下十二,卽八.

[五歸] 見一作二,見二作四.

[四歸] 見一下十二,卽六.

[三歸] 見一下二十一,卽七.

半而爲五計.

[九歸] 見四五作五, [八歸] 見四作五,

[七歸] 見三五作五, [六歸] 見三作五,
[五歸] 見二五作五, [四歸] 見二作五,
[三歸] 見一五作五, [二歸] 見一作五.
定位退無差.
商除于斗上定石者,今石上定石.
商除人上得文者,今人上定十.

[48] 쌀의 실제 수량(족곡미) 229섬 8되가 있는데, 8말 3되를 1섬으로 친다면, 명목상으로는 몇 섬이나 되겠는가?

답 : 267섬.

풀이법에 따라서 실제 수량을 나뉨수로 놓아 몸으로 삼는데 언제나 백 자리를 몸으로 삼아 구하도록 한다. 83으로 나눌 때의 표를 써서 나뉨수의 윗자리로부터 구하며 나머지가 두 자리면 한 자리 다음에 놓고 나머지가 한 자리면 자리를 더 물려 놓는다.

표에 따라서 1이 보이면 17, 2가 보이면 34, 3이 보이면 51, 4가 보이면 68을 각각 밑에 적고, 415가 보이면 몫이 5이고, 83을 만나면 100을 만들며, (415가 중간에 오니, 뒤에 오는 네 구절은 쓰지 않아도 좋을 것임), 5가 보이면 102, 6이 보이면 119, 7이 보이면 136, 8이 보이면 153을 각각 밑에 적는다.

足斛米二百二十九石八升,問爲八斗三升法斛幾何?

答曰,二百六十七石.

術曰,置足斛爲實爲身,常以求身爲伯[54],用八十三歸. 從實上位求起,言十次身,言如退位布之.

括曰,見一下十七,見二下三十四,見三下五十一,見四下六十八,見四一五作五,遇八十三成百,(四一五爲中,後四句不用亦可),見五下一百二,見六下百十九,見七下百三十六,見八下百五十三.

[49] 2,967보 짜리 농지(전세)의 원래 길이가 69보라면, 원래 너비는 몇 보인가?

답 : 43보.

69로 나눌 때의 나눗셈 표(육구귀괄)에 따라서 1이 보이면 31, 2가 보이면 62, 3이 보이면 124를 각각 밑에 적고, 345가 보이면 몫이 5이고, 69를 만나면 100을 만들며, 4가 보이면 155, 5가 보이면 217, 6이 보이면 248을 각각 밑에 적는다.

주해 문제에서 수행된 계산은 기본적으로 다음과 같다.

$$2967 \div 69 = 43.$$

54) "백(伯)"은 백 자리를 가리킨다.

田稅二千九百六十七步,原長六十九步. 問原闊步.
答曰,四十三步.
六十九歸括曰,見一下三十一,見二下六十二,見三下百二十四,見三四五作五,遇六十九成百,見四下一百五十五,見五下二百十七,見六下二百四十八.

계산하는데 일정한 법이 없음에 대한 자세한 설명(算無定法詳說)

구구 곱셈은 얽히고 섞혀서 곱한 것의 음양이 모두 81구가 된다. 오늘날에는 사람들이 간편함을 추구하여 45구만 외우고 말며, 나머지는 쓰지 않고 놔둔다. 산학자들은 오직 그 수들을 활용할 수 없을까봐 두려워할 뿐, 어찌 수들이 있는데도 쓰지 않는단 말인가? 일찍이 「일용산법」, 「상해산법」 두 책에는 음양자로 인쇄되어 손님과 주인으로 나뉘어 함께 실린 바 있다. 23, 46처럼 (구구단의) 곱하기에 들어있지 않은 것이나 3,751,875를 곱수로 삼는 것을 물을 때, 곱셈을 버리고 무엇으로 대신하려는 것인가? 원래 100가지 계산법이 있으나 몇 문제를 실어 다음과 같이 계산하는데 일정한 법은 없으며 오직 이치에 따라 쓰면 그 뿐이라는 것을 밝히고자 한다.

因九九錯綜,而有合數陰陽凡八十一句. 今人求簡,止念四十五句,餘置不用. 算家惟恐無數可致,豈得有數不用者乎. 嘗于「日用」,「詳解」二集,刊陰陽字,分賓主共存之. 且問二十三,四十六,合數中素無者,或三七五一八七五爲法,舍相乘何以代之. 原一百法,載之後題,矧此算無定法,惟理[55]是用已矣.

[50] 은 237정이 있는데 한 정이 23냥이라면, 무게는 모두 몇 냥이나 되는가?

답 : 5,451냥.

풀이법에 따라서 은의 정수를 나뉨수로 삼고 생전귀족77법에서처럼 끝자리로부터 손법을 적용한다.

주해 풀이법에서 수행된 계산은 기본적으로 다음과 같다.

$$237 \times 23 = 237 \times (100 - 77) = 23700 - 18249 = 5451.$$

銀二百三十七鋌,每鋌二十三兩. 問共重幾兩?

答曰,五千四百五十一兩.

術曰,每銀鋌數爲實,如省錢歸足七十七法,從尾位損之.

[51] 갈포 237필이 있는데, 한 필이 46자라면, 모두 몇 자인가?

답 : 10,902자.

계산법에 따라서 갈포의 수량(237필)의 배를 곱하임수로 삼고, 앞서의 풀이법처럼 구한다.

주해 계산법에서 수행된 계산은 기본적으로 문제 [50]의 2배를 구한 것이다.

---

55) 이 경우 "리(理)"는 '상식'으로 옮겨도 좋을 것이다.

$$237\times46=237\times2\times23=474\times(100-77)$$
$$=47400-36498=10902.$$

葛布二百三十七匹,每匹四十六尺. 問共幾尺?
答曰,一萬九百二尺.
草曰,倍布數爲實(二百三十七匹),如前法求之.

[52] 갈포 237필이 있는데, 한 필에 3관 750문씩 한다면, 모두 얼마인가?

답 : 888관 750문.

풀이법에 따라서 갈포의 수량을 놓고, 근을 양으로 바꾸는 암기법(염법)을 써서 끝부분을 빼준다.

1 ÷ 16 = .0625

2 ÷ 16 = .125

3 ÷ 16 = .1875

4 ÷ 16 = .25

5 ÷ 16 = .3125

6 ÷ 16 = .375

7 ÷ 16 = .4375

8 ÷ 16 = .5

주해 풀이법에서 말하는 계산은 다음과 같다.

$$237\times3.75=237\times\frac{60}{16}=\frac{(240-3)\times60}{16}$$
$$=900-60\times.1875=888.75.$$

葛布二百三十七匹,每匹三貫七百五十文. 問錢幾何?

答曰,八百八十八貫七百五十.

術曰,置布匹數,以斤求兩價念法,從尾損之.

一求克退六二五,

二求克退一二五,

三求一八七五退,

四求克退二十五,

五求三一二五是,

六求除退三七五,

七求四三七五退,

八求就身退除五[56].

56) 1근=16냥이라는 교환비율과 관련된 일종의 "염법"으로서 나중에 "근칭가(斤秤歌)"라고 불렸다. 나머지 8구는 다음과 같다(孫宏安(1997 : 277-278)을 참조).

九求五六二五,
十求六二五○,
十一求六八七五.
十二求七五雙○,
十三求八一二五,
十四求八七五○,
十五求九三七五,
十六求一斤正好.

[53] 432명에게 각각 9관 700문씩 지급한다면, 모두 얼마나 되겠는가?

답 : 4,190관 400문.

여러 가지 방법을 적용해도 듣지 않을 때에는 다음을 적용한다.

풀이법에 따라서 사람 수를 놓아 곱하임수로 삼고 일정한 수가 모자라는 값(휴수)으로 격위손한다.

계산법에 따라서 사람 수를 놓아 곱하임수로 삼고 휴수(9관 700문은 10관에서 300문이 모자란다고 할 수 있음)로 격위손한다.

四百三十二人,各支九貫七百,問共幾何?

答曰,四千一百九十貫四百文.

諸括不可入題者.

術曰,置人數爲實,以虧數[57]隔位損之.

草曰,置人數爲實,以虧數(九貫七百,比一十貫,虧三百),隔位損之.

자리를 정하는 법에 대한 자세한 설명(定位詳說)

문제에서 쓰여진 풀이법을 보면, 자리를 정하는 일정한 방법이 없다는 것이 드러난다. 인, 절, 가, 감, 귀, 손법을 사용함에 있어서는 각각 자리 정하는 법이 있으나 만약 이러한 여러 계산법들을 함께 쓰면, 자리 정하기를 논한다는 것은 거의 불가능할 것이다. 배우는 이들이 혼란에 빠질까봐 염려되어, 이제 정률술을 세우고자 하는데,

57) "휴수(虧數)"는, 예컨대, 100에서 3을 뺀 97처럼, 일정한 수가 모자라는 값이라는 뜻이다.

그에 따르면, 먼저 곱셈, 나눗셈의 기본적인 방법으로 얻은 몫의 자리를 정하고 그런 다음에 여러 가지 방법을 함께 사용해서, 착오를 없애도록 한다.

앞에서 여러 계산법을 세웠으니, 반드시 문제들을 계산하는데 이용해야 할 것이다. 다시 반복할 수 없을 것 같아 두려워서 이제 1에서 300까지의 곱셈, 나눗셈으로 각각 계산법을 만들어 권말에 기록하니, 혹시 부족한 점이 있으면, 고쳐서 이어주기를 바랄 뿐이다.

視題用法,本無定据,所用因折加減歸損,各有定位. 若諸法互用重用,定位殆將不可律論矣. 恐爲學者惑,今立定率術曰,先以乘除本法,定所得位訖,而後重互雜法,必無誤碍也.
前立諸術,必命題草,以試可用,然恐不能再四. 今以乘除一至三百,各爲成術,敍于卷末,儻有遺闕改而續之,是所望也.

(3) 법산취용본말(法算取用本末)

산학에서 문제는 풀이법을 좇아서 선택해야 하고, 풀이법은 문제에 맞아야 한다. 하나의 풀이법을 분명히 이해하려면, 반드시 문제를 설정해야 한다. 문제와 만나게 되면, 그 풀이법은 자세히 따져서 취하도록 한다. 대개 곱셈과 나눗셈이 나오지 않으니, 나중 사람들은 '가감귀절'만을 쓰는데, 이것들은 곱셈과 나눗셈의 우회적인 방법들일 뿐이다. 그러다가 갑자기 곱셈과 나눗셈 문제를 만나면, 적절한 풀이법을 찾지 못하게 되므로, 곱셈과 나눗셈을 직접 이용하는 것이 편리할 것이다. 일상적으로 계산 연습을 해두면, 의당 분석하는 첩경이 생겨서 모두가 유익함을 얻게 될 것이다. 그렇다고 해서 반드시 열심히 해야 할 필요가 없게끔, 여기 널리 가려 뽑아서 1에서 300까지의 곱셈, 나눗셈 문제로 만들었으니, 그것들은 '가감'법이 적용될 수 있다는 것을 다음과 같이 밝혀줄 것이다.

> 夫算者,題從法取,法將題驗. 凡欲見明一法,必設一題. 若遇問題,須詳取用. 大概不出乘除,後人用加減歸折,乃乘除之曲徑也. 若猝然乘除,未見取法之隙,用乘除爲便,或日用定數,當立折變爲捷. 是皆得其宜也. 却不必勉强,自取周折. 今以一至三百爲題,驗者加減,具載後云.

가법과 인법으로 승법을 대신하는 문제 300개(加因代乘三百題)

1에서 9까지는 원래의 곱수에 따라서 인법을 적용한다(문제에 따라 그에 맞는 풀이법을 적용하면 재빨리 답을 구할 수 있으니, 특정 풀이법에 얽매이고 집착할 필요가 없음).

1을 곱수로 함(10, 100, 1000도 마찬가지로서, 풀지 않고 자리를 정할 뿐임)

2를 곱수로 함(배로 곱함)

3, 4, 6(각각 인법을 적용함)
5를 곱수로 함(반으로 나누고 자리를 올림)

一至九本法從因(隨題用法求捷,不必拘執.)

一爲法(十百千同,不求,只定位.)
二爲法(倍之.)
三四六(各用因.)
五爲法(折半進位.)

[54] 원전의 지름이 76보라면, 둘레는 몇 보인가?
답 : 228보.

지름으로 둘레를 구하려면, 3을 곱수로 삼는다. 계산법에 따르면, 지름 76보를 놓고, 먼저 7을 곱하면, 3×7 = 21이 되어, 210으로 고치고, 또 6을 곱하면, 3×6 = 18이 되어, 6보를 18보로 고치면, 답이 나온다.

圓田徑七十六步,問周圍幾步?
答曰,二百二十八步.
以徑求周,用三爲法. 草曰,置徑七十六步,先因七云,三七二十一,改二百一十,又因六,三六一十八,將六步改十八步,合問.

7, 8, 9(각각 손법을 적용하는데, 1을 보고 손3하면, 7이 남고, 1을 보고 손2하면, 8이 남고, 1을 보고 손1하면, 9가 남는다. 이것이 곧 '음의 곱셈'(음승)이라는 뜻이다.)

> 七八九(各用損. 見一,損三存七,見一,損二存八,見一,損一存九. 此卽陰乘之義.)

[55] 직사각형 밭의 길이가 90보, 너비가 70보라면, 넓이는 몇 보인가?
답 : 6,300보^2.

7을 곱수로 삼고, 90보를 놓아 끝에서 손3을 적용하여 $3\times 9 = 27$만큼 물린다.

9를 곱수로 삼고, 70보를 놓아 끝에서 손1을 적용하여 $1\times 7 = 7$만큼 물리면, 답이 나온다.

> 直田長九十步,闊七十步,問積步.
> 答曰,六千三百步.
> 七爲法,置九十步,尾上損三,云三九退二十七.
> 九爲法,置七十步,尾上損一,云一七退七合問.

11에서 19까지에 대해서는 원래의 곱수에 따라서 가법을 적용한다(12, 14, 16, 18에 대해서는 비록 2배하여 (한 자리수 가법을) 적용할 수 있으나, 이렇게 하려면 두 차례 밑에 적어야 한다.).

十一至十九本法從加(十二,十四,十六,十八,雖可倍而用,却是兩次下.)

[56] 19근이 있는데, 한 근에 16냥씩 하면, 모두 몇 냥인가?

답 : 304냥.

16을 곱수로 삼고, 19근을 놓아 한 자리 뒤에 가6하면, 답이 나온다.

19를 곱수로 삼고, 16냥을 놓아 한 자리 뒤에 가9하면, 답이 나온다.

주해 이 두 가지 경우들은 각각, 순서대로,

$$19\times(10+6)=190+114=304,$$
$$16\times(10+9)=160+144=304$$

라고 계산한 것에 해당된다.

十九斤,每斤十六兩,問積兩.
答曰,三百四兩.
十六爲法,置十九斤,身後加六合問.
十九爲法,置十六兩,身後加九合問.

21에서 29까지에 대해서는 연신가를 적용한다(먼저 가0하고, 그 다음에 몸을 더한다.)

21(3을 곱하고 7을 곱한다.)
22(2배한 다음, 가1한다.)
23(1을 100으로 정하고, 퇴77한다(즉, (100-77)을 곱함).)
24(2배한 다음, 가2한다.)
25(두 번 반으로 나눈다.)
26(2배한 다음, 가3한다.)
27(3을 곱하고, 9를 곱한다.)
28(2배한 다음, 가4한다.)
29(연신가9한다.)

二十一至二十九用連身加(先加零數,後加身數.)
二十一(三因,七因)
二十二(倍位,加一.)
二十三(一定百,退七十七.)
二十四(倍位,加二.)
二十五(兩次折半.)
二十六(倍位,加三.)
二十七(三因,九因.)
二十八(倍位,加四.)
二十九(連身加九.)

[57] 물건 21근이 있는데, 한 냥에 270문이라면, 모두 몇 전이나 되는가?

답 : 5관 670문.

21을 곱수로 삼고, 270을 놓아 3을 곱한 다음, 7을 곱하면, 답이 나온다.

270을 곱수로 삼고, 양수를 놓아 3을 곱한 다음, 9를 곱하면, 답이 나온다.

주해 이 두 가지 경우들은 각각, 순서대로,

$$270\times21=270\times3\times7=5670,$$
$$21\times270=210\times3\times9=5670$$

으로 계산한 것에 해당된다.

物二十一斤,每兩二百七十,問共幾錢?
答曰,五貫六百七十文.
二十一爲法,置二百七十,用三因又七因合問.
二百七十爲法,置兩數,用三因又用九因,合問.

[58] 물건 236근이 있는데, 한 근에 2관 300문씩 하면, 모두 얼마인가?

답 : 542관 800문.

연신가3을 풀이법으로 삼아서 236근을 놓고 먼저 가36하면 1

관 800문이 되는데 거기에 곱하임수 6관을 덧붙이고 또 30관을 곱하고 9관을 더하며 다시 30관을 곱하임수에 더하고 계속해서 200관을 곱하고 60관을 더하며 또 200관을 곱하임수에 더하면 답이 나온다.

감77을 풀이법으로 삼아서 236근을 놓고 한 자리를 십 자리로 정하여 2,360근으로 만들고 끝자리부터 해서 6을 곱하면, 462가 되므로 46관 200문을 물리고 다음으로 3을 곱하면 231이 되므로 231관을 물리고 그 다음에 2를 곱하면, 154가 되므로 1,540관을 물리면, 답이 나온다.

物二百三十六斤,每斤價二貫三百. 問展幾錢?

答曰,五百四十二貫八百文.

連身加三爲法,置二百三十六斤,先加二六 ·貫八百,却增身六貫,又命三十貫,加九貫,更入身三十貫,續命二百貫,加六十貫,又加身二百貫文合問.

減七七爲法,置二百三十六斤,以一定十,爲二千三百六十斤,從末位命六,云六,四六二,退四十六貫二百,後命三,云三,二三一,退二百三十一貫,後命二,云二,一五四,退一千五百四十貫,合問.

31에서 100까지에 대해서는 여러 가지 방법을 적용한다.

31(신전인3한다.)

32(2배하고, 가6한다.)

33(3을 곱하고, 가1한다.)

34(2를 곱하고, 가7한다.)

35(7을 곱하고, 반으로 나눈다.)

36(2를 곱하고, 가8한다.)

37(가11하고, 3으로 나눈다.)

38(2를 곱하고, 가9한다.)

39(3을 곱하고, 가3한다.)

三十一至一百用雜法.

三十一(身前因三.)

三十二(倍位,加六.)

三十三(三因,加一.)

三十四(二因,加七.)

三十五(七因,折半.)

三十六(二因,加八.)

三十七(加一一,用三除.)

三十八(二因,加九.)

三十九(三因,加三.)

[59] 밭의 길이가 41보, 가로가 31보라면, 넓이는 얼마인가?

답 : 1,271보.

31을 곱수로 삼고, 41보를 놓는다. 앞자리를 신전인3해서 먼저 4를 곱하여, "3 · 4는" 하면서 1,200을 놓은 다음, 다시 1을 곱하여, 30보를 신전하한다.

田長四十一步,闊三十一步,問積步.
答曰,一千二百七十一步.
三十一爲法,置四十一步. 首位身前因三,先命四,云三四下一千二百,再命一,身前下三十步.

[60] 밭의 길이가 42보, 가로가 37보라면, 넓이는 얼마인가?
답 : 1554보.

37을 곱수로 삼고, 가로의 보수를 놓아 1 위에 100 자리를 정해서 먼저 2로 하여금 가22하게 하고, 다시 4로 하여금 가440하게 한다. 합한 값을 3귀로 나눠주면, 답이 나온다.

田長四十二步,闊三十七步,問田幾何?
答曰,一千五百五十四步.
三十七爲法,置長步,一上定百,先命二,加二十二,又命四,加四百四十. 共數以三歸除之,合問.

41(두 번 반으로 나누고, 가64한다.)
42(3을 곱하고, 가4한다.)
43(가72하고, 두 번 반으로 나눈다.)
44(4를 곱하고, 가1한다.)
45(9를 곱하고, 반으로 나눈다.)
46(2를 곱하고, 퇴77한다(즉, (100-77)을 곱함).)
47(가88하고, 두 번 반으로 나눈다.)

48(3을 곱하고, 가6한다.)
49(두 번 손3한다(즉, (10-3)을 곱함).)

四十一(兩折,加六四.) 四十二(三因,加四.)
四十三(加七二,兩折半.) 四十四(四因,加一.)
四十五(九因,折半.) 四十六(二因,退七七數.)
四十七(加八八,兩折半.) 四十八(三因,加六.)
四十九(兩次損三.)

[61] 비단 62필이 있는데, 한 필이 4장 9자라면, 모두 몇 자나 되는가?
답 : 3,038자.

두 번 손3하고, 오히려 두 번 7을 곱한다. 필수를 놓고, 1을 100자의 자리로 정하여 끝자리에서부터 차례대로 손3하면, 4,340이 되는데 다시 손3해도 결과는 같다.

綢六十二匹,每匹四丈九尺. 問共幾尺?
答曰,三千三十八尺.
兩次損三,猶兩次七因也. 置匹數,一上定百尺,從尾位次第損三,得四千三百四十,又損三,同.

51(3을 곱하고, 7을 곱한다.)
52(4를 곱하고, 가3한다.)

53(반으로 나누고, 격위가6한다(즉, 106을 곱함).)
54(6을 곱하고, 9를 곱한다.)
55(가1하고, 반으로 나눈다.)
56(4를 곱하고, 가4한다.)
57(3을 곱하고, 가9한다.)
58(가16하고, 반으로 나눈다.)
59(가18하고, 반으로 나눈다.)

五十一(三因,七因) 五十二(四因,加三.)
五十三(折半,隔位加六.) 五十四(六因,九因.)
五十五(加一,折半.) 五十六(四因,加四.)
五十七(三因,加九.) 五十八(加一六,折半.)
五十九(加一八,折半.)

[62] 비단 57필이 있는데, 한 필이 5장 1자라면, 모두 몇 자인가?
답 : 38관 430문.

51을 곱수로 삼고, 필수를 놓아 3을 곱하고, 또 가7하면, 답이 나온다.

57을 곱수로 삼고, 자수를 놓아 3을 곱하고, 또 가9하면, 답이 나온다.

錦五十七匹,每匹五丈一尺. 問積幾尺?

答曰,二千九百七尺.

五十一爲法,置匹數,三因又加七,合問.

五十七爲法,置尺數,三因又加九,合問.

61(가22하고, 반으로 나눈다.)

62(가24하고, 반으로 나눈다.)

63(손1하고, 손3한다.)

64(두 번 손2한다.)

65(가3하고, 반으로 나눈다.)

66(6을 곱하고, 가1한다.)

67(가34하고, 반으로 나눈다.)

68(4를 곱하고, 가7한다.)

69(가38하고, 반으로 나눈다.)

六十一(加二二,折半.) 六十二(加二四,折半.)

六十三(損一,損三.) 六十四(兩次損二.)

六十五(加三,折半.) 六十六(六因,加一.)

六十七(加三四,折半.) 六十八(四因,加七.)

六十九(加三八,折半.)

[63] 물건 61근이 있는데, (한 근에) 630문씩 하면, 모두 얼마나 되는가?

답 : 38관 430문.

61을 곱수로 삼고, 한 근 값을 놓아 가22하고, 반으로 나누면, 답이 나온다.

63을 곱수로 삼고, 근수를 놓아 먼저 손1하고, 그 다음에 손3하면, 답이 나온다.

物六十一斤,價六白二十,問共幾錢?
答曰,三十八貫四百三十文.
六十一爲法,置斤價,加二二,折半合問.
六十三爲法,置斤數,先損一,却損三,合問.

71(가42하고(즉, 142를 곱함), 반으로 나눈다.)
72(6을 곱하고, 가2한다.)
73(가46하고, 반으로 나눈다.)
74(가11하고, 감5한다.)
75(가5하고, 반으로 나눈다.)
76(4를 곱하고, 가9한다.)
77(7을 곱하고, 가1한다.)
78(6을 곱하고, 가3한다.)
79(가58하고, 반으로 나눈다.)

七十一(加四二,折半.) 七十二(六因,加二.)
七十三(加四六,折半.) 七十四(加一一,減五.)
七十五(加五,折半.) 七十六(四因,加九.)
七十七(七因,加一.) 七十八(六因,加三.)
七十九(加五八,折半.)

[64] 77%의 교환비율을 적용할 구화폐(생전) 74관이 있다면, 실제 지급될 신화폐(족전)는 얼마나 되는가?

답 : 56관 980문.

74를 곱수로 삼고, 77맥을 놓아 가11하면, 85관 470문이 되는데, 감5하면, 답이 나온다. 만약 감5하지 않고 2배하고, 3귀해도, 결과는 같다.

77을 곱수로 삼고, 74관을 놓아 가1하면, 81관 400문이 되는데, 한 자리 물리고 7을 곱하면 답이 나온다.

주해 이와 관련된 문제들은 문제 [20], [65], [69], [80]에서도 발견된다.

七十七陌省錢七十四貫,問爲足錢幾何?
答曰,五十六貫九百八十文.
七十四爲法,置七十七陌,加一一,得八十五貫四百七十,減五合問. 若不減五,用二因三歸,同.
七十七爲法,置七十四貫,加一,得八十一貫四百,退位用七因,合問.

81(두 번 손1한다(즉, (10-1)을 곱함).)

82(가64하고, 반으로 나눈다.)

83(가66하고, 반으로 나눈다.)

84(6으로 곱하고, 가4한다.)

85(가7하고(즉, 17을 곱함), 반으로 나눈다.)

86(가72하고(즉, 172를 곱함), 반으로 나눈다.)

87(가74하고(즉, 174를 곱함), 반으로 나눈다.)

88(가1하고, 손2한다.)

89(종미퇴11한다(즉, (100-11)을 곱함).)

八十一(兩次,損一.) 八十二(加六四,折半.)
八十三(加六六,折半.) 八十四(六因,加四.)
八十五(加七,折半.) 八十六(加七二,折半.)
八十七(加七四,折半.) 八十八(加一,損二.)
八十九(從尾退一一.)

[65] 쌀 890섬이 있는데, 매 섬을 8말 3되씩으로 줄이면, 실제 섬수(족곡)는 얼마나 되겠는가?

답 : 738섬 7말.

8말 3되를 곱수로 삼고, 쌀의 수량을 놓아 가66해서 얻은 값을 반으로 나눈다.

890을 곱수로 삼고, 8말 3되를 놓는데, (답이) 부합되도록 1을 100 자리로 정하면, 그 끝자리는 10섬이 되고, 10 자리를 정하면,

830섬이 되는데, 끝에서부터 퇴11하면(즉, (100-11)을 곱함), 답이 나온다.

주해 이와 관련된 문제들은 문제 [20], [64], [69], [80]에서도 발견된다.

米八百九十石,每石省斛八斗三升,問爲足斛幾何?
答曰,七百三十八石七斗.
八斗三升爲法,置米數,加六六,得,用折半.
八百九十爲法,置八斗三升,合是以一定百,其尾位是十石,合定十,約爲八百三十石,從尾退一一,合問.

91(7을 곱하고, 가3한다(즉, 13을 곱함).)
92(4를 곱하고, 퇴77한다(즉, (100-77)을 곱함).)
93(가86하고(즉, 186을 곱함), 반으로 나눈다.)
94(가88하고(즉, 188을 곱함), 반으로 나눈다.)
95(가9하고(즉, 19를 곱함), 반으로 나눈다.)
96(가2하고(즉, 12를 곱함), 손2한다(즉, 8을 곱함).)
97(격위퇴3한다(즉, (100-3)을 곱함).)
98(7을 곱하고, 가4한다(즉, 14를 곱함).)
99(가1하고(즉, 11을 곱함), 손1한다(즉, 9를 곱함).)

九十一(七因,加三.)	九十二(四因,退七七.)
九十三(加八六,折半.)	九十四(加八八,折半.)
九十五(加九,折半.)	九十六(加二,損二.)
九十七(隔位退三.)	九十八(七因,加四.)
九十九(加一,損一.)	

[66] 밭의 길이가 99보이고, 너비가 97보라면, 넓이는 몇 보인가?
답 : 9,603보.

97을 곱수로 삼고, 길이의 보수를 놓아 1 위에 100 자리를 정하고, 꼬리 뒤에서 자리를 띠고 3 자리를 물린다. 또 다른 계산법에 따라서, 가94하고, 반으로 나누어도 답이 나온다.

99를 곱수로 삼고, 너비의 보수를 놓아 1 위에 100 자리를 정하고, 먼저 가1하고, 그 다음에 손1한다. 또 다른 계산법에 따라서 자리를 띠고 3 자리를 물려도 답이 나온다.

田長九十九步,闊九十七步,問積幾步?
答曰,九千六百三步.
九十七爲法,置長步,一上定百,尾後隔位退三. 又曰,加九四,折半,合問.
九十九爲法,置闊步,一上定百,先加一,却損一. 又曰,隔位退一,合問.

101에서 109까지에 대해서는 사이를 띠고 끝자리를 곱해준다(격위가영).

101(격위가1한다(즉, 101을 곱함).)

102(6을 곱하고, 가7한다.)

103(격위가3한다(즉, 103을 곱함).)

104(8을 곱하고, 가3한다.)

105(7을 곱하고, 가5한다.)

106(격위가6한다(즉, 106을 곱함).)

107(격위가7한다(즉, 107을 곱함).)

108(6을 곱하고, 가8한다.)

109(격위가9한다(즉, 109를 곱함).)

一百一至一百九隔位加零.

一百一(隔位加一.) 一百二(六因,加七.)
一百三(隔位加三.) 一百四(八因,加三.)
一百五(七因,加五.) 一百六(隔位加六.)
一百七(隔位加七.) 一百八(六因,加八.)
一百九(隔位加九.)

[67] 쌀 107섬이 있는데, 소모량을 예상해서 한 섬에 3되씩 덧붙이면, 모두 몇 섬이나 되겠는가?

답 : 110섬 2말 1되.

1섬에 3되를 덧붙여서 103을 곱수로 삼고, 107섬을 놓아 격위가3하면(즉, 103을 곱함), 답이 나온다.

107섬을 곱수로 삼고, 1섬 3되를 놓아 되 위를 섬으로 정하여 끝에서부터 격위가7하면(즉, 107을 곱함), 답이 나온다.

米一百七石,每石增耗三升,問共幾石?
答曰,一百一十石二斗一升.
一石加耗三升,以一百三爲法,置一百七石,隔位加三,合問.
一百七石爲法,置一石三升,升上定石,從尾隔位加七,合問.

111(가11한다.)

112(8을 곱하고, 가4한다.)

113(가13한다.)

114(6을 곱하고, 가9한다.)

115(가15한다.)

116(가16한다.)

117(9를 곱하고, 가3한다.)

118(가18한다.)

119(7을 곱하고, 가7한다.)

百十一(加一一.) 百十二(八因,加四.)
百十三(加一三.) 百十四(六因,加九.)
百十五(加一五.) 百十六(加一六.)
百十七(九因,加三.) 百十八(加一八.)
百十九(七因,加七.)

[68] 물건 113근이 있는데, 한 근에 119문씩 하면, 모두 얼마나 되는가?
답 : 13관 447문.

113을 곱수로 삼고, 한 근 값을 놓아 문 위에 100 자리를 정하고, 몸 밖에서 가13한다.

63을 곱수로 삼고, 근수를 놓아 7을 곱하고, 근 위에 10 자리를 정한 다음, 또 가7해준다.

> 物一百一十三斤,每斤一百十九文,問共若干?
> 答曰,一十三貫四百四十七文.
> 百十三爲法,置斤價,文上定百,身外加一三.
> 百十九爲法,置斤數,七因,斤上定十,又加七.

121(두 번 가1한다.)

122(가22한다.)

123(가23한다.)

124(가24한다.)

125(반으로 세 번 나눈다.)

126(9를 곱하고, 가4한다.)

127(가27한다.)

128(8을 곱하고, 가6한다.)

129(가29한다.)

百二一(兩次加一.) 百二二(加二二.)
百二三(加二三.) 百二四(加二四.)
百二五(三番折半.) 百二六(九因,加四.)
百二七(加二七.) 百二八(八因,加六.)
百二九(加二九.)

[69] 실제 얻어진 무게(족칭)가 126근이라면, (제철소에서) 얼마라고 한 것을 줄여 단 것인가?

답 : $157\frac{1}{2}$ 근.

실제 얻어진 무게로부터 줄이기 전의 무게를 구하기(족칭전생) 위해서는 125를 곱수로 삼고, 근수를 놓아 반으로 세 번 나눠주면, 답이 나온다.

또 다른 계산법에 따르면, 125를 놓아 가4한 다음, 다시 9를 곱하면, 답이 나온다.

주해 이와 관련된 문제들은 문제 [20], [64], [65], [80]에서도 발견된다.

足秤一百二十六斤,問爲省秤多少?
答曰,一百五十七斤半.
足秤展省,用一百二十五爲法,置斤數,三折半,合問.
又曰,置百二十五,加四,又九因,合問.

131(가31한다.)

132(가1하고, 가2한다.)

133(7을 곱하고, 가9한다.)

134(가34한다.)

135(9를 곱하고, 가5한다.)

136(8을 곱하고, 가7한다.)

137(가37한다.)

138(6을 곱하고, 퇴77한다.)

139(가39한다.)

百三一(加三一.)	百三二(加一,加二.)
百三三(七因,加九.)	百三四(加三四.)
百三五(九因,加五.)	百三六(八因,加七.)
白三七(加三七.)	百三八(六因,退七七.)
百三九(加三九.)	

[70] 물건 138칭이 있는데, 한 칭에 13관 200문씩 하면, 모두 얼마나 되는가?

답 : 1,821관 600문.

13관 200문을 곱수로 삼고, 칭수를 놓아 가1하고, 또 가2하면, 답이 나온다.

138을 곱수로 삼고, (한 칭의) 값을 놓아 600인하고, 끝에서 퇴77한다(즉, (100-77)을 곱함).

物一百三十八秤,每秤十三貫二百,問錢若干?
答曰,一千八百二十一貫六百文.
一十三貫二百爲法,置秤數,加一又加二,合問.
一百三十八爲法,置價錢,六百因之,尾退七七.

141(격위퇴6하고(즉, (100-6)을 곱함), 가5한다.)
142(2배하고, 신전7인한다.)
143(가1하고, 가3한다.)
144(두 번 가2한다.)
145(연신가9하고, 반으로 나눈다.)
146(가46한다.)
147(3을 곱하고, 두 번 7을 곱한다.)
148(가2하고, 가11한 다음, 9귀를 적용한다.)
149(가49한다.)

百四一(隔位退六,加五.)
百四二(倍之,身前七因.)
百四三(加一,加三.)
百四四(兩次加二.)
百四五(連身加九,折半.)
百四六(加四六.)
百四七(三因,兩次七因.)
百四八(加二,加一一,用九歸.)
百四九(加四九.)

[71] 능 비단 148필이 있는데, 한 필에 14관 200문씩 한다면, 모두 얼마나 되는가?

답 : 2,101관 600문.

능 비단의 수량을 놓아 2배하면, 296필이 되는데, 윗자리에서부터 신전7인한다.

또한, 단가를 놓고, 가2한 다음, 다시 가11하고, 9로 나누면, 각각 답이 나온다.

> 綾一百四十八匹,匹價十四貫二百,問錢幾何?
> 答曰,二千一百一貫六百文.
> 置綾數,倍得二百九十六匹,從上位身前七因.
> 又曰,置價錢,加二又加一一,用九歸,各合問.

151(가51한다.)

152(8을 곱하고, 가9한다.)

153(9를 곱하고, 가7한다.)

154(가1하고, 가4한다.)

155(가55한다.)

156(가2하고, 가3한다.)

157(가57한다.)

158(가58한다.)

159(가5하고, 격위가6한다.)

百五一(加五一.)　百五二(八因,加九.)
百五三(九因,加七.)　百五四(加一,加四.)
百五五(加五五.)　百五六(加二,加三.)
百五七(加五七.)　百五八(加五八.)
百五九(加五,隔位加六.)

[72] 물건 159근이 있는데, 한 근에 151문씩 하면, 모두 얼마나 되는가?
답 : 24관 9문.

근수를 놓아 몸밖에서 두 자리에 가51하고, 근 위에 백 자리를 정하면, 답이 나온다.

근 값을 놓아 가5하고, 다시 격위가6하면(즉, 106을 곱함), 답이 나온다.

物一百五十九斤,每斤一百五十一文,問錢幾何?
答曰,二十四貫九文.
置斤數,身外加五一兩位,斤上定百,合問.
置斤價,加五,又隔位加六,合問.

161(7을 곱하고, 퇴77한다(즉, (100-77)을 곱함).)
162(2배하고, 두 번 9를 곱한다.)
163(가63한다.)

164(가64한다.)

165(가1하고, 가5한다.)

166(가66한다.)

167(가67한다.)

168(가2하고, 가4한다.)

169(두 번 가3한다.)

百六一(七因,退七七.) 百六二(倍位,兩次九因.)
百六三(加六三.) 百六四(加六四.)
百六五(加一,加五.) 百六六(加六六.)
百六七(加六七.) 百六八(加二,加四.)
百六九(兩次加三.)

[73] 물건 261근이 있는데, 한 근에 161문씩 하면, 모두 얼마나 되는가?

답 : 42관 21문.

물건의 수량을 놓아 700을 곱하고, 끝에서부터 퇴77하면(즉, (100-77)을 곱함), 답이 나온다.

연신가를 풀이법으로 삼아서 근당 단가 161을 놓고 1을 곱하여 먼저 가61하고, 그 다음에는 곱하임수에 100문을 더하고 나서, 다시 6을 곱하여, 3관 660문을 더하고, 곱하임수에 6관을 더한 다음, 다시 1을 곱하여 6관 100문을 더하고, 또 10관을 곱하임수에 더하면, 답이 나온다.

物二百六十一斤,每斤一百六十一文,問錢幾何?
答曰,四十二貫二十一文.
置物數,七百因之,從尾退七七,合問.
連身加爲法,置斤價一百六十一,命一,先加六十一,却加身一百,再命六,加三貫六百六十,加身六貫,又命一,加六貫一百,又加身十貫,合問.

171(가9하고(즉, 19를 곱함), 손1한다(즉, 9를 곱함).)
172(가72한다.)
173(가73한다.)
174(가74한다.)
175(7을 곱하고, 두 번 반으로 나눈다.)
176(가1하고(즉, 11을 곱함), 가6한다(즉, 16을 곱함).)
177(가77한다.)
178(가78한다.)
179(가79한다.)

百七一(加九,損一.) 百七二(加七二.)
百七三(加七三.) 百七四(加七四.)
百七五(七因,兩折.) 百七六(加一,加六.)
百七七(加七七.) 百七八(加七八.)
百七九(加七九.)

[74] 보리 171섬이 있는데, 한 섬에 2관 730문씩 하면, 모두 얼마나 되는가?

답 : 466관 830문.

171을 곱수로 삼고, 한 섬 값을 놓아 가9한 다음, 손1하면, 답이 나온다.

273을 곱수로 삼고, 섬수를 놓아 가3하고, 또 가5하면, 답이 나온다.

麥一百七十一石,每石二貫七百三十,問錢若干?

答曰,四百六十六貫八百三十文.

百七十一爲法,置石價,加九訖,損一合問.

二七三爲法,置石數,加三,更加四,又加五,合問.

181(가81한다.)

182(가3하고, 가4한다.)

183(3을 곱하고, 신전6인한다.)

184(8을 곱하고, 퇴77한다(즉, (100-77)을 곱함).)

185(가11하고, 6귀한다.)

186(가86한다.)

187(가1하고, 가7한다.)

188(가88한다.)

189(3을 곱하고, 7을 곱하고, 9를 곱한다.)

百八一(加八一.) 百八二(加三,加四.)

百八三(三因,身前六因.) 百八四(八因,退七七.)

百八五(加一一,六歸.) 百八六(加八六.)

百八七(加一,加七.) 百八八(加八八.)

百八九(三因,七因,九因.)

[75] 밭의 길이가 184보이고, 너비가 183보라면, 넓이는 몇 보인가?

답 : 33,672보.

길이의 보수를 놓아 3으로 곱하면 552가 되는데, 몸 앞에서 6으로 곱하면 답이 나온다.

너비의 보수를 놓아 8로 곱하면 146,400이 되는데, 끝에서부터 퇴77한다(즉, (100-77)을 곱함).

田長一百八十四步,闊一百八十三步,問積步.

答曰,三萬三千六百七十二步.

置長步,三因,得五百五十二,于身前六因,合問.

置闊步,八因,得十四萬六千四百,從尾退七七.

191(가91한다.)

192(가2하고, 가6한다.)

193(가93한다.)

194(격위퇴3한다(즉, (100-3)을 곱함).)

195(가3하고, 가5한다.)

196(두 번 가4한다.)

197(가97한다.)

198(가1하고, 가8한다.)

199(가99한다.)

百九一(加九一.)　百九二(加二,加六.)
百九三(加九三.)　百九四(隔位退三.)
百九五(加三,加五.)　百九六(兩次加四.)
百九七(加九七.)　百九八(加一,加八.)
百九九(加九九.)

[76] 물건 297근이 있는데, 한 근에 19관 600문씩 하면, 모두 얼마나 되는가?

답 : 5821관 200문.

19관 600문을 곱수로 삼고, 근수를 놓아 근 위에 10관을 정한다. 가4를 적용하고, 다시 가4하면, 답이 나온다.

297을 곱수로 삼고, 한 근 값을 놓아 가1하고, 손1하면, 1940관 400문이 되는데, 3인하면, 답이 나온다.

物二百九十七斤,每斤一十九貫六百,問錢若干?

答曰,五千八百二十一貫二百文.

十九貫六百爲法,置斤數,斤上定十貫. 用加四,再加四,合問.

二百九十七爲法,置斤價,加一損一,得一千九百四十貫四百文,三因合問.

201에서 300까지에 대해서는 여러 가지 계산법을 사용한다.(앞서의 문제에서 어떻게 적용할지 이미 밝혔고, 이후에도 동일하므로, 다시 풀이할 필요가 없다.)

201(가34하고, 가5한다.)

202(격위가1하고(즉, 101을 곱함), 2배한다.)

203(7배하고, 반으로 두 번 나누고, 가16한다.)

204(가2하고, 가7한다.)

205(반으로 나누고, 신전4인한다.)

206(2배하고, 격위가3한다(즉, 103을 곱함).)

207(가38하고, 가5한다.)

208(가3하고, 가6한다.)

209(가1하고, 가9한다.)

211(연신가11한다.)

212(2배하고, 격위가6한다(즉, 106을 곱함).)

213(가42하고, 가5한다.)

214(2배하고, 격위가7한다(즉, 107을 곱함).)

215(가72하고, 반으로 세 번 나눈다.)

216(가2하고, 가8한다.)
217(7배하고, 반으로 두 번 나누고, 가24한다.)
218(2배하고, 격위가9한다(즉, 109를 곱함).)
219(가46하고, 가5한다.)
221(가3하고, 가7한다.)
222(2배하고, 가11한다.)
223(연신가23한다.)
224(가4하고, 가6한다.)
225(두 번 가5한다.)
226(2배하고, 가13한다.)
227(연신가27한다.)
228(가2하고, 가9한다.)
229(연신가29한다.)
231(가1하고, 가4하고, 가5한다.)
232(2배하고, 가16한다.)
233(연신가33한다.)
234(가3하고, 가8한다.)
235(가88하고, 반으로 세 번 나눈다.)
236(2배하고, 가18한다.)
237(가58하고, 가5한다.)
238(가4하고, 가7한다.)
239(연신가39한다.)
241(연신가41한다.)
242(2배하고, 두 번 가1한다.)
243(3배하고, 두 번 9배한다.)

244(2배하고, 가22한다.)
245(두 번 7로 곱하고, 반으로 나눈다.)
246(2배하고, 가23한다.)
247(가3하고, 가9한다.)
248(2배하고, 가24한다.)
249(가66하고, 가5한다.)
251(연신가51한다.)
252(가4하고, 가8한다.)
253(가1하고. 퇴77한다(즉, (100-77)을 곱함).)
254(2배하고, 가27한다.)
255(신전5인하고, 반으로 나눈다.)
256(두 번 가6한다.)
257(연신가57한다.)
258(2배하고, 가29한다.)
259(반으로 두 번 나누고, 7배하고, 가48한다.)
261(가74하고, 가5한다.)
262(2배하고, 가31한다.)
263(연신가63한다.)
264(2배하고, 가1하고, 가2한다.)
265(반으로 두 번 나누고, 격위가6한다(즉, 106을 곱함).)
266(가4하고, 가9한다.)
267(2배하고, 퇴11한다(즉, (100-11)을 곱함).)
268(2배하고, 가34한다.)
269(연신가69한다.)
271(연신가71한다.)

272(가6하고, 가7한다.)
273(가3하고, 가4하고, 가5한다.)
274(2배하고, 가37한다.)
275(반으로 두 번 나누고, 가1한다.)
276(가2하고, 퇴77한다(즉, (100-77)을 곱함).)
277(연신가77한다.)
278(2배하고, 가39한다.)
279(3배하고, 격위퇴7한다(즉, (100-7)을 곱함).)
281(연신가81한다.)
282(2배하고, 가41한다.)
283(연신가83한다.)
284(2배하고, 가42한다.)
285(가5하고, 가9한다.)
286(2배하고, 가1하고, 가3한다.)
287(7배하고, 신전4인한다.)
288(가6하고, 가8한다.)
289(두 번 가7한다.)
291(3배하고, 격위퇴3한다(즉, (100-3)을 곱함).)
292(2배하고, 가46한다.)
293(연신가93한다.)
294(손4하고, 두 번 손3한다.)
295(가18하고, 반으로 두 번 나눈다.)
296(2배하고, 가48한다.)
297(3배하고, 가1하고, 손1한다.)
298(2배하고, 가49한다.)

299(가3하고, 퇴77한다(즉, (100-77)을 곱함).)
300(2배하고, 가5한다.)
곱셈 관련 문제를 마친다.

二百一至三百用雜法.(前問已鋪設取用,此後一同,玆不必再述.)

二百一(加三四,加五.)
二百二(隔位加一,倍之.)
二百三(七因,兩折,加一六.)
二百四(加二,加七.)
二百五(折半,身前四因.)
二百六(倍之,隔位加三.)
二百七(加三八,加五.)
二百八(加三,加六.)
二百九(加一,加九.)
二百一一(連身加一一.)
二百一二(倍之,隔位加六.)
二百一三(加四二,加五.)
二百一四(倍之,隔位加七.)
二百一五(加七二,三折半.)
二百一六(加二,加八.)
二百一七(七因,兩折,加二四.)
二百一八(倍之,隔位加九.)
二百一九(加四六,加五.)
二二一(加三,加七.)
二二二(倍之,加一一.)
二二三(連身加二三.)

二二四(加四,加六.)
二二五(兩次加五.)
二二六(二因,加一三.)
二二七(連身加二七.)
二二八(加二,加九.)
二二九(連身加二九.)
二三一(加一,加四,加五.)
二三二(倍之,加一六.)
二三三(連身加三三.)
二三四(加三,加八.)
二三五(加八八,三次折.)
二三六(倍之,加一八.)
二三七(加五八,加五.)
二三八(加四,加七.)
二三九(連身加三九.)
二四一(連身加四一.)
二四二(倍之,兩次加一.)
二四三(三因,兩次九因.)
二四四(倍之,加二二.)
二四五(兩次七因,折半.)
二四六(倍之,加二三.)
二四七(加三,加九.)
二四八(倍之,加二四.)
二四九(加六六,加五.)
二五一(連身加五一.)
二五二(加四,加八.)
二五三(加一.退七七.)

二五四(二因,加二七.)

二五五(身前五因,折半.)

二五六(兩次加六.)

二五七(連身加五七.)

二五八(二因,加二九.)

二五九(兩折,七因,加四八.)

二六一(加七四,加五.)

二六二(二因,加三一.)

二六三(連身加六三.)

二六四(倍之,加一,加二.)

二六五(兩折,隔位加六.)

二六六(加四,加九.)

二六七(二因,退一一.)

二六八(二因,加三四.)

二六九(連身加六九.)

二七一(連身加七一.)

二七二(加六,加七.)

二七三(加三,加四,加五.)

二七四(倍之,加三七.)

二七五(兩折,加一.)

二七六(加二,退七七.)

二七七(連身加七七.)

二七八(二因,加三九.)

二七九(三因,隔位退七.)

二八一(連身加八一.)

二八二(二因,加四一.)

二八三(連身加八三.)

二八四(二因,加四二.)
二八五(加五,加九.)
二八六(倍之,加一,加三.)
二八七(七因,身前四因.)
二八八(加六,加八.)
二八九(兩次加七.)
二九一(三因,隔位退三.)
二九二(二因,加四六.)
二九三(連身加九三.)
二九四(損四,兩次損三.)
二九五(加一八,兩折.)
二九六(二因,加四八.)
二九七(三因,加一,損一.)
二九八(二因,加四九.)
二九九(加三,退七七.)
三百(二因,加五.)
乘法題問終.

귀법과 감법으로 제법을 대신하는 문제 300개(歸減代除三百題)

인법, 반으로 나누기, 귀법, 감법을 사용하는데, 처음부터 하기가 어렵지 않다. 「상해산법」과 「일용산법」에는 이미 여러 예제들과 법칙들이 나와 있다. 지금 여기서는 그것들의 적용에 관해서 기재할 뿐, 또 다시 자세한 계산법에 대해서 거듭 서술하지는 않는다(문제의 계산법에서 사용된 글자 가운데 의심스러운 것들은 동그라미를 써서 구절을 나누었음).

1에서 9까지에 대해서는 일반적으로 귀법과 같다.

1(1, 10, 100, 1,000이 같으며, 구할 필요는 없으나, 단지 자리를 헤아려 정하도록 한다.)
2(반으로 나눈다.)
3(3귀하거나, 3배한 다음 9귀한다.)
4(반으로 두 번 나눈다.)
5(2배한다.)
6(나뉨수를 2배하고, 감2하거나, 또는 가5하고, 9귀한다.)
7(나뉨수를 2배하고, 감4한다.)
8(가25한다.)
9(9귀하거나, 두 번 3귀한다.)

立用因折歸減,初不爲難,「詳解」,「日用算法」已有下法起例格式. 今只該載取用次第,更不再述細草(題草用字率連,疑者用圈分句).

一至九總同歸法.

一(一與十百千同,不求,只評定位.)
二(折半.)
三(三歸或三因用九歸.)
四(兩折半.)

五(二因.)
六(倍位,減二,或加五,九歸.)
七(倍位,減四.)
八(加二五.)
九(九歸,或兩次三歸.)

[77] 원형 밭이 있는데, 바깥 둘레가 228보라면, 지름은 몇 보인가?
답 : 76보.

원둘레와 지름의 비가 3:1이므로 3을 나눗수로 삼고, 둘레의 보수를 나뉨수로 삼은 다음, 3귀를 적용한다.

또 다른 풀이법에 따라서 둘레의 보수를 3배 한 다음, 9귀를 적용하면, 답이 나온다.

주해 $228 \div 3 = (228 \times 3) \div 9 = 76.$

圓田,外周二百二十八步,問徑步.
答曰,七十六步.
圓三徑一,取三爲法,置周步爲實,用三歸.
又曰,三因周步,用九歸,合問.

[78] 깁 비단 345장이 있는데, 한 필이 5장이라면, 모두 몇 필이나 되는가?

답 : 69필.

5를 곱수로 삼고, 계산법에 따라서, 깁 비단의 수량을 배로 곱한 다음, 한 자리 물리면, 답이 나온다.

羅三百四十五丈,每匹五丈,問計幾匹?

答曰,六十九匹.

五爲法,草曰,倍羅數,退位,合問.

[79] 은 1,680냥이 있는데, 1인당 7냥씩 지급하면, 모두 몇 사람에게 지급하게 되겠는가?

답 : 240명.

7을 나눗수로 삼고, 은의 수량을 놓아 나뉨수로 삼아서, 7로 나눠 주면, 답이 나온다.

또한 은의 수량을 배로 하여 나뉨수로 삼고, 신내감4하면(즉, 14로 나눔), 답이 나온다.

銀一千六百八十兩,每人支七兩,問合給幾人?

答曰,二百四十人.

七爲法,置銀數爲實,如七歸求之.

又用倍銀數爲實,身內減四,合問.

[80] 실제 무게(족칭)가 232근이라면, (제철소에서) 얼마라고 한 것을 줄여 단 것인가?

답 : 290근.

실제 무게 8근은 곧 10근을 줄여서 잰 것이므로, 8귀를 적용한다. 실제 근수(족근)를 놓아 나뉨수로 삼고, 신외가25하여 8귀를 대신한다.

또 다른 계산법에 따라서 실제 근수를 2배 하여 나뉨수로 삼고, 신내감6해도 결과는 같다.

주해 이와 관련된 문제들은 문제 [20], [64], [65], [69]에서도 발견된다.

足秤二百三十二斤,問爲省秤多少?

答曰,二百九十斤.

足秤八斤,卽是十斤省秤. 合用八歸. 今置足斤爲實,身外加二五,以代八歸.

又曰,倍足斤爲實,身內減六,同.

[81] 겉곡식 한 섬에서 쌀 9말이 나온다. 지금 쌀 207섬이 있다면, 원래의 겉곡식은 얼마였는가?

답 : 230섬.

9말을 나눗수로 삼고, 쌀의 수량을 놓아 나뉨수로 삼아서, 9로 나누면, 답이 나온다.

또한, 쌀의 수량을 배로 하여 나뉨수로 삼고, 신외감8해도, 결과는 역시 같다.

谷一石,取米九斗. 今米二百七石,問原谷多少?
答曰,二百三十石.
九斗爲法,置米數爲實,九歸求之.
又曰,倍米數爲實,身外減八,幷同.

11에서 19까지에 대한 일반적인 계산법에 있어서는 윗자리로부터 감한다.

11(감1한다.)
12(반으로 나누고, 가5한 다음, 9귀한다.)
13(감3한다.)
14(반으로 나누고, 7귀한다.)
15(2배하고, 3귀한다.)
16(반으로 나눈 다음, 가25한다.)
17(감7한다.)
18(반으로 나누고, 9귀한다.)
19(감9한다.)

十一至十九總術,從上位減.

十一(減一.)

十二(折半,加五,九歸.)

十三(減三.)

十四(折半,七歸.)

十五(二因,三歸.)

十六(折半,却加二五.)

十七(減七.)

十八(折半,九歸.)

十九(減九.)

[82] 쌀 486섬 2말을 1인당 1섬 4말 3되씩 지급한다면, 몇 사람에게 나눠줄 수 있겠는가?

답 : 340명.

1섬 4말 3되를 나눗수로 삼고, 쌀의 수량을 놓아 먼저 감1한 다음, 다시 감3한다.

또한, 쌀의 수량을 놓아 감43을 두 번 해도, 결과는 역시 같다.

米四百八十六石二斗,各支一石四斗三升,問給幾人?

答曰,三百四十人.

一石四斗三升爲法,置米數,先減一,又減三.

又曰,置米數,減四三兩位,同.

[83] 밭의 넓이가 66,240보라면, 모두 몇 무인가?

답 : 276무.

1무 240보를 나눗수로 삼고, 밭의 넓이를 놓아 반으로 나눈 다음,

감2한다.

또 다른 풀이법에 따르면, 넓이를 놓아 먼저 감5한 다음, 다시 감6한다. 만약 감5하고 감6하는 계산이 번거롭다고 하면, 감5하는 대신, 6을 곱한 다음 9로 나누고, 감6하는 대신, 반으로 나눈 다음 가25한다. 혹시 감법만 설명하면, 그것들을 적용하는 묘미는 어찌 알겠는가? 그러므로 감하는 것으로 나눗셈을 대신하며, 또 귀가하는 것으로 감하는 것을 대신하니, 모두가 문제의 방법들이 망령되지 않음을 알고, 사고의 합리성을 터득할 것이다.

田積六萬六千二百四十步,問計幾畝?
答曰,二百七十六畝.
一畝二百四十步爲法,置田積步,折半,減二.
又曰,置積步,先減五,再減六. 若謂減五減六算繁,用六因九歸以代減五,折半加二五以代減六. 若或只說減法,安知取用之妙,故以減代除,又以歸加代減,庶知題法不妄,斡旋有理.

21에서 100까지에 대해서는 문제에 따라 방법을 적용한다.

21(감5하고 감4한다.)
22(반으로 나누고, 감1한다.)
23(반으로 나누고, 다시 감15한다.)
24(반으로 나누고, 감2한다.)
25(4를 곱한다.)
26(반으로 나누고, 감3한다.)

27(3으로 나누고, 9로 나눈다.)
28(반으로 나누고, 감4한다.)
29(4를 곱하고, 감16한다.)

二十一至一百隨題用法.

二十一(減五,減四.) 二十二(折半,減一.)
二十三(折半,更減一五.) 二十四(折半,減二.)
二十五(四因.) 二十六(折半,減三.)
二十七(三歸,九歸.) 二十八(折半,減四.)
二十九(四因,減一六.)

[84] 680관으로 포를 사려고 하는데, 한 필에 2관 500문씩 하면, 몇 필이나 사겠는가?

답 : 272필.

한 필 값이 250이어서, 곧, 10관으로 4필을 살 수 있으므로, 금액을 놓고, 4배하면, 답이 나온다.

六百八十貫,買布,每匹二貫五百,問得幾匹?
答曰,二百七十二匹.
匹價二貫五百,即是十貫買四匹,置錢數,四因合問.

31(4를 곱하고, 감24한다.)

32(두 번 반으로 나누고, 가25한다.)

33(3으로 나누고, 감1한다.)

34(반으로 나누고, 감7한다.)

35(2를 곱하고, 7로 나눈다.)

36(반으로 나누고, 9로 나눈다.)

37(감11하고, 3을 곱한다.)

38(반으로 나누고, 감9한다.)

39(2로 나누고, 감3한다.)

三十一(四因,減二四.) 三十二(兩折,加二五.)
三十三(三歸,減一.) 三十四(折半,減七.)
三十五(二因,七歸.) 二十六(兩折,九歸.)
三十七(三因,減一一.) 三十八(折半,減九.)
三十九(二歸,減三.)

[85] 31명이 7,130관을 나누면, 각자 얼마씩 얻겠는가?

답 : 230관.

31을 나눗수로 삼고, 돈 액수를 4배하여 다시 신내감24하면, 답이 나온다. 풀이에 따르면 4를 31에 곱하면 124가 되므로, 감24이다.

三十一人,分七千一百三十貫,問人得幾何?
答曰,二百三十貫.
三十一爲法,用四因錢數,又身內減二四,合問. 解曰,四因三十一,爲百二十四,減二四.

41(3으로 나누고, 감23한다.)
42(3으로 나누고, 감4한다.)
43(3으로 나누고, 감29한다.)
44(두 번 반으로 나누고, 감1한다.)
45(배로 곱하고, 9로 나눈다.)
46(두 번 반으로 나누고, 다시 감15한다.)
47(4를 곱하고, 감88한다.)
48(두 번 반으로 나누고, 감2한다.)
49(두 번 7로 나눈다.)

四十一(三因,減二三.) 四十二(三歸,減四.)
四十三(三因,減二九.) 四十四(兩折,減一.)
四十五(倍位,九歸.) 四十六(兩折,又減一五.)
四十七(四因訖,減八八.) 四十八(兩折,減二.)
四十九(兩次七歸.)

[86] 비단 1,302자가 있는데, 한 필이 42자라면, 모두 몇 필이나 되는가?

답 : 31필.

42를 나눗수로 삼고, 전체 자수를 놓아 3으로 나누고, 감4하면, 답이 나온다. 또한 전체 자수를 놓아 6으로 나누고, 7로 나눠도 결과는 같다.

> 絹一千三百單二尺,每匹四十二尺,問計幾匹?
>
> 答曰,三十一匹.
>
> 四十二爲法,置總尺數,三歸,減四合問. 又曰,置總尺數,六歸,七歸,同.

51(3으로 나누고, 감7한다.)

52(두 번 반으로 나누고, 감3한다.)

53(2를 곱하고, 격위감6한다(즉, 106으로 나눔).)

54(가5하고, 두 번 9로 나눈다.)

55(2를 곱하고, 감1한다.)

56(2를 곱하고, 감12한다.)

57(3으로 나누고, 감9한다.)

58(2를 곱하고, 감16한다.)

59(2를 곱하고, 감18한다.)

五十一(三歸,減七.) 五十二(兩折,減三.)
五十三(二因,隔位減六.) 五十四(加五,兩次九歸.)
五十五(二因,減一.) 五十六(二因,減一二.)
五十七(三歸,減九.) 五十八(二因,減一六.)
五十九(二因,減一八.)

[87] 길포 4,968자가 있는데, 한 필이 54자라면, 모두 몇 필이나 되는가?

답 : 92필.

54를 나눗수로 삼고, 전체 자수를 놓아 6으로 나누고, 9로 나누면, 답이 나온다. 만약 6으로 나누는 것이 번거로우면, 자수 위에서 가5하고, 다시 두 번 9로 나눠도 결과는 같다.

吉布四千九百六十八尺,每匹五十四尺,問計幾匹?
答曰,九十二匹.
五十四爲法,置尺數,用六歸九歸,合問. 若謂六歸算繁,尺上加五,改用兩次九歸,同.

61(2를 곱하고, 감22한다.)

62(2를 곱하고, 감24한다.)

63(2를 곱하고, 감26한다.)

64(두 번 가25한다.)

65(2를 곱하고, 감3한다.)

66(가5하고, 감1한 다음, 9로 나눈다.)

67(2를 곱하고, 감34한다.)

68(두 번 반으로 나누고, 감7한다.)

69(2를 곱하고, 감38한다.)

六十一(二因,減二二.) 六十二(二因,減二四.)
六十三(二因,減二六.) 六十四(兩次加二五.)
六十五(二因,減三.) 六十六(加五,減一,九歸.)
六十七(二因,減三四.) 六十八(兩折,減七.)
六十九(二因,減三八.)

[88] 64명이 은 147냥 2전을 나눈다면, 각자에게 얼마씩 돌아가겠는가?

답 : 2냥 3전.

64를 나눗수로 삼고, 은의 수량을 놓아 두 번 가25하여 두 번 8귀하는 것을 대신한다.

또한 감6하고, 반으로 두 번 나눠도 결과는 같다.

六十四人分銀一百四十七兩二錢,問各幾何?

答曰,二兩三錢.

六十四爲法,置銀數,兩次加二五,以代兩次八歸.

又曰,減六,兩折半,同.

71(2를 곱하고, 감42한다(즉, 142로 나눔).)

72(가25하고, 9로 나눈다.)

73(2를 곱하고, 감46한다.)

74(가5하고, 감11한다.)

75(가2하고, 9로 나눈다.)

76(두 번 반으로 나누고, 감9한다.)

77(7로 나누고, 감1한다.)

78(감3하고, 6으로 나눈다.)

79(2를 곱하고, 감58한다.)

七十一(二因,減四二.) 七十二(加二五,九歸.)
七十三(二因,減四六.) 七十四(加五,減一一.)
七十五(加二,九歸.) 七十六(兩折,減九.)
七十七(七歸,減一.) 七十八(減三,六歸.)
七十九(二因,減五八.)

[89] 쌀 220섬 4말을 1인당 7말 6되씩 지급하면, 몇 명에게 줄 수 있겠는가?

답 : 290명.

7말 6되를 구일법에 따라서 다루려면 나뉨수를 2배해야 하니 오히려 번거롭다. 쌀의 수량을 놓아 반으로 두 번 나누고, 신내감9하면, 답이 나온다.

주해 답에서 가리키는 계산은 다음과 같다.

$$2204 \div 7.6 = 22040 \div 2 \div 2 \div 19 = 250.$$

米二百二十石四斗,各支七斗六升,問給幾人?

答曰,二百九十人.

七斗六升,若依求一倍位,愈繁. 今置米數,用兩折半,身內減九,合問.

81(두 번 9로 나눈다.)

82(2를 곱하고, 감64한다.)

83(2를 곱하고, 감66한다.)

84(가5하고, 감4한 다음, 9로 나눈다.)

85(2를 곱하고, 감7한다.)

86(가5하고, 감29한다.)

87(2를 곱하고, 감74한다.)

88(8로 나누고, 감1한다.)

89(2를 곱하고, 감78한다.)

八十一(兩次九歸.) 八十二(二因,減六四.)

八十三(二因,減六六.) 八十四(加五,減四,九歸.)

八十五(二因,減七) 八十六(加五,減二九.)

八十七(二因,減七四.) 八十八(八歸,減一.)

八十九(二因,減七八.)

[90] 돈 304관 80문으로 물건을 사려는데, 한 근에 840문씩 한다면, 모두 몇 근이나 살 수 있겠는가?

답 : 362근.

84를 구일법에서처럼 나뉨수를 2배하고, 감68하자면, 번거롭다. 그 대신, 전체 금액 위에 가5하고, 감26하면, 상대적으로 쉽다.

錢三百四貫八十,買物,每斤八百四十,問幾斤?

答曰,三百六十二斤.

八十四,若依求一,倍位,減六八,則繁. 今于總錢上加五,只減二六,頗易.

91(7로 나누고, 감3한다(즉, 13으로 나눔).)

92(가5하고, 감38한다.)

93(6으로 나누고, 감55한다.)

94(가5하고, 감41한다.)

95(2를 곱하고, 감9한다.)

96(6으로 나누고, 감6한다.)

97(2를 곱하고, 감94한다.)

98(감4하고, 7로 나눈다.)

99(감1하고, 9로 나눈다.)

九十一(七歸,減三.)	九十二(加五,減三八.)
九十三(六歸,減五五.)	九十四(加五,却減四一.)
九十五(二因,減九)	九十六(六歸,減六.)
九十七(二因,減九四.)	九十八(減四,七歸.)
九十九(減一,九歸.)	

[91] 직사각형 밭의 넓이가 9,215보인데, 길이가 97보라면, 가로는 얼마인가?

답 : 95보.

97을 나눗수로 삼고, 구일법에 따라서 넓이를 2배하고, 감94하면, 답이 나온다.

또한, 윗자리로부터 격위견1가3[58]하고, 97에 대하여 100이 되게 조정한다.

주해 이 문제를 위한 계산은 기본적으로

$$9215 \div 97 = 95$$

라는 것에 불과하지만, 특히 두 번째 풀이법은 97로 나누는 대신 1.03을 곱해서 일차 계산한 다음, 추가로 편차를 조정하라고 주문하고 있다. 즉, 그 계산은 다음과 같다.

$$9215 \times 1.03 \times \frac{100}{103 \times 97} = 9491.45 \times \frac{100}{9991} = 95$$

58) "격위견1가3(隔位見一加三)"은 1.03을 곱하는 것에 해당한다.

直田積九千二百一十五步,原長九十七步,問闊多少?

答曰,九十五步.

九十七爲法,依求一,倍積步,減九四,合問.

又曰,從上位,隔位見一加三,遇九七成百.

101에서 109까지에 대해서는 나눗수 전체로 격위감0한다.

101(격위감1한다(즉, 101로 나눔).)

102(6으로 나누고, 감7한다.)

103(격위감3한다(즉, 103으로 나눔).)

104(8로 나누고, 감3한다.)

105(7로 나누고, 감5한다.)

106(격위감6한다(즉, 106으로 나눔).)

107(격위감7한다(즉, 107로 나눔).)

108(6으로 나누고, 감8한다.)

109(격위감9한다(즉, 109로 나눔).)

一百一至一百九總法,隔位減零.

一百一(隔位減一.)
一百二(六歸,減七.)
一百三(隔位減三.)
一百四(八歸,減三.)
一百五(七歸,減五.)
一百六(隔位減六.)
一百七(隔位減七.)
一百八(六歸,減八.)
一百九(隔位減九.)

[92] 한 관당 이자가 30문씩인데, 지금 원금과 이자를 합한 것이 27,810관이라면, 원래 본전은 얼마이었는가?

답 : 27,000관.

앞에서 격위가가 나왔지만, 이번에는 격위감이 성립된다. 전체 금액을 놓아 위에서부터 격위감3하며(즉, 103으로 나눔), 나머지가 두 자리면 십 자리 수를 나뉨수 다음에 두고, 뺀다.

每貫收息三十,今本利二萬七千八百一十貫,問原本錢?
荅曰,二萬七千貫文.
先有隔位加,故立隔位減. 置總錢,從上減三,言如隔位,言十次身減之.

111에서 189까지에 대해서는 일반적으로 감양위법을 적용한다.

111(감11한다.)
112(7귀하고, 감6한다.)
113(감13한다.)
114(6귀하고, 감9한다.)
115(감15한다.)
116(감16한다.)
117(9귀하고, 감3한다.)
118(감18한다.)
119(7귀하고, 감7한다.)
121(두 번 감1한다.)
122(감22한다.)

123(감23한다.)

124(감24한다.)

125(8배한다.)

126(9귀하고, 감4한다.)

127(감27한다.)

128(8귀하고, 감6한다.)

129(감29한다.)

百十一至百八十九總法,減兩位.

百十一(減一一.)
百十二(七歸,減六.)
百十三(減一三.)
百十四(六歸,減九.)
百十五(減一五.)
百十六(減一六.)
百十七(九歸,減三.)
百十八(減一八.)
百十九(七歸,減七.)
百二十一(兩次減一.)
百二十二(減二二.)
百二十三(減二三.)
百二十四(減二四.)
百二十五(八因.)
百二十六(九歸,減四.)
百二十七(減二七.)
百二十八(八歸,減六.)
百二十九(減二九.)

[93] 밭의 넓이가 7,812보인데, 원래의 길이가 124보라면 가로는 얼마인가?

답 : 63보.

가양위법이 존재하므로 곧 감양위술도 성립된다. 넓이의 보수를 놓아 존신하면서 감24하면 답이 나온다.

田積七千八百一十二步,原長百二十四步,問闊.

答曰,六十三步.

有加兩位之法,則立減兩位之術. 置積步,存身[59],減二四,合問.

131(감31한다.)

132(감1하고, 감2한다.)

133(7로 나누고, 감9한다.)

134(감34한다.)

135(9로 나누고, 감5한다.)

136(8로 나누고, 감7한다.)

137(감37한다.)

138(감38한다.)

139(감39한다.)

百三一(減三一.)
百三二(減一,減二.)
百三三(七歸,減九.)
百三四(減三四.)
百三五(九歸,減五.)
百三六(八歸,減七.)
百三七(減三七.)
百三八(減三八.)
百三九(減三九.)

59) "존신(存身)"은 나뉨수의 각 숫자들을 보존하는 것을 말한다.

[94] 132명이 있는데, 술 34섬 3말 2되를 나눈다면, 각자에게 얼마씩 돌아가겠는가?

답 : 2말 6되.

감양위법에 의해서 두 번 감법을 적용하면, 수월하다. 132를 나눗수로 삼고, 먼저 감1한 다음, 다시 감2하여 구하면, 답이 나온다.

一百三十二人,分酒三十四石三斗二升,問各多少?
答曰,二斗六升.
以減兩位之法,作兩次減,取用頗易. 一百三十二爲法,置積,先減一,再減二,求之合問.

141(감41한다.)

142(감42한다.)

143(감1하고, 감3한다.)

144(두 번 감2한다.)

145(감45한다.)

146(감46한다.)

147(7로 나누고, 3으로 나누고, 7로 나눈다.)

148(반으로 나누고, 가5한 다음, 감11한다.)

149(감49한다.)

百四一(減四一.) 百四二(減四二.)
百四三(減一,減三.) 百四四(兩次減二.)
百四五(減四五.) 百四六(減四六.)
百四七(七歸,三歸,七歸) 百四八(折半,加五,減一一.)
百四九(減四九.)

[95] 숯 7,056근을 1인당 147근씩 지급한다면, 모두 몇 명에게 줄 수 있겠는가?

답 : 48명.

147을 나눗수로 삼고, 숯의 수량을 놓아 먼저 3으로 나누고, 그 다음에 7로 두 번 나눠주면, 답이 나온다.

木炭七千五十六斤,各支百四十七斤,問人數?
答曰,四十八人.
百四十七爲法,置炭數,先用三歸,次用再七歸求之,合問.

151(감51한다.)

152(8로 나누고, 감9한다.)

153(9로 나누고, 감7한다.)

154(감1하고, 감4한다.)

155(감55한다.)

156(감2하고, 감3한다.)

157(감57한다.)

158(감58한다.)

159(감5하고, 격위감6한다(즉, 106으로 나눔).)

百五一(減五一.) 百五二(八歸,減九.)
百五三(九歸,減七.) 百五四(減一,減四.)
百五五(減五五.) 百五六(減二,減三.)
百五七(減五七.) 百五八(減五八.)
百五九(減五,隔位減六.)

[96] 도랑을 파는데, 부피가 6,837자이었고, 연인원 159명을 사용했다면, 1인당 흙을 지어 나른 것은 얼마인가?

답 : 43자.

159를 나눗수로 삼고 부피의 자수를 놓아 100 위에 자의 자리를 정하고, 감5하면, 4,558자가 되는데 다시 격위감6하면(즉, 106으로 나눔) 답이 나온다.

開渠,積六千八百三十七尺,共用一百五十九工,問一工取土多少?
答曰,四十三尺.
百五九爲法,置積尺,于百上定尺,減五,得四千五百五十八尺,又隔位減六,合問.

161(감61한다.)

162(반으로 나누고, 두 번 9로 나눈다.)

163(감63한다.)

164(감64한다.)

165(감1하고, 감5한다.)

166(감66한다.)

167(감67한다.)

168(감2하고, 감4한다.)

169(두 번 감3한다.)

百六一(減六一.)	百六二(折半,兩次九歸.)
百六三(減六三.)	百六四(減六四.)
百六五(減一,減五.)	百六六(減六六.)
百六七(減六七.)	百六八(減二,減四.)
百六九(兩次減三.)	

[97] 보관중인 은 3,790냥 8전이 있는데 한 근당 2전을 국고에 납입하면 원래 수령된 은은 얼마나 되는가?

답 : 234근.

1근에 2전씩 불어나니 26냥 2전을 나눗수로 삼고 은의 수량을 놓아 10냥 위에 근 자리를 정하고 반으로 나눈 다음 두 번 구귀를 써서 구하면 답이 나온다.

管銀三千七百九十兩八錢,每斤內多秤二錢入庫,問本收正銀多少?

答曰,二百三十四斤.

一斤上增二錢,二十六兩二錢爲法,置銀數,于十兩上定斤,折半,兩次用九歸求之,合問.

171(9로 나누고, 감9한다.)

172(감72한다.)

173(감73한다.)

174(감74한다.)

175(4를 곱하고, 7로 나눈다.)

176(감1하고, 감6한다.)

177(감77한다.)

178(감78한다.)

179(감79한다.)

百七一(九歸,減九.) 百七二(減七二.)

百七三(減七三.) 百七四(減七四.)

百七五(四因,七歸.) 百七六(減一,減六.)

百七七(減七七.) 百七八(減七八.)

百七九(減七九.)

[98] 420관으로 물건을 사려고 하는데, 한 근에 175문씩 한다면, 몇 근이나 얻겠는가?

답 : 2,400근.

175를 나눗수로 삼고, 420관을 놓은 다음, 귀법에 따라서 한 자리를 물려 관 위에 근의 자리를 정한 전체 금액의 4배를 7귀하여 구한다.

四百二十貫買物,每斤百七十五文. 問得幾斤?
答曰,二千四百斤.
百七五爲法,置四百二十貫,依歸法,退一位,于貫上定斤,四因總錢,用七歸求之.

181(감81한다.)
182(감3하고, 감4한다.)
183(감83한다.)
184(감84한다.)
185(6을 곱하고, 감11한다.)
186(감86한다.)
187(감1하고, 감7한다.)
188(감88한다.)
189(9로 나누고, 3으로 나누고, 7로 나눈다.)

百八一(減八一.)	百八二(減三,減四.)
百八三(減八三.)	百八四(減八四.)
百八五(六因,減一一.)	百八六(減八六.)
百八七(減一,減七.)	百八八(減八八.)
百八九(九歸,三歸,七歸.)	

[99] 밤 449섬 9말 3되를 1인당 1섬 8말 9되씩 지급하려고 한다. 모두 몇 명에게 나눠줄 수 있겠는가?

답 : 237명.

1섬 8말 9되를 나눗수로 삼고, 밤의 수량을 놓아 10섬 자리에 명수를 정하고, 3귀한 다음 7귀, 9귀하여 구하면, 답이 나온다.

粟四百四十七石九斗三升. 各支一石八斗九升. 問給幾人?
答曰,二百三十七人.
一石八斗九升爲法,置粟數,于十石上定人,用三歸又七歸九歸求之合問.

191에서 199까지에 대한 원래의 계산법은 감2위인데, 번잡스러울 우려가 있다. 일반적인 방법에 따르면, 전체 수를 놓아 윗자리부터 차례대로 반으로 나누고, 한자리 띠어 해당 수를 되살리고(격위환영), 원래의 수에 대해 100이 되게 조정한다.(예컨대, 191을 나눗수로 삼으면, 200을 반으로 나누어 1이 되게 한 다음, 한자리 띠어

9를 되살린다. 또 마찬가지로 199라면, 총수를 반으로 나누고, 한자리 띠어 1을 되살린다. 원래의 수 191 또는 199를 만나면, 구할 필요없이 간편하게 1이 되게 하는데, 이것이 바로 구귀의 뜻이다.)

191(감91한다.)
192(감2하고, 감6한다.)
193(감93한다.)
194(감94한다.)
195(배로 하고, 3으로 나누고, 감3한다.)
196(두 번 감4한다.)
197(감97한다.)
198(반으로 나누고, 9로 나눈 다음, 감1한다.)
199(감99한다.)

百九一至百九九本法減二位,恐繁,今總術,置積數,從上逐位折半,見一隔位還零,遇本數,起而成百. (謂如百九一爲法,以二百折半得一,隔位還九. 又如百九九,以積折半,隔位還一,遇本數百九一或百九九,則不必求,便起爲一,卽是九歸之義也.)

百九一(減九一.)
百九二(減二,減六.)
百九三(減九三.)
百九四(減九四.)
百九五(倍位,三歸,減三.)
百九六(兩次減四.)
百九七(減九七.)
百九八(折半,九歸,減一.)
百九九(減九九.)

[100] 깁 비단 491장 5자 2치가 있는데, 1인당 1장 9자 2치씩 지급하면, 몇 명에게 나눠줄 수 있는가?

답 : 256명.

1장 9자 2치를 나눗수로 삼아서 기본적으로 감2하고 감6한다. 만약 감2하는 것이 번잡스럽다고 하면, 반으로 나누고 6귀하는 것을 대신 사용하고, 6귀가 번잡스러우면, 가5해서 9귀하는 것을 대신하고, 혹시 감6이 번잡스러우면, 반으로 나누고 8귀하는 것을 대신 사용하고, 또 8귀가 번잡스럽다고 하면, 가25하는 것으로 대신하며, 혹은 반으로 세 번 나눠서 가25하는 것을 대신한다. 이렇게 사람에 따라서 사용하는데, 이미 방법들은 논의된 셈이니, 의당 그 이치들이 이해될 것이다.

또한 일반적인 풀이법에 따르면 윗자리부터 차례대로 반으로 나누고 한 자리 띠고 8을 되살린다. 491장 5자 2치를 놓아 먼저 400장을 반으로 나누면, 200이 되고, 한 자리 띠고 2×8＝16장을 되살려 더하고, 또 100장을 반으로 나누면, 50이 되며, 4장을 되살려 더하면, 모두 11장 5자 2치가 남는다. 또 10장을 반으로 나누면 5가 되는데, 5×8＝4자를 되살려 더하면 여전히 19자 2치가 남는데 1인당 돌아가는 몫으로 드러난다. (그러므로) 모두 256명이 되어 답이 나온다.

羅四百九十一丈五尺二寸,各支一丈九尺二寸,問給幾人?

答曰,二百五十六人.

一丈九尺二寸爲法,本用減二減六,若謂減二繁,則用折半六歸代,六歸繁,則以加五用九歸代,或減六繁,用折半八歸代,又謂八歸繁,更以加二五代之,或三折半代加二五. 此只從人使用,旣論小法,當盡其理.

又總術曰,從上逐位折半,見一隔位還八. 置四百九十一丈五尺二寸,先折四百丈,得二百,隔位加還二八十六丈,又折百丈,得五十,加還四丈,共餘十一丈五尺二寸,又折十丈,得五,加還五八四尺,尚餘十九尺二寸,适撞一人之數. 共得,二百五十六人,合問.

201에서 300까지에 대해서는 문제에 따라 계산법을 적용한다.

201(감34하고, 감5한다.)

202(반으로 나누고, 격위감1한다(즉, 101로 나눔).)

203(감45하고, 감4한다.)

204(감2하고, 감7한다.)

205(6배하고, 감23한다.)

206(반으로 나누고, 격위감3한다(즉, 103으로 나눔).)

207(4배하고, 감2하고, 7귀하고, 한 자리를 떼고 1을 되살리며, 69에 대해 100이 되게 조정한다.)

208(감3하고, 감6한다.)

209(감1하고, 감9한다.)

211(9배하고. 감9하고, 두 자리를 떼고 1을 되살리며, 1899에 대해 100이 되게 조정한다.)

212(반으로 나누고, 격위감6한다(즉, 106으로 나눔).)

213(감42하고, 감5한다.)

214(반으로 나누고, 격위감7한다(즉, 107로 나눔).)

215(6배하고, 감29한다.)

216(감2하고, 감8한다.)

217(감4하고, 또 감55한다.)

218(반으로 나누고, 격위감9한다(즉, 109로 나눔).)

219(감46하고, 감5한다.)

221(감3하고, 감7한다.)

222(감11하고, 반으로 나눈다.)

223(4배하고, 9귀하고, 두 자리를 떼고 8을 되살리며, 892에 대해 1,000이 되게 조정한다.)

224(감4하고, 감6한다.)

225(4배하고, 9귀한다.)

226(감13하고, 반으로 나눈다.)

227(3배하고, 7귀하고, 한 자리를 떼고 19를 되살리며, 681에 대해 1,000이 되게 조정한다.)

228(감2하고, 감9한다.)

229(3배하고, 7귀하고, 한 자리를 떼고 13을 되살린다. 나눈 다음에는 정도 이상으로 줄여진 것을 알맞게 되살려야 하는데, 자리에 맞춰서 이런 작업은 즉시 이루어져야 한다.)

二百一至三百隨題用法.

二百一(減三四,減五.)
二百二(折半,隔位減一.)
二百三(減四五,減四.)
二百四(減二,減七.)
二百五(六因,減二三.)

二百六(折半,隔位減三.)
二百七(四因,減二,七歸,隔位還一,見六十九,成百.)
二百八(減三,減六.)
二百九(減一,減九.)
二百一一(九因.減九,隔二位還一,見一八九九,成百.)
二百一二(折半,隔位減六.)
二百一三(減四二,減五.)
二百一四(折半,隔位減七.)
二百一五(六因,減二九.)
二百一六(減二,減八.)
二百一七(減四,又減五五.)
二百一八(折半,隔位減九.)
二百一九(減四六,減五.)
二百二一(減三,減七.)
二百二二(減一一,折半.)
二百二三(四因,九歸,見一隔二位還八,遇八九二,成千.)
二百二四(減四,減六.)
二百二五(四因,九歸.)
二百二六(減一三,折半.)
二百二七(三因,七歸,隔一位還一九,見六八一,成千.)
二百二八(減二,減九.)
二百二九(三因,七歸,見一隔一位還十三. 歸後還數,以補闕欠,逐位歸訖,隨手還零.)

[101] 쌀 602섬 1말을 1인당 2섬 2말 3되씩 지급하면, 몇 명에게 줄 수 있겠는가?

답 : 270명.

223을 나눗수로 삼고, 쌀의 수량을 놓아 4배하면, 2,408섬 4말이 된다. 10섬 위에 사람 수의 자리를 정한다. 9귀를 쓰는데, 첫 자리에 2가 보이면 밑에 2를 적고, 2×8＝16섬을 다시 더해주며, 또 6이 보이면 밑에 6을 더하고, 6×8＝4섬 8말을 다시 더해준다. 이미 280명을 얻는다. 그러나 여전히 89섬 2말이 남는다. 계산법에서 892를 만나면, 1,000이 되게 하라고 하여 또 10명을 얻으므로 (전체적으로 감안하면) 모두 270명이 되어 답이 나온다.

米六百二石一斗,各支二石二斗三升. 問給幾人?
答曰,二百七十人.
二二三爲法. 置米數,四因得二千四百八石四斗. 于十石上定人. 用九歸. 首位,見二下二加還二八十六石,又見六下加六,還六八四石八斗. 已得二百八十人. 尙餘八十九石二斗. 法云,遇八九二成千,又得十人之數. 通得,二百七十人,合問.

231(3으로 나누고, 7로 나눈 다음, 감1한다(즉, 11로 나눔).)

232(감16하고, 반으로 나눈다.)

233(3을 곱하고, 7로 나누고, 2자리를 띠어 1을 되살리고, 699에 대하여 1000이 되게 조정한다.)

234(감3하고, 감8한다.)

235(6을 곱하고, 감41다.)

236(감18하고, 반으로 나눈다.)

237(감58하고, 감5한다.)

238(감4하고, 감7한다.)

239(4를 곱하고, 7로 나누고, 2자리를 띠어 44를 되살리고, 956에 대하여 1000이 되게 조정한다. 나머지가 생기면, 두 번 반으로 나누고, 원래 상태로 되살린다.)

二三一(三歸,七歸,減一.)
二三二(減一六,折半.)
二三三(三因,七歸,隔一位見一還一,遇六九九,成千.)
二三四(減三,減八.)
二三五(六因,却減四一.)
二三六(減一八,折半.)
二三七(減五八,減五.)
二三八(減四,減七.)
二三九(四因,七歸,隔位見一下四四,遇九五六,成千. 成數之外有零者,仍用兩折,還原命零.)

[102] 675관 700문으로 비단을 사려고 하는데, 필당 단가가 2관 330문이라면, 모두 몇 필이나 살 수 있겠는가?

답 : 290필.

233을 나눗수로 삼을 때에는 전체 금액을 3배하면, 2,027관 100문이 되는데, 10관 위를 필의 자리로 정한다. 2가 보이면 밑에 6을 적고, 2관을 되살려 더한다. 또 6이 보이면 밑에 24를 적는데, 이미 280필을 얻는다. 그러나 여전히 69관 900문이 남는다. 계산법에서 699를 만나면, 1,000이 되게 하라고 하여, 또 10필을 얻어서, 모두 290필이 되어, 답이 나온다.

六百七十五貫七百,買絹,匹價二貫三百三十. 問合買幾匹?
答曰,二百九十四匹.
二三三爲法. 置錢數,三因,爲二千二十七貫一百,于十貫上定匹. 見二下六,加還二貫,又見六下二十四,加還八百,已得二百八十四匹. 尙餘六十九貫九百. 法云,遇六九九成千,又得十匹之數,共得二百九十四匹,合問.

241(4배하고, 첫 자리를 만나면 36을 되살린다.)
242(반으로 나누고, 두 번 감1한다.)
243(3귀하고, 두 번 9귀한다.)
244(감22하고, 반으로 나눈다.)
245(倍位, 두 번 7귀한다.)
246(감23하고, 반으로 나눈다.)
247(감3하고, 감9한다.)
248(감24하고, 반으로 나눈다.)
249(감66하고, 감5한다.)
251(4배하고, 두 자리를 떼고 퇴4한다.)
252(감4하고, 감8한다.)
253(4배하고, 한 자리를 떼고 퇴12한다.)
254(감27하고, 반으로 나눈다.)
255(감5하고, 감7한다.)
256(두 번 감6한다.)
257(4배하고, 한 자리를 떼고 퇴28한다.)
258(반으로 나누고, 감29한다.)
259(3배하고, 7귀하고, 감11한다.)

261(감74하고, 감5한다.)

262(감31하고, 반으로 나눈다.)

263(4배하고, 한 자리를 띠고 퇴52한다.)

264(반으로 나누고, 감1하고, 감2한다.)

265(4배하고, 격위감6한다(즉, 106으로 나눔).)

266(감4하고, 감9한다.)

267(감78하고. 감5한다.)

268(감34하고, 반으로 나눈다.)

269(4배하고, 한 자리를 띠고 76을 물린다.)

271(7배하고, 감9하고, 두 자리를 띠고 3을 되살리는데, 1897을 만나면, 1,000이 되게 한다.)

272(감6하고, 감7한다.)

273(감82하고, 감5한다.)

274(감37하고, 반으로 나눈다.)

275(4배하고, 감1한다.)

276(반으로 나누고, 감38한다.)

277(3배하고, 9귀하고, 한 자리를 띠고 69를 되살리는데, 831을 만나면, 1,000이 되게 한다.)

278(감39하고, 반으로 나눈다.)

279(감8하고, 감55한다.)

281(3귀하고, 한 자리를 띠고 19를 되살리는데, 281을 만나면, 1,000이 되게 한다.)

282(감41하고, 반으로 나눈다.)

283(3귀하고, 한 자리를 띠고 17을 되살리는데, 283을 만나면, 1,000이 되게 한다.)

284(감42하고, 반으로 나눈다.)

285(감5하고, 감9한다.)

286(감43하고, 반으로 나눈다.)

287(3귀하고, 한 자리를 떼고 13을 되살리는데, 287을 만나면, 1,000이 되게 하는데, 1,000은 곧 1에 해당한다.)

288(반으로 나누고, 두 번 감2한다.)

289(두 번 감7한다.)

291(3귀하고, 두 자리를 떼고 9를 되살리는데, 291이 보이면, 1,000이 되게 한다.)

292(감46하고, 반으로 나눈다.)

293(3귀하고, 두 자리를 떼고 2를 되살리는데, 293이 보이면, 1,000이 되게 한다.)

294(6귀하고, 두 번 7귀한다.)

295(4배하고, 감18한다.)

296(감48하고, 반으로 나눈다.)

297(9귀하고, 3귀한 다음, 감1한다.)

298(감49하고, 반으로 나눈다.)

299(3귀하고, 두 자리를 떼고 산가지 하나를 되살리는데, 299를 만나면, 1,000이 되게 한다.)

300(반으로 나누고, 감5한다. 또는 3으로 나눈다.)

二四一(四因,隅一位還三六.)
二四二(折半,兩次減一.)
二四三(三歸,兩次九歸.)
二四四(減二二,折半.)
二四五(倍位,兩次七歸.)
二四六(減二三,折半.)
二四七(減三,減九.)
二四八(減二四,折半.)
二四九(減六六,減五.)
二五一(四因,隔二位退四.)
二五二(減四,減八.)
二五三(四因,隔一位退一二.)
二五四(減二七,折半.)
二五五(減五,減七.)
二五六(兩次減六.)
二五七(四因,隔一位退二八.)
二五八(折半,減二九.)
二五九(三因,七歸,減一一.)
二六一(減七四,減五.)
二六二(減三一,折半.)
二六三(四因,隔一位退五二.)
二六四(折半,減一,減二.)
二六五(四因,隔位減六.)
二六六(減四,減九.)
二六七(減七八,減五.)
二六八(減三四,折半.)
二六九(四因,隔一位退七六.)
二七一(七因,減九,隔二位還三,遇一八九七,成千.)
二七二(減六,減七.)
二七三(減八二,減五.)

二七四(減三七,折半.)
二七五(四因,減一.)
二七六(折半,減三八.)
二七七(三因,九歸,隔位還六九,遇八三一,成千.)
二七八(減三九,折半.)
二七九(減八,減五五.)
二八一(三歸,隔位還一九,二八一,成千.)
二八二(減四一,折半.)
二八三(三歸,隔位還一七,遇二八三,成千.)
二八四(減四二,折半.)
二八五(減五,減九.)
二八六(減四三,折半.)
二八七(三歸,隔位還一三,遇二八七,成千,千卽是一也.)
二八八(折半,兩次減二.)
二八九(兩次減七.)
二九一(三歸,隔二位還九,見二九一,成一千.)
二九二(減四六,折半.)
二九三(三歸,隔二位還二,見二九三成千.)
二九四(六歸,兩次七歸.)
二九五(四因,減一八.)
二九六(減四八,折半.)
二九七(九歸,三歸,減一.)
二九八(減四九,折半.)
二九九(三歸,隔二位還一算,遇二九九成千.)
三百(折半,減五. 又曰,三歸.)

전무비류승제첩법
田畝比類乘除捷法

서문(序)

전지 면적의 계산법을 따지는 것은 만물의 형상이, 적절히 분할하면, 궁극적으로 밭 모양에 귀결되고, 문제에 적용하는 풀이들이, 변형시켜서 나누면, 모두 곱셈과 나눗셈에 귀결되기 때문이다. 중산 유익 선생이 지은 「의고근원」의 서문에서 "들어갈 때는 여러 갈래로 보이지만, 나올 때 보면 곧 직사각형"이라고 한 것도 같은 뜻에서이다. 그는 직사각형에 관해 100 문제나 지었는데, 밭 모양의 변화가 무궁하다는 것을 믿고 알았기 때문이다. 그가 대종개방, 정부손익 등의 방법을 끌어들여 이용한 것은 일찍이 들을 수 없는 경지이다. 과거에 이루어진 방법들은 근원을 알고 감춰진 것을 파헤치지 않고서는 이해할 수 없었다. 필자는 관건이 되는 문제들을 골라서, 그것들을 다시 한번 상세히 서술함으로써 유 선생의 가르침이 전하려고 한 뜻을 널리 펼치고자 한다. 「오조산법」의 문제와 풀이법 가운데 적절치 못한 것들은 임의로 뜯어 고쳐서 후학들의 편의를 도모하려고 하였다. "전무비류승제첩법"이라는 제목을 붙인 것도 독자들에게 징검다리라고 불릴 만한 안내서 노릇을 할 수 있을까 해서이다.

덕우로 연호가 바뀐 첫 해인 을해년 소서에 전당의 양휘가 삼가 쓰다.

爲田畝算法者,盖萬物之體,邊段終歸于田勢,諸題用術,變折皆歸于乘除. 中山[60]劉先生[61]作「議古根源」,序曰,入則諸門,出則直田. 盖此義也. 撰成直田演段百問,信知田體變化無窮. 引用帶從開方,正負損益之法[62],前古之所未聞也. 作術逾遠,罔究本源,非探賾索隱而莫能知之. 輝擇可作關鍵題問者,重爲詳悉著述,推廣劉君垂訓之意. 五曹算法題術,有未切當者,僭爲删改,以便後學君子. 目之曰,田畝比類乘除捷法. 庶少裨汲引之梯徑云稱. 時歲在乙亥,德祐改元,小暑節[63],錢塘楊輝謹序.

전무비류승제첩법 목록(田畝比類乘除捷法目錄)

전당 양휘 편집(錢塘 楊輝 編集)

상권(37 문제)

보 단위의 직사각형 밭
근, 필, 섬이 단위인 유제(3 문제)

---

60) "중산(中山)"은 중산부(中山府)를 가리키며, 현재의 하북성 정현(定縣)에 해당된다.

61) "유선생(劉先生)"은 유익(劉益)을 가리킨다.

62) "대종개방,정부손익지법(帶從開方,正負損益之法)"은 유익의 "익적개방술(益積開方術)"과 "감종개방술(減從開方術)"을 가리킨다.

63) "덕우(德祐)"는 남송 공제(恭帝)의 연호이고 그 원년인 을해년은 1275년이다. 따라서 1275년 6월 27일.

보 밑에 자가 딸린 직사각형 밭
근, 양과 필, 자가 단위인 유제(2 문제)
보 밑에 치가 딸린 직사각형 밭
근, 양, 수와 필, 자, 치가 단위인 유제(2 문제)
리 단위의 정사각형 밭
정사각형과 원형으로 꽂아놓은 화살 묶음
원형 밭
둥근 언덕 모양의 밭
쇠뿔 모양, 언덕 모양의 밭 유제(3 문제)
고리 모양의 밭
정사각형과 원형으로 꽂아놓은 화살 묶음 유제(2 문제)
이등변삼각형 밭
직각삼각형과 마름모꼴 밭 유제(2 문제)
사다리꼴 밭
밭, 무더기, 둘레 유제(14 문제)

하권(27 문제)

뽕나무가 있는 부등변사각형 밭(3 문제)
잘려진 직사각형 밭(2 문제)
차이를 토대로 길이와 너비의 합을 물음(3 문제)
합을 토대로 길이와 너비의 차이를 물음(3 문제)
직사각형 밭 넓이를 구하는 단계별 계산 제시(4 문제)
전체 넓이로부터 정사각형의 한 변과 원지름을 구함
잘려진 이등변 삼각형, 사다리꼴, 고리 모양, 원형의 밭(8 문제)
돈 모양의 밭(3 문제)

上卷三十七問

步法直田
直田步下帶尺
直田步下帶寸
方里田
圓田
環田
圭田
梯田
比斤匹斛三問
比斤兩匹尺二問
比斤兩銖匹尺寸二問
比方圓箭
畹田比牛角丘田三問
比方箭圓箭二問
比句股梭田二問
比田垛周圍十四問

下卷二十七問

桑墻四不等田三問
差步問長闊和三問
直田演段四問
截圭梯環圓田八問
截直田二問
和步問長闊差三問
共積分方徑
錢田三問

상권 37 문제(上卷三十七問)

직사각형 밭의 넓이를 구하는 법(직전법)에 따라서, 가로와 세로의 길이를 서로 곱하여 넓이 보수를 구하고, 240으로 나눠주면, 무가 된다. 무에 미치지 못하는 값은 24로 나누어 푼과 리로 삼거나, 60으로 나누어 각으로 삼기도 하고, 혹은 편리하게 몇 무 몇 보라고 부르기도 한다.

> 直田法曰,廣縱步數相乘爲積步,以二百四十除之,爲畝,其不及畝之餘步,或以二十四除之,爲分爲釐,或以六十除之,爲角,或便云幾畝零幾步.

[1] 지금 직사각형의 밭(직전)이 있는데, 너비가 36보, 길이가 48보라고 한다. 밭의 넓이는 얼마인가?

답 : 7무 2푼.

계산법에 따라서, 너비 36보를 길이 48보와 곱하면, 1728보^{2}가 된다. 그것을 240으로 나누면, 7무 2푼을 얻는다.

직전의 넓이는 길이와 너비를 곱해서 구하는데, 어느 것에나 적용된다. 중산 유익 선생이 지은 「의고근원」의 서문에서도 "들어갈 때는 여러 갈래로 보이지만, 나올 때 보면 곧 직사각형"이라고 하였다. 직전의 적용이 널리 미치기 때문에 그런 말이 있게 된 것이다. 여러 학파의 산학서들이 한결같이 직전을 첫 번째 문제로 삼는 것도 묵시적으로 지켜지고 있다.

今有直田,廣三十六步,從四十八步. 問爲田幾何?
答曰,七畝二分.
草曰,廣三十六步乘從四十八步,得一千七百二十八步. 以二百四十除,得七畝二分.
直田長闊相乘,與萬象同. 中山劉先生益「議古根源」序曰,入則諸門,出則直田. 盖直田能致諸用,而有是說. 諸家算經皆以直田爲第一問,亦默會也.

다음 세 문제는 직사각형 밭의 유제들이다.(後以三題比類直田.)

[2] 구리 36타가 있는데, 한 타가 48근이면, 모두 얼마나(즉, 몇 근이나) 되는가?
답 : 1,728근.

계산법에 따라서 36타로 48근을 곱한다. 타 위에 근 자리를 정하는데 1,728근이 되어 답이 나온다.

銅三十六鉈每鉈四十八斤. 問共若干?
答曰,一千七百二十八斤.
草曰,以三十六鉈乘四十八斤.　于鉈上定斤,得一千七百二十八斤,合問.

[3] 사 48필이 있는데, 한 필에 생사 3냥 6전이 들어가면, 모두 얼마나(즉, 몇 근이나) 되는가?

답 : 172냥 8전.

계산법에 따라서 48필로 3냥 6전을 곱한다. 필 위에 전 자리를 정하는데, 172냥 8전이 되어 답이 나온다.

紗四十八匹,每匹用絲三兩六錢. 問共若干?

答曰,一百七十二兩八錢.

草曰,以四十八匹乘三兩六錢. 于匹上定錢,得一百七十二兩八錢,合前問.

[4] 장인 48명을 쓰는데, 1인당 쌀 3되 6홉을 지급한다면, 모두 얼마나 되겠는가?

답 : 1섬 7말 2되 8홉.

계산법에 따라서 3되 6홉을 48명과 곱하고, 장인 위에 홉 자리를 정하면, 답이 나온다. 또한, 장인 수에 두 번 6을 곱해도 역시 결과는 같다.

用匠四十八工,每工支米三升六合. 問共若干?

答曰,一石七斗二升八合.

草曰,以三升六合乘四十八工,于工上定合,合前問. 或用兩度六因匠數亦同.

가령 앞 문제에서 나온 직사각형 밭처럼 가로가 36보, 세로가 48보라고 하고, 곱셈과 나눗셈을 쓰지 않는다면, 36보를 2배하여 7무 2푼을 간편하게 얻는다.

풀이에 따라서 밭의 길이 48보를 너비 5보로 나눠주면, 1무가 된다. 이제 36보를 2배하면 되는데, 이는 곧 너비를 2배하는 것으로 5로 나누기를 대신한 것이다.

또 다른 풀이법에 따르면, 48보를 3배하여, 반으로 나누어도 역시 7무 2푼이 된다.

풀이에 따라서 밭의 너비 36보는 1무 240보의 $\frac{3}{20}$ 이므로 3을 곱하고 반으로 나눈다.

假如前題直田廣三十六步,從四十八步,或不用乘除,只以二因三十六步,便得七畝二分.
解曰,田長四十八步,用闊五步除,爲一畝. 今以二因三十六步,卽是以二因代五除闊也.
又術,三因四十八步,折半,亦得七畝二分.
解曰,田闊三十六步,居一畝二百四十步中二十停之三,故用三因折半.

직사각형 밭의 보 밑에 자가 딸려 있을 때의 풀이법(직전보하대척자술)에 따르면, 가로와 세로의 보수를 모두 자로 환산하고, 서로 곱해서 무의 나눗수인 6,000자로 나눠준다. (1보는 5자임.) 무로 나눈 나머지 넓이의 자는 25로 나눠서 보와 푼을 만든다.

直田步下帶尺者術曰,廣縱步皆通爲尺,相乘,如畝法六千尺除之. (一步長五準尺.) 其不及畝積尺,以二十五除之,爲步爲分.

[5] 직사각형 밭의 가로가 24보 3자, 세로가 36보라면, 넓이는 얼마인가?

답 : 3무 175보 4분 4리.

계산법에 따라서 가로와 세로의 보수에 5자를 곱해서 환산하고, 나머지 자(영척)를 더하면, 가로는 123, 세로는 182가 된다. 서로 곱하면, 22,386자가 되는데, 무의 나눗수 6,000자로 나눠주면, 3무가 되고, 나머지 4,386자는 25로 나누는 대신 4배하면, 보, 푼, 리가 나와 답이 된다.

直田廣二十四步三尺,縱三十六步二尺,問田幾何?
答曰,三畝一百七十五步四分四釐.
草曰,以五尺通廣步縱步. 幷入零尺. 廣得一百二十三,縱得一百八十二. 相乘得二萬二千三百八十六尺. 以畝法六千尺除,得三畝. 餘四千三百八十六尺,用四因代二十五除,爲步爲分爲釐,得所答數.

직사각형 밭의 보는 자로 환산하고, 비슷하게 무게의 근은 양으로 환산하고, 단과 필은 자로 환산한다.

다음 두 문제는 직사각형 밭의 보 밑에 자가 딸려 있을 때의 유제이다.

> 直田通步爲尺,猶斤秤通兩,端[64]匹通尺也.
> 後以二題比類直田步下帶尺.

[6] 물건 7근 6냥이 있는데, 한 근에 8관 200문씩 한다면, 모두 얼마나 되는가?

답 : 60관 475문.

계산법에 따라서, 7근을 16냥으로 곱하여 양으로 환산한 다음, 6냥을 더하면, 모두 118냥이 되고, 8관 200문으로 곱하면, 967관 600문이 되는데, 16으로 나눠주면, 답이 나온다.

> 物七斤六兩,每斤八貫二百文,問錢幾何?
> 答曰,六十貫四百七十五文.
> 草曰,以十六兩通七斤,并六兩,共一百一十八兩,以八貫二百乘,得九百六十七貫六百,以十六除之合問.

[7] 비단 7필 12자가 있는데, 한 필당 단가가 9관 200문씩 한다면, 얼마나 되겠는가?

답 : 66관 700문.

계산법에 따라서 필수에 48자를 곱해서 환산하고, 12자를 더하

64) "단(端)"은 고대에 피륙의 길이를 재던 단위로서 2장에서 6장까지 시대와 지역에 따라 큰 차이가 있는데, 「하후양산경」에서는 5장을 가리켰다.

면, 모두 348자가 된다. 필당 단가 9관 200문을 곱하면, 3,201관 600문이 된다. 원래의 필당 자수 48로 나눠주면, 답이 나온다.

絹七匹十二尺,每匹價錢九貫二百文,問幾何?

答曰,六十六貫七百文.

草曰,以四十八尺通匹,幷入一十二尺,共三百四十八尺. 以匹價九貫二百文乘,得三千二百一貫六百文. 以原匹法四十八除之,合問.

앞의 문제들은 보를 자로 환산하고, 근을 양으로 환산하고, 필을 자로 환산한 것으로서 모두 환산의 원래 풀이법을 나타낸다.

또 다른 방법은 환산을 적용하지 않는데, 나머지 자나 양으로 정수 보, 근, 필의 뒤를 잇게 한 다음, 서로 곱해서 환산을 하지 않아도 되는 것이다.

前題以步通尺,以斤通兩,以匹通尺,皆通分之本法也.

一術不用通分,以零尺零兩,繼于全步全斤全匹之後相乘,可免通分.

예제 : 1) 밭의 길이가 36보 2자면, 간편하게 2자를 보 뒤에 4푼으로 하고, 너비가 24보 3자면, 간편하게 3자를 보 뒤에 6푼으로 하여, 길이와 너비를 서로 곱한 다음, 240보로 나누면 무가 된다.

2) 물건 7근 6냥이 있는데, 근 밖에 있는 6냥은 곧 근 밑의 3푼 7리

5호이니, 간편하게 7근 3푼 7리 5호로 단가를 곱해주면, (계산이) 더 욱 빨리 된다.

3) 7필 밑의 12자는 곧 근 밑이 2푼 반이니, 간편하게 7필 2푼 반으로 단가를 곱해주면, (계산이) 더욱 빨리 된다.

且如第一題,田長三十六步二尺,便以二尺爲步後四分,闊二十四步三尺,便以三尺爲步後六分. 仍用長闊相乘,以二百四十步除之爲畝.
第二題,物七斤六兩,其斤外六兩,卽是斤下三分七釐五毫. 便以七斤三分七釐五毫乘價,尤捷.
第三題,七匹下一十二尺,卽是匹下二分半. 便可以七匹二分半乘價錢,尤捷.

직사각형 밭이 보 밑에 치까지 딸려 있을 때의 풀이법(직전보하대촌자술)에 따르면 가로와 세로의 보수를 각각 치로 변환하고, 나머지 치를 더한 다음, 서로 곱해서 무의 나눗수인 600,00치로 나눠준다. 무로 나눈 나머지 치는 2,500으로 나눠서 보로 만든다. 혹시 보에 미치지 못하는 나머지 치가 또 있으면, 100으로 나눠서 자로 만든다.

直田步下帶寸者術曰,廣縱步各通爲寸,幷入零寸,相乘. 如畝法六十萬寸除之. 其不及畝餘寸,以二千五百寸除爲步. 或更有不及步餘寸,以一百約之爲尺.

[8] 지금 직사각형 밭이 있는데, 가로가 24보 3자 4치, 세로가 36보 2자 8치라면, 넓이는 얼마인가?

답 : 3무 182보 7자 5치 2푼.

계산법에 따라서 가로와 세로의 보수를 놓고, 각각 5자로 곱해서 변환하고 자와 치를 더하면, 가로는 1,234치, 세로는 1,828치가 되는데, 서로 곱하면, 2,255,752치로서, 100으로 나누면, 7자 5치 2푼이 되어 답이 나온다.

또 다른 계산법에 따르면, 자와 치로 변환하지 않고, 간편하게 가로 밑의 3자 4치를 보로 바꾸면 6푼 8리가 되고, 세로 밑의 2자 8치는 5푼 6리가 되는데, 정수의 보수 밑에 딸리게 하여, 가로와 세로를 서로 곱하면, 902보 3푼 8사가 된다. 무의 나눗수 240으로 나누면, 3무가 되고, 나머지는 182보 3푼 8사인데, 푼과 사에 25를 곱하면, 7자 5치 2푼이 되어 답이 나온다.

今有直田,廣二十四步三尺四寸,縱三十六步二尺八寸,問田幾何?

答曰,三畝一百八十二步七尺五寸二分.

草曰,置廣,縱步數,各以五尺通之,并零尺寸,其廣得一千二百三十四寸,縱得一千八百二十八寸. 相乘,得二百二十五萬五千七百五十二寸,以百約之,得七尺五寸二分,合問.

又草,不通尺寸,便以廣下三尺四寸,作步下六分八釐,以縱下二尺八寸,爲五分六釐,帶于全步之下. 廣縱相乘,得九百二步三分八絲. 以畝法二百四十除,得三畝. 餘一百八十二步零三分八絲,以二十五乘零分絲. 爲七尺五寸二分. 合問.

유제 : 필과 근을 변환하는 두 문제(比類,斤匹通分二問)

[9] 은 9근 6냥 6수가 있는데, 한 냥에 3관 400문씩 한다면, 모두 얼마나 되겠는가?

답 : 510관 850문.

계산법에 따라서, 16냥으로 9근을 곱해서 변환하고, 6냥을 더한 다음, 다시 24수를 곱해서 수로 변환하고, 6수를 더하면 모두 3,606수가 된다. 한 냥 값 3관 400문으로 곱하고 수의 나눗수(수법) 24로 나눠주면 답의 값이 나온다.

또 다른 계산법에 따르면, 수로 변환하지 않고, 냥으로 변환하면, 6수가 냥 밑의 2푼 5리가 되므로 간편하게 한 냥 값 3관 400문으로 150냥 2푼 5리를 곱해줘도 역시 답이 나온다.

銀九斤六兩六銖,每兩三貫四百文. 問共幾何?
答曰,五百一十貫八百五十文.
草曰,以十六兩通九斤,幷六兩,又二十四銖通兩,幷入六銖,共爲三千六百六銖. 借兩價三貫四百文爲乘,用銖法二十四除之,得答數.
一草,不通銖,通兩,以六銖作兩下二分五釐,便用兩價三貫四百乘一百五十兩二分五釐,亦合問.

[10] 비단 9필 9자 6치(한 필은 4장 8자)가 있는데, 한 필에 3관 360문씩 한다면, 모두 얼마나 되겠는가?

답 : 30관 912문.

계산법에 따라서 필의 나눗수 48로 자와 치로 변환하고, 필당 단가로 곱한 다음, 다시 필의 나눗수 48로 나눠서 환원하면, 답이 나온다.

또 다른 계산법에 따르면, 자와 치로 변환하지 않고, 간편하게 9자 6치를 필 밑의 2푼으로 만들면, 곧 답이 나오게 되니 그 계산이 더욱 빠르다.

문제가 번잡스러우면, 풀이법과 이치를 파악하기 어렵다. 이제 작은 문제들을 제시하여 풀이법을 밝히고자 하니, 이치와 뜻을 이미 이해했다면, 비록 문제가 번잡스럽더라도 명료하게 파악될 것이다.

絹九匹九尺六寸(匹法四丈八尺),每尺三貫三百六十文. 問錢幾何?

答曰,三十貫九百一十二文.

草曰,以匹法四十八通尺寸,以匹價乘之,復以匹法四十八除之還原,乃合所答.

一草,不通尺寸,便以九尺六寸爲匹下二分,卽得答數,其算尤捷.

題繁,難見法理. 今撰小題驗法,理義旣通雖用繁題,了然可見也.

[11] 정사각형 밭의 한 변이 2리라면, 넓이는 얼마인가?

답 : 1,500무.

계산법에 따라서 2리에 2리를 곱하면 4리가 되는데, 무릇 1리 밭의 넓이는 9만보이니, 곧 375무에 해당되며, 보수를 따질 필요도 없이 간편하게 375로 4리를 곱해주면, 간편하게 구하는 답이 나온다.

田方二里,問田幾何?

答曰,一千五百畝.

草曰,二里乘二里,得四里,凡一里田積九萬步,卽是三百七十五畝. 不必計步,便以三百七十五乘四里,便得所答之數.

또한, 정사각형 밭의 한 변이 2리 40보라면, 넓이는 얼마인가?

풀이에 따르면 한 변이 2리 40보라는 것은 길이가 640보, 너비가 640보라는 것이므로 만약 길이와 너비의 보수를 서로 곱해서, 무의 나눗수로 나눈다면, 번잡스러울 수밖에 없다. 어찌 동서 640보가 $2\frac{2}{3}$ 무(480보는 2무이며, 160보는 1무의 $\frac{2}{3}$ 임)가 되는 줄 모를 것인가? 간편하게 3푼으로 2무를 곱하면, 6푼이 되며, 거기에다 2를 더한 8푼으로 곱수를 삼아서 남쪽 길이 640을 곱하면, 5,120푼이 된다. 원래 곱해준 3푼으로 나누면, $1706\frac{2}{3}$ 무가 되는데, 이는 곧 160보가 되어, 답이 나온다.

或問,田方二里四十步,作如何取用?

解曰,方二里四十步,明是長六百四十步,闊六百四十步,若用長闊步數相乘,以畝法爲除,必繁. 豈不知東西六百四十步,自成二畝三分之二(四百八十步是二畝,一百六十步是一畝三停之中二停),便當以三分因二畝,爲六分,幷之二,以八分爲法,乘南面六百四十,得五千一百二十分. 以原乘三分除,得一千七百六畝三分畝之二(三分畝之二),卽是一百六十步. 同問.

[12] 유제 : 정사각형 화살 묶음(방전)의 바깥 둘레(외위)에 40개가 있다면, 화살은 모두 얼마나 되는가? 답: 121개.

원래의 풀이법(본법)은 바깥 둘레에 8을 덧붙여서 바깥 둘레로 곱한 값을 16으로 나눈 다음, 중심의 화살(심전)을 더하라는 것이다.

정사각형 넓이로 구하는 법(방전법)을 빌리면, 바깥 둘레를 두 번 반으로 나누고, 한 변에 1을 더한 다음, 제곱한다.

또한 사다리꼴 넓이로 구하는 법(제전법)을 빌리면, 안팎 둘레의 절반을 더해서 층수로 곱한다.

바깥 둘레의 합을 8로 나누면, 층수가 된다.

주해 심전을 에워싸고 있는 '동심방(同心方, concentric squares)' 들의 한 변의 화살 수는 3, 5, 7, ... 하는 식으로 늘어나므로 일반화하면, $2n+1$이라고 할 수 있다. 따라서 바깥 둘레에 화살 수가 40이라는 것은 한 변에 11개가 있다는 것으로서 5번째 농심방에 해당된다. 또는 엇비슷한 얘기가 될는지 모르지만, n번째 동심방의 바깥 둘레의 화살 수가

$$(2n+1)^2-(2(n-1)+1)^2=(2n+1)^2-(2n-1)^2=8n$$

이므로 5번째임이 거듭 확인되기도 한다. 그리하여 n번째 동심방까지의 화살 수 S는, i=1, ..., n의 정수라고 할 때, 등차수열의 합을 내는 공식을 적용하여,

$$S=1+8\sum_{i=1}^{n} i=1+8\times\frac{n(n+1)}{2}=1+4n(n+1)$$

이라고 표시할 수 있다. 주어진 풀이법들 가운데에서도 본법이나 제

전법은 모두 이러한 원리에 따라 동심방의 화살 수를

$$S = 1 + (8 + 16 + 24 + 32 + 40) = 121$$

로 계산한 것이다.

한편, 방전법은 바깥 둘레 한 변의 화살 수를 이용하여, 정사각형의 넓이를 계산하듯이, 그냥 $11^2 = 121$로 풀라는 것이다. 아닌 게 아니라,

$$S = 1 + 4n(n+1) = (2n+1)^2$$

이기 때문이다.

比類,方箭外圍四十支,問共箭若干?
答曰,一百二十一支.
本法,外圍添八以乘外圍,十六而一,添心箭.
借方田法,外圍兩折半,增一爲方面,自乘之.
又借用梯田法,并內外圍折半,以層數乘之.
外圍求積以八除之,爲層數.

원 모양의 밭(원전)의 넓이를 구하는 8가지 풀이법을 문제에 따라 취해서 사용한다.

둘레로 넓이를 구할 때는 둘레를 제곱하고 12로 나눈다.

또는 둘레의 반을 제곱하고, 3으로 나눈다.

지름으로 넓이를 구할 때는 지름을 제곱하고, 3배한 다음, 4로 나눈다.

또는 지름의 반을 제곱하고, 3을 곱한다.

둘레와 지름으로 넓이를 구할 때는 둘레와 지름을 서로 곱하고, 4로 나눈다.

또는 둘레의 반과 지름의 반을 서로 곱한다.

이상의 여섯 가지 방법은 모두 둘레와 지름의 비가 3:1이라는 것(주삼경일)이다.

밀율은 둘레를 제곱하고, 다시 7배한 다음, 88로 나눈다.

밀율로 지름을 구하려면, 지름을 7로 곱하고, 22로 나눈다. 넓이를 구하려면, 지름을 제곱하고, 다시 11로 곱한 다음, 14로 나눈다.

휘율은 둘레를 제곱하고, 다시 25로 곱한 다음, 314로 나눈다.

휘율로 지름을 구하려면, 지름을 50으로 곱하고, 157로 나눈다. 넓이를 구하려면, 지름을 제곱하고, 다시 157로 곱한 다음, 200으로 나눈다.

圓田八法,隨題取用

周步問積者,用周自乘,十二而一.

或用半周自乘,三而一.

徑步問積者,徑自乘,三之,四而一.

或用半徑自乘,三之.

周,徑步問積者,周徑相乘,四而一.

或用半周半徑相乘.

以上六法,幷周三徑一.

密率,以周自乘,又七因之,如八十八而一.

密率求徑曰,以七乘周,如二十二而一. 求積,以徑自乘,又十一乘之,十四而一.

徽術,以周自乘,又二十五乘之,如三百一十四而一.

徽術求徑曰,以五十乘周,一百五十七而一. 求積,徑自乘,又一百五十七乘之,二百而一.

[13] 원형 밭(원전)의 둘레가 18보, 지름이 6보라면, 넓이는 얼마인가?
답 : 27보.

둘레가 18보라는 것은 그 수를 증명할 도리가 없다. 그러므로 지름 6보로 그림을 그려보면 둘레와 지름의 비가 3 : 1임을 대체로 알 만하다! 또한 원이 정사각형의 $\frac{3}{4}$ 을 차지한다는 것도 드러난다.

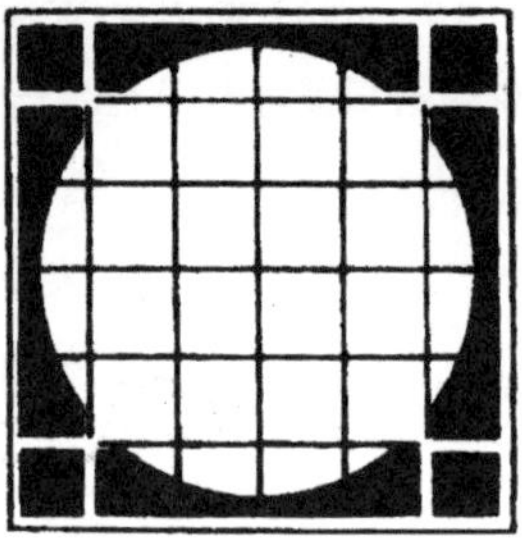

> 圓田,周十八步,徑六步,問積幾何?
> 答曰,二十七步.
> 周十八步,無以驗其數. 故用徑六步,爲圖,周三徑一,概可知矣! 又見圓居方四分之三.

둘레의 제곱을 12로 나누는 그림(周自乘十二而一圖)

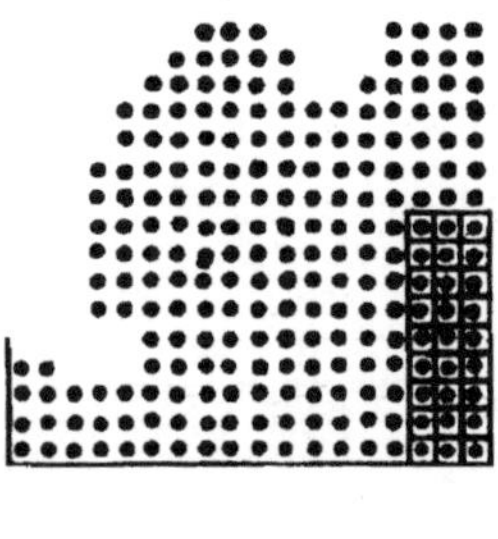

둘레 18보를 제곱하면, 324보가 되는데, 넓이를 구하려고 12로 나눠주면, 27보가 나와서 답이 된다.

周十八步,自乘,得三百二十四步,爲積,以十二除之,得二十七步,合問

둘레의 반을 제곱하고 3으로 나누는 그림(半周自乘,三而一圖)

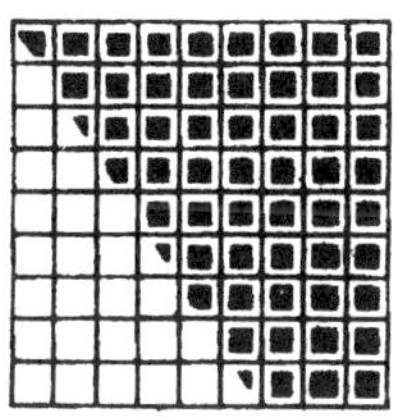

半周自乘三而一

계산법에 따라서 둘레의 반인 9보를 제곱하면, 81보가 되고, 3으로 나눠주면, 27보가 나와서, 답이 된다.

草曰,半周九步自乘,得八十一步. 以三除之,得二十七步,合問.

지름의 제곱을 3으로 곱하고 4로 나누는 그림(徑自乘,三之,四而一圖)

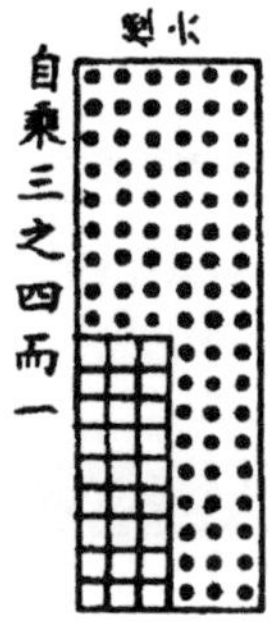

계산법에 따라서 지름 6보를 제곱하면, 36보가 되고, 3배하면, 108보가 되며, 4로 나눠주면, 27보가 나와서, 답이 된다.

> 草曰,徑六步自乘,得三十六步. 三因,得一百八步,以四除,得二十七步,合問.

반지름의 제곱을 3으로 곱하는 그림(半徑自乘三之圖)

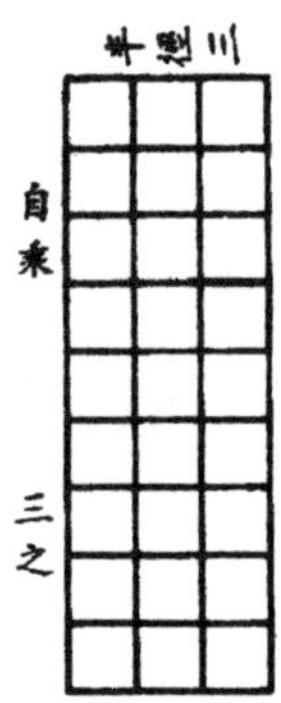

반지름 3보를 곱하면, 9보가 되는데, 3으로 곱하면, 27보가 된다.

> 半徑三步自乘,得九步,三之,得二十七步.

둘레와 지름을 서로 곱하고 4로 나누는 그림(周徑相乘四而一圖)

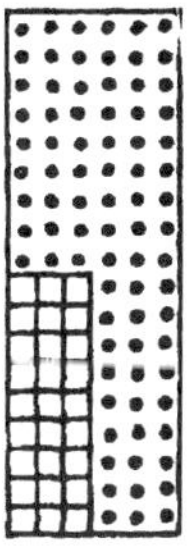

둘레 18보와 지름 6보를 곱하면, 108보가 되는데, 4로 나눠주면, 27보가 된다.

> 周十八步乘徑六步,得一百八步,以四除之,得二十七步.

둘레의 반과 지름의 반을 서로 곱하는 그림(半周半徑相乘圖)

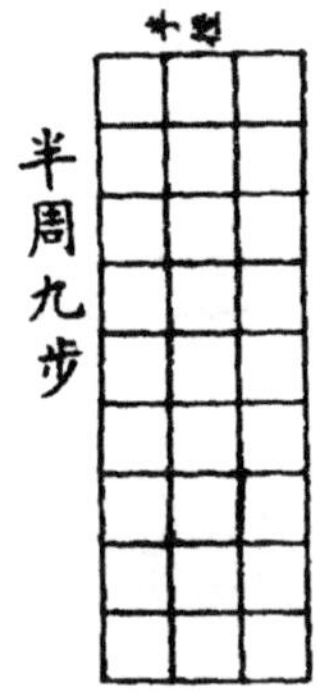

주해 다음은 앞서 제시된 밀률과 휘율 공식을 이 문제에 적용한 결과를 보여준다.

정밀한 원주율을 적용하여 둘레를 제곱하면 324가 되고, 다시 7을 곱하면, 2,268이 되며 그것을 88로 나눠주면, $25\frac{17}{22}$ 보가 된다.

유휘의 원주율을 적용하여 둘레를 제곱하고, 다시 25를 곱하면, 810이 되며 그것을 314로 나눠주면 $25\frac{125}{157}$ 보가 된다.

원형 화살 묶음은 6개씩 증가하고 속에 하나가 있으므로 원형 밭의 풀이법을 써서는 안 되고 사다리꼴 풀이법을 적용해야 마땅하다.

密率,周自乘,得三百二十四,又七乘之,得二千二百六十八,以八十八除之,得二十五步二十二分步之十七.

徽術,周自乘,又二十五乘,得八千一百,以三百一十四除之,得二十五步一百五十七分步之一百二十五.

圓箭六而裏一,不可用圓田術,當用梯田法.

[14] 지금 둥근 언덕 모양의 밭(원전)이 있는데, 아래 둘레가 30보, (가운데 호를 가리키는)지름이 16보라면, 넓이는 얼마인가? (출처 : 「구장산술」)

답 : 120보.

원에 대해서는 둘레와 지름의 비가 3 : 1이라는 법을 적용하므로, 둘레 속의 지름(합경)이 10보이면, 둘레는 30보이다. 지름이 16보이므로, 원형 밭의 둘레와 지름을 서로 곱해서 4로 나누는 법을 차용한다. 만약 지름과 둘레가 크게 벌어져 있으면, 이 풀이법을 써서는 안 된다.

계산법에 따라서 둘레 30보와 지름 16보를 곱하면, 480보가 되는데, 4로 나누면, 120보가 된다.

주해 이 문제는 출처로 밝히고 있는 「구장산술」의 "방전" 장의 "완전" 관련 두 문제중 첫번째([1-33])와 동일하며, 호를 지름이라고 지칭한 것까지 동일하다. 이 종류의 문제에 대한 자세한 논의를 위해서는 "완전" 문제들에 대한 역자의 논의(차종천, 2000: 37-39)가 참조가 될 수 있을 것이다.

今有畹田下周三十步,徑十六步,問田幾何? (出「九章」.)

答曰,一百二十步.

圓用周三徑一之法,合徑一十步,周三十步. 徑十六步,借圓田周徑相乘四而一爲術. 若徑步與周勢遠甚者,不可專此術.

草曰,周三十步,乘徑十六步,得四百八十步,以四除之,得一百二十步.

유제(比類)

[15] 「오조산경」에 나오는 언덕 모양의 밭(구전)은 바깥 둘레가 640보, 지름이 380보이다. 이 밭의 넓이는 얼마인가?

답 : 2경 53무 80보.

구전은 원전과 마찬가지로 구하므로, 둘레와 지름을 서로 곱해서 4로 나누는 법을 적용한다. 밭의 표면이 밖으로 볼록하면, 이 방법을 쓸 수 있으나, 오목하면, 표면이 넓이보다 커서 그것을 쓴다는 것이 이치에 들어맞지 않으므로 반드시 분할해서 구해야 마땅하다.

계산법에 따라서 둘레와 지름을 서로 곱하면 243,200보가 된다. 그것을 4로 나누면, 60,800보가 되는데, 그것을 무의 나눗수로 나눈다.

「五曹算經」,丘田外周六百四十步,徑三百八十步. 問田幾何?
答曰,二頃五十三畝八十步.
丘田比附畹田,用周徑相乘四而一之法. 田圍凸外者可用,或圍步凹里者,未免圍多積少,不合法理. 須常分段求之,可也.
草曰,周徑相乘得二十四萬三千二百步. 以四除之,得六萬八百步. 畝法除之.

주해 이 문제의 출처는 「오조산경」의 [田曹-12]이다.

「오조산경」에 쇠뿔 모양의 밭(우각전)이 나오는데, 뿔의 밑변(각구)과 길이(각면)를 곱하여 반으로 나누었으니 곧 직각삼각형으로 푼 것이지 우각이라고 할 수 없다.

대주 양전도에 우각전이 나오는데, 호시전을 구하는 법을 썼으니 이 설명은 옳다.

> 「五曹」有牛角田,用角口乘角面折半,卽句股田勢,非牛角也. 台州量田圖有牛角田,用弧矢田法,此說方是.

[16] 지금 쇠뿔 모양의 밭(우각전) 하나가 있는데, 뿔 길이가 16보, 너비가 6보라면, 넓이는 얼마인가?

답 : 57보.

계산법에 따라서, 너비의 반인 3보를 뿔 길이 16과 더하면, 19보가 되는데, 너비와 곱한 다음, 반으로 나누면, 57보가 되어, 답이 나온다.

> 今有牛角田一段,角長一十六步,口闊六步,問田幾何?
> 答曰,五十七步.
> 草曰,半闊三步以幷角長十六,得一十九步,以闊乘之折半,得五十七步,合問.

[17] 지금 고리 모양의 밭(환전)이 있는데, 가운데 둘레가 92보, 바깥 둘레가 122보, 지름이 5보라면, 넓이는 얼마인가? (출처 : 「구장

산술」)

답 : 2무 55보.

계산법에 따라서 가운데 둘레와 바깥 둘레를 더하면 214보가 되고, 반으로 나누면 107보가 된다. 지름 5보를 곱하면, 535보가 되는데, 무법으로 나눠주면, 답이 나온다.

풀이법에 따라서 가운데 둘레와 바깥 둘레를 더하여 반으로 나누고, 지름으로 곱한다. 또 다른 법에 따르면, 가운데 둘레와 바깥 둘레를 더하여 지름으로 곱하고, 반으로 나눈다. 또 다른 법에 따르면, 가운데 둘레와 바깥 둘레를 각각 제곱하여, 큰 것에서 작은 것을 뺀 나머지를 나뉨수로 삼아서 12로 나눈다.

환전의 가운데 둘레와 바깥 둘레 수는 마음대로 출제해도 좋으나, 지름을 마찬가지로 내세워서는 안 된다. 반드시 가운데 둘레를 바깥 둘레에서 뺀 나머지를 6으로 나눠서 지름으로 삼아야 할 것이다.

「구장산술」의 대분수를 쓴 환전문제가 실려 있는데, 넓이와 지름이 잘못 인쇄되었으므로 검토하지 않을 수가 없다. 문제에서 말하는 가운데 둘레가 $62\frac{3}{4}$보이고, 바깥 둘레가 $113\frac{1}{2}$보이므로 지름은 $8\frac{11}{24}$인데, 지름이 $12\frac{2}{3}$보라고 잘못 인쇄한 것이다. 그 밭의 넓이는 모두 $745\frac{75}{190}$보인데, $1116\frac{1}{4}$보라고 잘못 인쇄되어 있다.

지름을 구하는 계산(구경초)에 따라서, 분모 4를 가운데 둘레의 보수와 곱해서 분자 3을 더하고(251이 됨), 또 바깥 둘레의 배를 분모가 4가 되게끔 곱해서 분자 2를 더한 다음(454가 됨), 큰 것에서 작은 것을 뺀 나머지 203을 24로 나눠주면, $8\frac{11}{24}$보가 된다.

今有環田,中周九十二步,外周一百二十二步,徑五步,問田幾何? (「九章」.)
答曰,二畝五十五步.
草曰,幷中外周得二百一十四步,半之得一百七步. 以徑五步乘,得五百三十五步,以畝法除,得答數.
法法曰,幷中外周而半之,以徑乘之. 又法,幷中外周以徑乘而半之. 又法,中周外周各自乘,以少減多,餘爲實,十二而一.
環田中周外周之數,可以信筆出題,惟徑步不可得而擅立,須中周減外周,餘六而一爲徑.
「九章」帶分子環田誤刊積徑,不可不審. 題云,中周六十二步四分步之三,外周一百一十三步二分步之一,合徑八步二十四分步之一十一,誤刊作徑十二步三分步之二. 其田積合得七百四十五步一百九十分步之七十五,誤刊作一千一百一十六步四分步之一.
求徑草曰,分母四通中周步幷分子三(得二百五十一). 又倍外周分母作四通步幷分子二(得四百五十四). 以少減多,餘二百三以二十四除得八步二十四分步之十一.

정사각형과 원형의 화살 묶음에 관한 유제 2 문제(比類方箭圓箭二題)

[18] 정사각형 화살 묶음(방전)의 바깥 둘레(외위)에 40개가 있다면, 모두 몇 개나 되는가?

답 : 121개.

안 둘레(내위)에 있는 8개는 곧 중주를 이루고, 바깥 둘레에 있는 40개는 곧 외주를 이루므로, 합하면 48이 되는데, 5층을 곱해서 반으로 나눈 다음, 중심의 화살(심전)을 더하면, 답이 된다. 8로 바깥 둘레를 나누면, 곧 층수를 알 수 있다.

주해 이 문제는 앞서 [12]의 반복이므로, 문제 풀이에 대한 주해도 앞서의 것을 참조하도록 한다.

方箭外圍四十支,問共幾支?
答曰,一百二十一支.
內圍八支,卽是中周,外圍四十支,是外周,幷之得四十八,乘五層,折半,
加增心箭合問.
以八除外圍卽知層數.

[19] 원형 화살 묶음(원전)의 바깥 둘레에 36개가 있다면, 모두 몇 개나 되는가?

답 : 127개.

주해 원전은 화살들이 중심에 놓인 화살(심전) 하나를 여러 개의 동심원을 그리며 에워싸고 있는 모양으로 볼 수 있다. 바깥 둘레에 36개가 있다는 것은 그 화살들의 중심을 통과하는 원둘레의 길이가 12π라는 것을 뜻하며 이 때, 12π가 약 36이라는 점에 착안하면 화살 하나의 지름이 1(단위)이라는 것을 뜻한다. 그리고 더 나아가서 그 바깥 둘레가 안에서부터 세어서 여섯째 동심원이라는 것도 드러난다. 왜냐하면, n번째 동심원의 화살 수가 $6n$으로서 6, 12, 18, 24, 30, 36로 늘어나는 등차수열을 그리고 있기 때문이다. 그러므로 예컨대, 孫宏安(1997) 역주본에 함께 수록된 삽화에서처럼, 넷째 동심원의 화살수가 24개가 아닌 25개로 되어 있는 것은 어디까지나 수작업이 빚어낸 착오에 불과한 것이다. 결국, n번째 동심원까지의 화살 총수 S는 $i=1, \cdots, n$의 정수라고 할 때, 등차수열의 합을 내는 공식을 적용하여,

$$S = 1 + 6\sum_{i=1}^{n} i = 1 + 6\times\frac{n(n+1)}{2} = 1 + 3n(n+1)$$

이라고 표시할 수 있으며, 이 문제에 대해서는

$$S = 1 + (6 + 12 + 18 + 24 + 30 + 36) = 1 + 3\times 6\times 7 = 127$$

로 계산되고, 또 주어진 답이나 풀이와 정확히 일치한다. 동심원이 이처럼 중요한 자리를 차지하는 원전 문제는 적어도 수학사적으로는 「구장산술」 이래의 고리 모양의 밭(환전)이나 「주비산경」의 "칠형도"와 맥을 같이 하는 것으로 이해될 수 있을 것이다.

圓箭外圍三十六支,問共幾支?

答曰,一百二十七支.

本法,外周添六,以乘外周,十二而一,增心箭. 借梯田法,以內圍六支幷外圍三十六,共四十二. 以六層乘之,得二百五十二,折半. 加心箭合問. 以六除外圍卽知層數.

[20] 지금 이등변삼각형 밭(규전)이 있는데 너비가 12보, 높이가 12보라면 밭의 넓이는 얼마인가?

답 : 72보^2.

이등변삼각형 무더기(규타)는 비록 규전과 비슷하기는 하지만, 사다리꼴의 풀이법을 적용한다.

주해 규전에 관해서는 「속고적기산법」의 문제 [17]에서도 다뤄지고 있다. 규타에 관한 문제는 [34]에 보인다.

今有圭田,廣十二步,從十二步,問田幾何?
答曰,七十二步.
圭垜,雖與圭田相類,却用梯田法.

[21] 직각삼각형 밭의 밑변이 12보, 높이가 24보라면 넓이는 얼마인가?
답 : 144보.

밑변은 가로, 높이는 세로이다. 풀이법은 밑변과 높이를 서로 곱하여 반으로 나누라는 것인데 직사각형 밭의 가로와 세로를 서로 곱하여 반으로 나누는 것과 마찬가지로서 원래 이등변삼각형 밭의 넓이를 구하는 풀이법이다.

句股田,句廣十二步,股長二十四步,問田幾何?
答曰,一百四十四步.
句乃闊步,股卽長步. 術以句股相乘折半. 猶直田長闊相乘折半也,本圭田法.

대주 황암현 주위에 대한 양전도에 마름모꼴 밭이 나오는데, 곧 두 이등변삼각형이 붙어있는 형태이다. 이제 그에 관한 작은 문제를 다음과 같이 제시한다.

台州黃岩縣圍量田圖,有梭田樣. 卽二圭田相幷. 今立小題驗之.

[??] 지금 마름모꼴 밭(사전)이 있는데, 가운데 너비가 8보, 세로 길이가 12보라면, 밭의 넓이는 얼마인가?
답 : 48보^2.

今有梭田,中闊八步,正長十二步,問田幾何?
答曰,四十八步.

사다리꼴 밭의 넓이를 구하는 세 가지 풀이법(梯田三法)

위아래 너비를 더해서, 반으로 나누고, 길이로 곱한다.
위아래 너비를 더해서, 길이의 절반으로 곱한다.
위아래 너비를 더해서, 길이를 곱한 다음, 반으로 나눈다.

> 幷上下廣,折半,以長乘之.
> 幷上下廣,以半長乘之.
> 幷上下廣,乘長折半.

[23] 지금 사다리꼴 밭(제전)이 있는데, 윗 너비가 6보, 아래 너비가 8보, 높이가 12보라면, 밭의 넓이는 얼마인가?
답 : 84보^2.

> 今有梯田,上廣六步,下廣八步,長十二步,問田幾何?
> 答曰,八十四步.

이 다음에는 유제 14 문제가 등장하는데, 모두 사다리꼴 넓이를 구하는 법(제전법)을 적용한다 : 소전, 장전, 규타, 제타, 요고전, 고전, 삼광전, 곡척전, 환전, 방전, 원전, 규・제타, 전괄전, 전령전.

모두 제전법을 적용하는 만치, 다시 계산을 제시할 필요는 없을 것이다.

> 以後比類一十四題,幷借用梯田法.
> 簫田[65],墻田[66],圭垜,梯垜,腰鼓田[67],鼓田[68],三廣田[69],曲尺田,環田[70],方箭[71],圓箭[72],圭梯垜[73],箭筈田[74],箭翎田[75].
> 幷用梯田法,不必更立題草.

[24] 「오조산경」에 장구 모양의 밭(요고전)이 있는데, 양 머리 너비가 각각 30보, 가운데 너비가 12보, 길이가 82보라고 한다. 밭의 넓이는 얼마인가?

답 : 1,722보^2.

「오조산경」에서 1,968보^{2}라고 한 것은 잘못이다.

「五曹算法」有腰鼓田,兩頭各廣三十步,中廣十二步,從八十二步,問田? 合計一千七百二十二步.「法」誤作一千九百六十八步.

---

65) "소전(簫田)"은 문자 그대로 팬파이프(pan-pipe) 같다고 해서 붙여진 이름으로 윗변이 길고, 아랫변이 짧은 사다리꼴을 가리키며, 따라서 뒤집혀진 사다리꼴이라는 뜻의 "도제전(倒梯田, inverted trapezium)"이라고도 불렀다.

66) "장전(墻田)"은 수직으로 솟은 한 변을 끼고 있는 사다리꼴(half-trapezium)을 가리킨다.

67) "요고전(腰鼓田)"은 가운데 너비가 좁은 이중 사다리꼴(double trapezium with the narrower width at the center)을 가리킨다.

68) "고전(鼓田)"은 가운데 너비가 넓은 이중 사다리꼴(double trapezium with the broader width at the center)을 가리킨다.

69) "삼광전(三廣田)"은 너비 셋이 같지 않은 이중 사다리꼴(double trapezium with three unequal widths)을 가리킨다.

70) "환전(環田)"은 고리 모양의 밭(annulus)을 가리킨다.

71) "방전(方箭)"은 정사각형 화살 묶음을 가리킨다.

72) "원전(圓箭)"은 원형 화살 묶음을 가리킨다.

73) "규타(圭垜)"는 이등변삼각형 무더기, "제타(梯垜)"는 규타의 윗 부분이 잘려 나가 사다리꼴을 이룬 무더기를 각각 가리킨다.

74) "전괄전(箭筈田)"은 화살 오늬 모양의 밭이라는 뜻으로서 직사각형의 한쪽이 이등변삼각형 모양으로 파인 형태이다.

75) "전령전(箭翎田)"은 직사각형의 한쪽에 이등변삼각형이 덧붙여진 형태이다.

주해 여기서「오조산경」의 "요고전" 문제 풀이 ($S=$ 1968보^2)를 비판하면서, 새롭게 제시한 답은 다음과 같은 계산을 통해서 도출된 것이다.

$$S' = \frac{1}{4}(60+2\times12)\times82 = 1722 \text{ 보}^2$$

이와 같은 차이는 "요고전"을 비롯한 일반적인 "삼광전"계열의 문제에 대한「오조산경」의 공식이

$$S=\frac{1}{3}(\text{윗 너비} + \text{가운데 너비} + \text{아래 너비})\times\text{높이}$$

라는 것인데 비해, 여기서(이하의 [27]을 참조)는 그것을

$$S' = \frac{1}{4}(\text{윗 너비} + 2\times\text{가운데 너비} + \text{아래 너비})\times\text{높이}$$

로 간주함으로써 빚어진 것이다. 그러나 이 후자의 공식도--그것이 흡사 일반적으로 맞는 것처럼 간주한 紀志剛(1999 : 288)의 지적과는 달리--가운데 너비가 높이를 정확히 양분할 경우에만 성립된다는 점에는 주목할 필요가 있다. 아무튼「오조산경」의 답과 여기서 제시한 답 사이의 차이를 $\delta=\frac{S'-S}{S'}$ 라는 비교오차로 나타내면, 그 값은 $\delta= .14286$으로 드러나는데, 이것은「오조산경」의 답이 14.286%만큼 과다 추정되었다는 것을 뜻한다. 이 문제에 대한 양자간의 차이는 다음과 같은 그래프들을 통해서 보다 자세히 음미할 수 있을 것이다.

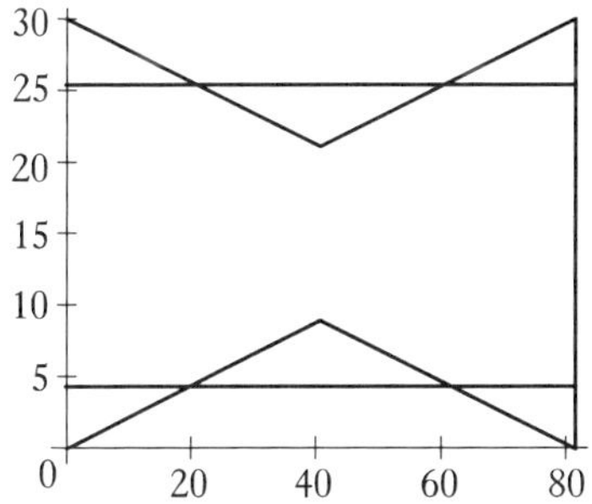

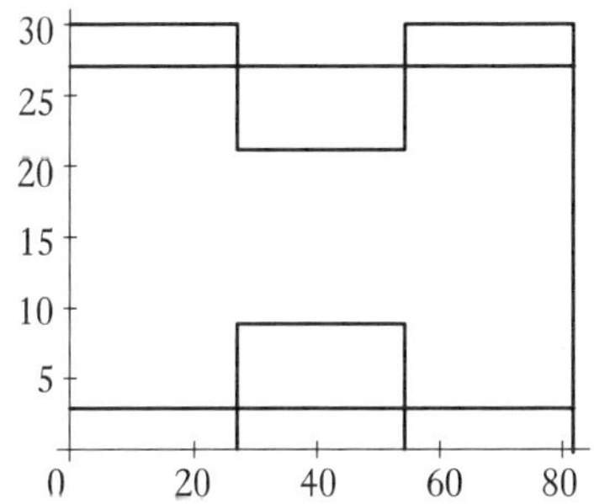

첫째 그래프는 여기서 말하는 공식에 따라 산출된 넓이를 직사각형으로 표시하여 문제에서 말하는 요고전과 겹쳐놓은 것이며, 둘째 그래프는 「오조산경」의 공식이 기본적으로 세 너비들의 평균이라는 생각을 반영한다고 보아서 *H*자 모양으로 작도한 직사각형들을 그 공식에 따라 산출된 넓이에 해당되는 하나의 직사각형과 겹쳐놓은 것이다.

[25] 「오조산법」에 북 모양의 밭(고전)이 있는데, 양 머리 너비가 각각 40보, 가운데 너비가 52보, 길이가 85보라고 한다. 밭의 넓이는 얼마인가?

답 : 3,910보^2.

「오조산법」에서 3,740보^{2}라고 한 것은 잘못이다.

「五曹算法」有鼓田,兩頭各廣四十步,中廣五十二步,從八十五步,問爲田? 合計三千九百一十步.「法」誤作三千七百四十步.

[26] 「응용산법」에 너비 셋이 같지 않은 이중 사다리꼴 모양의 밭(삼광전) 문제가 실려 있는데 한쪽 머리의 너비가 28보 다른 한쪽 머리의 너비가 40보, 가운데 허리가 18보 그리고 높이가 140보라면, 밭의 넓이는 얼마인가?

답 : 15무 40보^2.

주해 삼광전은 두 머리의 너비가 같지 않은 요고전의 형태이다. 이 문제의 답을 곧 이어 나오는 문제 [29]에 제시된 공식을 적용하여 구하면, 일단

$$\frac{(2\times18+28+40)\times140}{4\times240}=\frac{91}{6}=15\frac{1}{6}\text{무}$$

즉, 15무 40보^{2}로 확인된다.

그런데 삼광전의 허리의 정확한 위치가 명시되어 있지 않으므로 편의상, 28보 짜리 머리에서 허리까지의 높이를 x라고 하면, 넓이 S는

$$S = f(x) = \frac{x(28+18)+(140-x)(40+18)}{2\times 240} = 16\frac{11}{12} - \frac{x}{40}$$

무라는 함수로 표시될 수 있다. 이 함수는 다음과 같은 그래프로 나타나며,

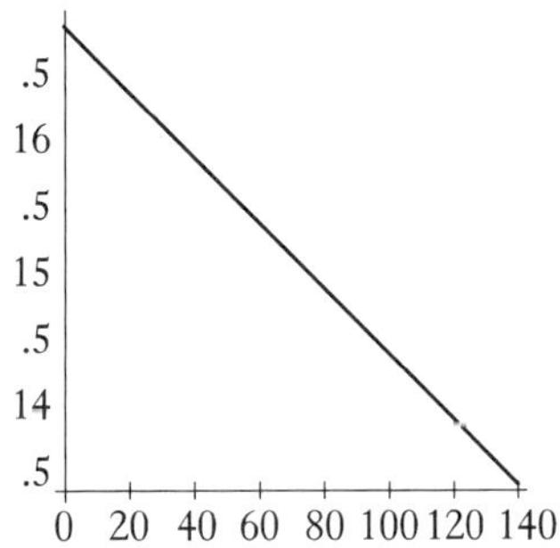

x가 $0 \le x \le 140$ 이라는 범위 내에서 증가함에 따라, $13\frac{5}{12} \le f(x) \le 16\frac{11}{12}$ 라는 범위 내에서 난순 감소한다. 그리하여, $15\frac{1}{6}$ 라는 답은 허리가 두 머리로부터 등거리인 지점에 놓일 때, 다시 말해서, $f(70)$에 해당한다는 것이 드러나는데, 아닌 게 아니라, 이 점은 양휘 자신이 이하의 [29] 아래에서 밝히고 있기도 하다.

「應用算法」有三廣田,一頭廣二十八步,一頭廣四十步,中闊十八步,正長百四十步,問田多少?

答曰,十五畝四十步.

이상의 세 문제에서는 하나의 도형이 사다리꼴 두 개로 이루어져 있다. 이제 뒤에 오는 사람들이 혼란을 일으키지 않도록 그에 관한 작은 그림들을 제시하여 증명하려고 한다.

以上三題一體,是作兩段梯田取用. 今立小問圖證,免後人之惑也.

[27] 지금 장구 모양의 밭(요고전)이 있는데 양 머리 너비가 각각 8보, 가운데 너비가 4보, 길이가 12보라고 한다. 밭의 넓이는 얼마인가?
답 : 72보^2.

요고전은 사다리꼴 밭 두 개로 이루어져 있으며 윗변이 서로 맞붙어 있다.

「응용산법」에 따라서 가운데 너비를 2배하면 8보가 되고, 두 너비를 더하여 16보를 얻은 다음, 합하면 24보가 되는데, 높이를 곱하면, 288보^{2}가 되는 것을 4로 나눈다.

주해 여기서 사용된 "요고전"의 넓이 계산공식--물론 보다 일반적으로 "삼광전(三廣田)"에 대해서도 그대로 적용되지만--은

$$S=\frac{1}{4}(\text{윗 너비}+2\times\text{가운데 너비}+\text{아래 너비})\times\text{높이}$$

라는 식이며 올바른 것으로서 명 정대위(程大位)의 「산법찬요(算法

纂要)」에서도 찾아볼 수 있다. 이 식은 「오조산경」 "전조"의 [5]와 「하후양산경」에 제시된

$$S=\frac{1}{3}(\text{윗 너비}+\text{가운데 너비}+\text{아래 너비})\times\text{높이}$$

라는 명백히 잘못된 공식과 대조를 이루는 것으로 나타난다. 그러나, 양휘 자신이 밝히고 있듯이, 전자의 "요고전" 공식도 높이가 가운데 너비에 의해 양분될 때에만 성립된다는 점에 각별히 주의해야 할 필요가 있다.

> 今有腰鼓田兩頭各廣八步,中廣四步,正從十二步,問田幾何?
> 答曰,七十二步.
> 腰鼓田乃梯田二段,上闊相頂.
> 「應用算法」,倍中闊作八步,幷兩闊一十六步,共二十四步,以正從乘,
> 得二百八十八步,以四除之.

[28] 북 모양의 밭(고전)의 양 머리 너비가 각각 4보, 가운데 너비가 8보, 길이가 12보라고 한다. 밭의 넓이는 얼마인가?

답 : 72보^2.

고전은 사다리꼴 밭 두 개로 이루어져 있으며, 아래 너비가 서로 맞붙어 있다.

「오조산법」이 세 너비를 더하고, 높이를 곱한 다음, 3으로 나누라고 한 것은 잘못이다.

계산법에 따라서 가운데 너비를 배로 하면 16보가 되고, 두 너비를 더하여 8보를 얻은 다음, 합하면 24보가 되는데, 높이를 곱하면, 288보^{2}가 되는 것을 4로 나눈다.

鼓田兩頭各廣四步,中廣八步,正從十二步,問田幾何?
答曰,七十二步.
鼓田乃梯田二段,下闊相抵.
「五曹算法」乃幷三廣,以正從乘而三除,誤矣.
草曰,倍中闊作十六步,幷兩廣八步,共二十四步,以正從十二步乘之,得二百八十八步,以四除之.

[29] 너비 셋이 같지 않은 이중 사다리꼴 모양의 밭(삼광전)이 있는데, 한쪽 머리의 너비는 4보, 다른 한쪽 머리의 너비는 6보, 가운데 허리가 8보, 높이가 12보라면, 밭의 넓이는 얼마인가?
답 : 78보^2.

가운데 너비를 배로 하면 16이 되고 양쪽 머리 10보와 더하면 모두 26이 되는데 길이 12를 곱하면 312가 되며 그것을 4로 나눠준다.

주해 풀이에서 말하는 계산과정은 다음과 같다.

$$\frac{(2\times 8+4+6)\times 12}{4}=\frac{26\times 12}{4}=\frac{312}{4}=78$$

이 문제 풀이에 대한 보다 자세한 주해를 위해서는 앞서 [26]의 그것을 참조하면 될 것이다.

三廣田,一頭廣四步,一頭廣六步,中闊八步,正長一十二步,問田幾何?
答曰,七十八步.
倍中廣爲十六,幷兩頭十步,共二十六,用長十二乘,得三百一十二,以四除之.

너비 셋이 같지 않은 이중 사다리꼴 모양의 밭(삼광전)은 작은 사다리꼴과 큰 사다리꼴로 이루어져 있으며, 아래 너비가 서로 맞붙어 있다.

이와 같은 밭 모양을 만날 경우에는 가운데 너비가 정중앙에 올 때만 이 풀이법을 쓸 수가 있다.

가운데 너비가 한쪽 머리에 치우쳐 있을 때에는, 두 부분으로 이루어진 것으로 구해야 착오를 피하게 된다.

三廣田,乃小梯田一段,大梯田一段,下闊相抵.
或遇此等田勢,中闊在正中,可用此術.
中闊若偏近一頭,只得作兩段求,庶不錯誤.

[30] 대주 양전도에 굽은 자("ㄴ"자) 모양의 밭(곡척전)이 나오는

데, 안쪽의 굽은 선(내곡)이 12보, 바깥쪽의 굽은 선(외곡)이 26보, 양쪽 머리의 너비가 각각 7보라면 넓이는 얼마나 되는가?

답 : 133보^2.

내곡은 곧 사다리꼴의 윗변, 외곡은 아랫변 그리고 머리 너비는 높이에 해당된다. 풀이법에 따라서 내외곡을 더하여 얻은 38보를 머리 너비 7보로 곱한 다음 반으로 나눠주면 답이 나온다.

원래 이 밭의 모양은 사다리꼴을 길이에 따라 늘린 것이므로 사다리꼴이라고 할 수 있다. 이와 같은 밭 모양을 만날 경우에는 양쪽 머리의 너비 보수가 같아야 쓸 수 있다. 만약 양쪽 머리의 너비 보수가 같지 않으면 두 개의 반으로 나눠어진 사다리꼴로 취급하여 사다리꼴의 풀이법을 써서 구하는 것이 옳다.

台州量田圖有曲尺田,內曲十二步,外曲二十六步,兩頭各廣七步,問田幾何?

答曰,一百三十三步.

內曲卽梯田上闊,外曲卽梯田下闊,頭廣卽梯田長步. 術用幷內外曲得三十八步,以一頭廣七步乘之,折半合問.

原此田勢,乃梯田斜衺相連,本梯田也. 或遇此等田勢,兩頭廣步相等者,可用. 若兩頭廣步不同,仍用梯田法作兩段半梯田求爲是.

[31] 고리 모양의 밭(환전)이 있는데, 가운데 둘레가 6보, 바깥 둘레가 30보, 두께가 4보라면, 넓이는 얼마나 되는가?

답 : 72보^2.

환전의 가운데 둘레는 곧 사다리꼴의 윗변, 바깥 둘레는 아랫변, 그리고 두께는 높이에 해당된다. 환전의 기본적인 풀이법은 가운데 둘레와 바깥 둘레를 더해서 반으로 나눈 다음, 높이로 곱하는 것이다.

사다리꼴의 넓이를 구하는 법을 써서, 윗변과 아랫변을 더하고, 반으로 나눈 다음, 높이를 곱해도 된다.

계산법에 따라서 가운데 둘레와 바깥 둘레를 더한 36보를 두께와 곱하면, 144보가 되는데, 반으로 나누면, 답이 나온다.

주해 환전 문제는 [57], [58]에서도 찾아볼 수 있다.

環田,中周六步,外周三十步,徑四步,問田幾何?

答曰,七十二步.

環田中周,卽梯田之上廣. 環田外周,卽梯田之下廣. 環田徑步,卽梯田之長步. 環田本法,幷中外周以半之,以徑乘之.

梯田之法,幷上下廣,折半,以長乘之,可通也.

草曰,幷中外周得三十六步,以徑乘之,一百四十四步,折半,合問.

[32] 정사각형 화살 묶음(방전)의 바깥 둘레(외위)에 32개가 있다면, 모두 몇 개나 되는가?

답 : 81개.

안 둘레의 8개와 바깥 둘레의 32개를 합하면 40가지가 되는데, 반으로 나누고 4층을 곱(한 다음, 중심의 화살을 더)하면, 답이 된다. 8로 바깥 둘레를 나누면, 곧 4층이 나온다.

주해 이 문제는 현존하는 문헌에서 찾을 수 있는 최초의 퇴타 문제인 「손자산경」 하권 [24]번 문제와 실질적으로 동일하다는 점에서 주목을 요한다. 문제 풀이를 위해서는 앞서 나온 문제 [12], [18]의 그것을 참조하면 될 것이다.

方箭外圍三十二支,問共箭幾支?

答曰,八十一支.

草曰,內圍八支,幷外圍三十二,共四十支,折半,以四層乘之,合問.

以八除外圍卽得四層.

[33] 원형 화살 묶음(원전)의 바깥 둘레에 30개가 있다면, 모두 몇 개나 되는가?

답 : 91개.

주해 이 문제의 풀이는 앞서 나온 문제 [19]의 그것을 참조하면 될 것이다.

圓箭外圍三十支,問共箭幾支?

答曰,九十一支.

草曰,內圍六支,幷外圍三十支,共三十六,折半,以五層乘之,合問.

以六除外圍,卽得五層.

[34] 지금 이등변삼각형 무더기(규타) 하나가 있는데, 꼭대기에 한 개, 바닥 너비(저활)에 8개가 있으며, 사다리꼴 무더기 둘이 있는데, 작은 것은 꼭대기에 6개, 바닥 너비에 13개가 있으며, 큰 것은 꼭대기에 9개, 바닥 너비에 16개가 있다면, 모두 몇 개나 되겠는가?

답 : 212개.

풀이법에 따라서 사다리꼴 무더기처럼 세 무더기의 위아래 너비를 더하고, 높이로 곱한 다음, 반으로 나눈다.

계산법에 따라서 세 무더기의 위아래 너비를 더하면, 모두 53이 되고, 높이 8층으로 곱하면, 424가 되는데, 반으로 나누면, 212개가 되어 답이 나온다.

주해 문제 [32]-[34]는 문제 [18], [19] 등과 같은 종류의 문제로서 함께 다뤄졌어야 마땅하다고 여겨진다. 규타의 개념은 문제 [20]에 등장한다.

今有圭垛一堆,上一束,底闊八束,梯垛二堆,小堆上有六束,底闊十三束,大堆上有九束,底闊十六束,問共幾束?
答曰,二百一十二束.
術曰,依梯垛,幷三堆上下廣,以高乘之,折半.
草曰,幷三堆上下廣,共五十三,以高八層乘,得四百二十四,折半,得二百一十二束,合問.

[35] 대주 양전도에 화살 오늬 모양의 밭(전괄전)이 나오는데, 두 가장자리의 길이가 각각 8보, 가운데 길이가 4보, 너비가 12보라면, 넓이는 얼마인가?
답 : 72보^2.

원래 이 밭의 모양은 사다리꼴을 둘로 잘라서 윗변을 서로 붙인 것이다.

풀이법에 따라서 가운데 길이를 배로 하고, 두 길이에 붙인 다음, 반으로 나눠서 너비의 반을 곱한다.

초에 따라서 가운데 길이를 배로 하면 8보가 되고 두 가장자리 길이 16보에 합하면, 모두 24보가 되는데 너비로 곱하고, 반으로 나눠주면 72보라는 답이 나온다.

台州量田圖,有箭筈田兩畔各長八步,中長四步,闊十二步.問田幾何?
答曰,七十二步.
原此田勢,乃是半梯田二段,上闊相連.
術曰,倍中長幷兩長,折半,以半闊乘之.
草曰,倍中長得八步,幷兩畔十六步,共二十四步,以闊乘之,兩折半,得七十二步,合問.

[36] 대주 양전도에 직사각형과 이등변삼각형이 맞붙은 모양의 밭(전령전)이 나오는데, 가운데 길이가 8보, 동서 두 변의 길이가 각각

4보씩이고, 너비가 12보라면, 넓이는 얼마인가?

답 : 72보.

원래 이러한 밭은 반으로 나뉘어진 사다리꼴 두 개가 아래 너비에 따라 서로 이어진 모양을 하고 있다.

동서의 길이와 또한 가운데 길이의 2배를 합하고, 가로의 보수를 곱해서 반으로 두 번 나눠준다.

계산법에 따라서 가운데 길이를 2배하면 16보가 되고, 동서 길이를 합하면, 모두 24보가 되는데, 너비로 곱해서, 반으로 두 번 나눠주면, 72보가 되어 답이 나온다.

台州量田圖,有箭翎田,中長八步,東西兩畔各長四步,闊一十二步.問田幾何?

答曰,七十二步.

原此田勢,乃是半梯田二段,下闊相連.

幷東西長又倍中長,以闊步乘之,兩折半.

草曰,倍中長得十六步,幷東西長,共二十四步,以闊乘之,兩折半,得七十二步,合問.

하권 27 문제(下卷二十七間)

「오조산경」의 잘못 인쇄된 세 문제(「五曹」誤刊三題)

[37] 「오조산경」은 정사각형 밭 한 가운데에 뽕나무가 있는데, 꼭지점까지의 대각선이 147보라면, 넓이가 얼마인지를 묻고 있다. 합계는 180무 18보이다.

그러나 「오조산경」은 풀이법이 틀려서 답이 183무 180보라고 되어 있다.

「오조산경」의 풀이법에 따르면, 뽕나무에서 꼭지점까지의 거리를 2배하여 밭 전체의 대각선을 구하고, 5로 곱하고 7로 나누는데, 곧 정사각형의 한 변과 대각선의 비가 5 : 7(방오사칠)이라는 뜻이어서 앞서와 같은 잘못된 답이 나온 것이다. 그러므로 "방오사칠법"을 써서는 안 된다.

"방오사칠"은 자나 치를 다룰 때에나 적용할 수 있지 100무가 넘는 때에도 써서야 되겠는가?

여기서의 풀이법(본법)에 따르면, 꼭지점까지의 거리를 2배하여 정사각형 밭의 대각선으로 만들어 제곱하고 반으로 나눈 다음, 제곱근을 구하여 한 변의 길이를 구하고, 그것을 제곱하면, 곧 답이 나온다.

혹시 분자가 딸려 있어서 제곱근을 구하기가 번잡스럽다고 하면, 대각선의 반인 147보를 제곱하고 2배하여 밭의 넓이로 삼는 것만 같지 못하니 그야말로 (답을 구하는) 지름길이다

계산법에 따라서 147보를 제곱하면 21,609보가 되는데, 배로 하면, 43,218보가 되며 무의 나눗수 240으로 나눠주면, 180무 18보가 나온다.

주해 원래 「오조산경」에 실린 이 문제의 답은 다음과 같은 계산을 통해서 얻어진 것이다.

$$S = \left(\frac{2\times147\times5}{7}\right)^2 \div 240 = \frac{210^2}{240} = \frac{44100}{240}\text{무}$$
$$= 1\text{경 } 83\text{무 } 180\text{ 보}^2$$

양휘는 이 값이 "방오사칠"의 어림셈을 적용하여 빗어진 결과라고 비판하면서 참값을

$$2\times147^2 = 43218\text{ 보}^2 = 180\frac{18}{240}\text{무}$$

로 제시하고 있다. 풀이법 가운데 특히 지름길이라고 한 "대각선의 반인 147보를 제곱하고 2배하여 밭의 넓이로 삼는 것"은 다음 그래프와 같이 도해할 수 있다. 그것은 바로 이 그래프에서 왼쪽에 상하로 쌓아올린 듯한 작은 정사각형 2개가 마름모꼴로 세워놓은 큰 정사각형과 넓이가 같아지도록 보조선을 그어 표시한 것이기 때문이다.

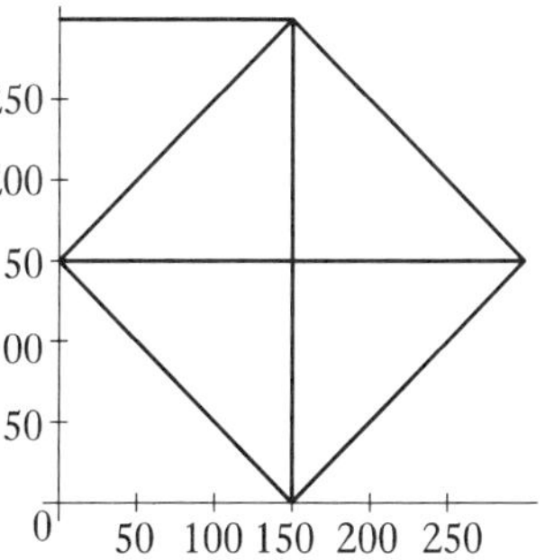

「五曹」云,方田正中,有桑,斜至隅一百四十七步,問田幾何?
合計一百八十畝一十八步.
「五曹」法誤,答一百八十三畝一百八十步.
「五曹」術,以二乘桑至隅步,乃取田之全斜也. 以五乘七除,卽方五斜七之義,所以誤答前數,然不可用方五斜七之法.
方五斜七,僅可施于尺寸之間,其可用于百畝之外?
本法,當二乘隅,爲方田之弦步,自乘,折半,開平方除之,取田方一面之數,以方自乘,卽得所答.
或謂開方有分子之繁,莫若竟用半隅一百四十七步自乘,倍之爲田積,乃捷徑也.
草曰,一百四十七步自乘,得二萬一千六百九步. 倍之,得四萬三千二百一十八步. 以畝法二百四十除,得一百八十畝一十八步.

[38] 「오조산경」은 직각부등변사각형(장전)의 둘레가 1,000보면, 넓이가 얼마인지(이것은 곧 정사각형의 밭(방전)임)를 묻고 답을 260무 100보라고 하고 있다.

밭 모양이 실제로 정사각형인데도 불구하고, 장전이라고 하는 것은 부당하다. 마땅히 문제에서 직접 정사각형이라고 했어야 한다. 그 풀이법에 따라서 1,000보를 4로 나누면, 250보가 되고, 제곱하면 넓이가 되는데 무의 나눗수로 나눠준다.

바깥 둘레를 4로 나누는 것을 직사각형에 적용할 수는 없다. 직사각형의 바깥 둘레를 4로 나누면 정사각형의 한 변이 되고, 제곱하여 그 넓이를 구할 것으로 염려되는데 어찌 해롭지 않겠는가? 이 풀이법을 잘못 사용하는 사람들이 자주 보이기 때문에 하는 말이다.

가령 밭의 동서가 8보, 남북이 6보이고 원래의 넓이가 48보라고 하자. 만약 바깥 둘레를 재보면 그 값이 28보일 텐데 4로 나누면, 7보가 되고 제곱하면 그 값은 49보이다. 바깥 둘레를 반으로 두 번 나누는 방법을 써서는 안 된다.

「五曹」曰,墻田方圍一千步,問田幾何?(卽是方田.)

答曰,二百六十畝一百步.

田形旣方,不當曰墻田,只當直云方田若干爲題. 其術稱以四除一千步,得二百五十步,自乘,爲積,畝法除之.

四除外圍,不可施于直. 恐例將直田外圍四而取一爲方面,乘積,豈不利害. 往往曾見有人誤用此術,所以言之.

假如有田東西八步,南北六步,本積四十八步. 若以外圍量之,乃是二十八步,用四除爲七步,自乘,却是四十九步. 不可用外圍兩折半之法.

[39] 「오조산경」에서는 네 변이 같지 않은 밭(사부등전)의 동쪽이 35보, 서쪽이 45보, 남쪽이 25보, 북쪽이 15보라면 넓이가 얼마인가를 묻고 답을 3무 80보라고 했으나 잘못된 것이다.

정답은 3무 40보 3자 9푼 6리 8호 7사 반이다.

네 변이 같지 않으려면, 반드시 기울어진 변(사보)이 있게 마련인데, 기울어진 변들을 어떻게 기울어지지 않은 변(정보)에 더할 수 있는가? 이제 10보를 1치로 나타낸 그림을 그려서 사부등전에서는 동서를 더하고 남북을 더한 다음 각각의 절반을 서로 곱하는 법을 쓸 수 없다는 것을 증명하고자 한다.

만약 이런 모양의 밭을 만나면 반드시 두 부분으로 나눠서 적용해야 할 것인 바, 그 하나는 직각삼각형 밭이고 다른 하나는 사다리꼴 밭이다.

계산법에 따르면 너비가 11보, 높이가 22보 4푼 4리 9호 9사 반인데, 너비와 높이를 서로 곱해서 반으로 나눠주면 넓이는 123보 4푼 7리 4호 7사 2홀 반이 된다. 또 사다리꼴을 놓아, 남쪽 너비 22보 4푼 4리 9호 9사 반과 북쪽 너비 15보를 더하고 길이의 반인 17보를 곱하면, 넓이 636보 6푼 4리 9호 1사 5홀이 되어 두 넓이를 더하면, 760보 1푼 2리 3호 8사 7홀 반이 된다. 무의 나눗수로 나눠주면, 3무 40보가 된다. 보 이하의 수는 넓이 1보에 25를 곱하면, 3자 9푼 6리 8호 7사 반이 된다.

주해 이 문제에 대한 양휘의 접근법은 서쪽 변과 북쪽 변이 직교한다는 전제하에 남동쪽 꼭지점으로부터 서쪽 변에 수선의 발을 그어 직각삼각형과 사다리꼴로 분할해서 계산한 것이다. 한편, 이 문제에 대한 해설에서 孫宏安(1997 : 349)은 북동쪽 꼭지점과 남서쪽 꼭지점을 잇는 직선을 그어 직각삼각형과 둔각삼각형으로 분할해서 秦九韶, 「數書九章」의 "三斜求積"을 적용하여 넓이를 구할 것을 제안한다. "三斜求積"으로 넓이 S를 구하는 공식을 현대적인 표기로 나타내면 동서남북 변들을 각각 순서대로 a, c, d, b라고 할 때,

$$S=\frac{bc}{2}+\sqrt{\frac{4d^2(b^2+c^2)-(b^2+c^2+d^2-a^2)^2}{16}}$$

이 된다는 것이다. 공식이 다소 거창해 보이기는 하나, 구고(또는 피타고라스) 정리와 제곱근 구하는 법만 알면, 도출하기가 그리 어려운 것은 아니며, 또는 반드시 이 공식에 의존하지 않더라도 남서쪽 꼭지점으로부터 동쪽 변의 남쪽 방향 연장선상에 수선의 발을 그어서 독자적으로 계산해도 좋을 것이다. 이렇게 해서 계산하면, 넓이는 763.4181259보로 드러나 양휘의 계산이 3보 1자 이상의 오차를 나타낸다는 것을 확인할 수 있다.

그렇다면, 양휘의 계산은 어떻게 해서 잘못된 것일까 추적하지 않을 수 없다. 그는 남동쪽 꼭지점으로부터 서쪽 변에 수선의 발을 그으면, 너비가 11보인 직각삼각형과 길이가 34보인 사다리꼴로 분할되는 것으로 일차 계산하고 이어서 넓이를 계산한 것으로 드러난다. 그러나 사다리꼴의 길이를 x라고 놓으면, 직각삼각형의 세 변 사이에

$$(45-x)^2+\left(\sqrt{35^2-x^2}+15\right)^2-625=0$$

라는 관계가 성립되고, 이 관계를 만족시키는 근은 x=34.17890835이다. 그는 바로 여기서 계산 착오를 일으켰던 것이다. 우리가 구한 근을 대입하면, 역시 위에서 구한 넓이로 귀결됨은 물론이다.

「五曹」四不等田,東三十五步,西四十五步,南二十五步,北一十五步. 問田幾何?

答稱三畝八十步. 非.

實三畝四十步三尺九分六釐八毫七絲半.

四圍四面不等者,必有斜步,然斜步豈可作正步相幷? 今以一寸代十步爲圖,以證四不等田不可用東西相幷,南北相幷,各折半相乘之法.

如遇此等田勢,須分兩段取用,其一句股田,其一半梯田.
草曰,句闊十一步,股長二十二步四分四釐九毫九絲半. 用句股相乘,折半,得積一百二十三步四分七釐四毫七絲二忽半. 又置梯田,南闊二十二步四分四釐九毫九絲半,并北闊十五步,以半長十七步乘之,得積六百三十六步六分四釐九毫一絲五忽. 并二積,共七百六十步一分二釐三毫八絲七忽半. 以畝法除,得三畝四十步. 零步以一步之積二十五乘之,得三尺九分六釐八毫七絲半.

[40] 직사각형 밭의 길이가 48보, 너비가 40보로서 넓이가 8무이다. 지금 원래의 길이를 따라 3무를 잘라 판다면, 너비는 얼마가 되겠는가?
답 : 너비 15보.

상제술에 따라서 잘라낸 넓이 720보를 놓고, 원래의 길이 48보로 나누면 너비가 되어 답이 나온다.

호환술에 따라서 너비 40보를 놓아 잘라낸 3무로 곱하고, 원래의 넓이 8무로 나눠도 역시 15보가 나오는데, 훨씬 빨리 계산된다.

直田長四十八步,闊四十步,計積八畝. 今欲依原長截賣三畝,問闊幾何?
答曰,闊十五步.
商除術曰,置截積七百二十步,以原長四十八步除之,得闊,合問.
互換術曰,置闊四十步,以所截三畝乘之,以原田八畝除之,亦得十五步,尤捷.

[41] 직사각형 밭의 길이가 48보, 너비가 40보로서 넓이가 8무이다. 지금 원래의 너비를 따라 3무를 잘라 팔면, 길이는 얼마가 되겠는가?

답 : 18보.

호환술에 따라서 길이 48보를 놓아 잘라낸 3무로 곱하고 원래의 넓이 8무로 나눠주면 15보가 되어 답이 나온다.

直田長四十八步,闊四十步,計積八畝. 今欲依原闊四十步截田三畝,問長多少?

答曰,一十八步.

互換術曰,置長四十八步,以所截三畝乘之,原田八畝除之,得一十八步,合問.

중산 유익선생은 서문에서 산술은 들어갈 때는 문이 여럿일지라도, 나올 때는 직사각형 하나뿐이라고 하였다. 그리하여「의고근원」은 계산을 보여주는 문제 100개를 내세웠는데, 계산의 단계를 보여주고자 함이었다. 각 단계를 이해하게 되면, 곧 근본 원리를 터득할 수 있고, 근본 원리를 터득하게 되면 마음속의 몽매함이 사라지고 만다. 이제 몇 개의 문제를 가려 뽑아 자세하게 주석, 그림, 계산들을 붙여서 나중에 배우는 이들에게 밝히고자 한다. 그 나머지는 끌어들이거나 늘리고 유형을 분석하여 확장하면 이해할 수 있으니, 일일이 풀이할 필요가 없을 것이다.

中山劉先生序謂算術,入則諸門,出則直田. 「議古根源」故立演段百問,盖欲演算之片段也. 知片段則能窮根源,既知根源,而于心無蒙昧矣. 今姑摘數問,詳注圖草,以明後學. 其餘自可引而伸之,觸類而長,不待盡述也.四圍四面不等者,必有斜步,然斜步豈可作正步相

[42] 직사각형 밭의 넓이가 864보인데, 지금 너비가 길이보다 12보 짧으면, 너비는 얼마인가?

답 : 24보.

풀이법에 따라서, 넓이를 놓아 나뉨수로 삼고, 모자라는 보수를 종방으로 삼아서 근을 구한다.

주해 이 문제부터 문제 [51]까지의 열 문제는 모두 넓이가 864보^{2}이며, 너비가 24보, 길이가 36보인 직사각형 밭에 관한 것이다. 이 문제는 특히 다음 문제 [43]과 한 짝을 이루고 있다. 너비를 x라고 하면, 풀이법에서 제안하는 계산은 현대적 방정식으로 표시해서 $x^2+12x-864=0$을 푸는 것에 해당된다.

直田積八百六十四步,只云闊不及長十二步. 問闊幾步?

答曰,二十四步.

術曰,置積爲實,以不及步爲從方,開平方除之.

유제 : 은 864냥을 지급하였는데, 1인당 지급된 은의 양수를 지급된 총 인원수와 비교하면, 은의 양수가 12만큼 많았다. 총 인원수는 몇 명이며, 1인당 각각 몇 냥씩 얻었겠는가?

답 : 24명이 36냥씩 얻었다.

比類,給銀八百六十四兩,只云所得銀之兩數比總分人數,其銀多十二兩. 問總是幾人? 每人各得幾兩?

答曰,二十四人,三十六兩.

[43] 직사각형 밭의 넓이가 864보인데, 지금 너비가 길이보다 12보 짧으면, 길이는 얼마인가?

답 : 36보.

넓이에 더하여 근을 구하는 법(익적개방술)에 따라서, 넓이를 놓아 나뉨수로 삼고, 모자라는 12보를 부종으로 삼아서, 근을 구하면, 길이가 된다.

계산법에 따라서 넓이 864보를 둘째 행(제2급)에 놓고, 차이 12보를 넷째 행(제4급)에 놓아 부종으로 삼는다. 우의 산가지 하나를 다섯째 행(제5급)에 놓고, 첫째 행(제1급) 상상에는 길이 30을 놓고, 우를 곱한 다음 셋째 행(제3급)에 방법 30을 놓는다. 상상 30으로 부종을 곱하고, 360을 넓이에 덧붙인다. (그 합에서) 곱 900을 빼면, 남는 넓이는 324보이다. 방법을 2배하면, 모두 60인데, 이름을 염법으로 고쳐서 한 자리 물리고, 부종을 한 자리 물리며, 우도 두 자리 물린다. 또 실 상상 위에 길이 6보를 놓고. 우 1을 곱한 6을 염차로 놓고, 우라고 부른다. 상상 6으로 부종을 삼아 넓이 72에 덧붙이면, 넓이는 모두 396이 된다. 염우의 수로 상상을 삼아서 실을 나누면, 정수로 딱 맞아떨어지면서 길이는 36보가 되어 답이 나온다.

종을 빼서 제곱근을 구하는 법(감종개방술)에 따라서 넓이를 실로 놓고 모자라는 12보를 종으로 삼아서 방법을 뺀 다음 근을 구한다.

계산법에 따라서 다섯 행 속에 다음과 같이 배치하여, 상, 적, 방법, 부종, 우산을 놓는다. 넓이를 놓아 실을 삼고, 실 상상에 길이 30을 놓는다. 우산을 곱해서, 30을 실 값 밑에 놓고, 방법이라고 부른다. 부종 12를 30에서 뺀 나머지 18을 상상으로 삼아서 실 540을 나누면, 남는 넓이는 324이다. 다시 상상 30으로 우를 곱하면, 30이 되고, 방법에 더하면, 48이 되는데, 자리를 물려서 염으로 삼고, 그 우산은 다시 물리며, 또 실 상상에 길이 6보를 놓아 우산과 곱하면, 6이 되고, 염법에 더하면, 모두 54가 되는데, 상상 6보를 곱하고, 실을 나누면, 정수로 딱 맞아떨어지면서 길이가 36보가 되어 답이 나온다.

주해 이 문제는 바로 앞에 나온 문제 [42]와 한 짝을 이루는 것이다. 익적술이든 감종술이든 기본적으로, 길이를 x라고 할 때, 현대적 방정식 $x^2-12x-864=0$을 푸는 것에 해당된다. 근 x의 범위가 $30<x<40$라는 것을 감안해서 근의 십 자리수, 곧 초상(初商)을 30으로 정하고, 근의 한 자리수를 x_1이라고 하면, 방정식은

$$x^2-12x-864=(x_1+30)^2-12(x_1+30)-864$$
$$=x_1^2+60x_1-12x_1-324=0$$

으로 바꿔 쓸 수 있다. 이 때, x_1의 값을 구하는 과정에서 익적술은 식을 $x_1^2 + 360 = 324 + 72$로 놓는 것이고, 감종술은 $x_1^2 + 48x_1 - 324 = 0$으로 놓는 것이다. 둘 다 $x_1 = 6$, 따라서 $x = 36$으로 귀결됨은 물론이다(孫宏安(1997: 356)을 참조).

直田積八百六十四步,只云闊少長十二步. 問長步幾何?

答曰,三十六步.

益積開方術曰,置積爲實,以不及十二步爲負從,開平方除之,得長.

草曰,置積八百六十四于第二級,置差十二步于第四級,爲負從. 置隅一算于第五級,于第一級上商置長三十,以乘隅,于第三級置方法三十. 以上商三十,乘負從,添積三百六十. 却除積九百,餘積三百二十四步. 二因方法,共六十,改名廉法,一退,負從一退,隅二退. 又于實上商置長六步. 以乘隅一,置六于廉次,名隅. 以上商六命負從,添積七十二,共積三百九十六. 以廉隅之數命上商. 除實適盡,得長三十六步,合問.

減從開方術曰,置積爲實,以不及十二步爲從,減方法開平方除之.

草曰,依五級資次布,置商,積,方法,負從,隅算. 置積爲實,于實上商置長三十. 以乘隅算,置三十于實數之下,名曰方法. 以負從十二減三十,餘十八,命上商,除實五百四十,餘積三百二十四. 復以上商三十乘隅,得三十,并入方法,共四十八,退位爲廉,其隅算再退,又于實上商置長六步,乘隅算,得六,并入廉法,共五十四,命上商六步,除實盡,得長三十六步,合問.

유제 : 금으로 비단 864필을 맞바꿨는데, 원래 황금 1냥으로 비단 몇 필을 교환하는지 모르지만, 단, 원래의 금의 총 양수와 한 냥당 교환되는 필수를 비교하면, 양수가 필수보다 12만큼 많다고 한다. 먼저, 원래의 금은 몇 냥인가?

답 : 36냥.

원래의 금을 길이로 삼고, 한 냥당 교환되는 비단의 수량을 너비로 삼으면, 교환한 비단의 총 필수는 곧 직사각형의 넓이 보수가 된다.

比類,以金換絹八百六十四匹,不知黃金一兩原換絹幾匹,但云原金總兩與每兩所換匹數較之,則兩多如匹十二. 今先問原金幾兩? 答曰,三十六兩. 原金爲長,每兩換絹若干爲闊,其所換總絹匹數,卽直田之積步也.

[44] 직사각형 밭의 넓이가 864보인데, 너비가 길이보다 12보 짧다고만 되어 있으면, 길이와 너비의 합은 몇 보인가?

답 : 60보.

풀이법에 따라서 넓이를 4로 곱하고, 차이의 보수를 제곱하여 더한 다음 제곱근을 구한다.

계산법에 따라서 넓이를 4배하면, 4개의 길이와 4개의 너비로 둘러싸인 넓이의 합은 3,456보가 되고, 다시 차이의 제곱인 144를 더하면, 도합 3,600이 되는데, 제곱근을 구하면, 한 변이 60보가 되어, 답이 나온다.

주해 이 문제는 길이와 너비를 각각 x, y라고 할 때,

$$x+y=\sqrt{(x-y)^2+4xy}$$

라는 관계가 성립된다는 점을 응용한 것이다. 이것과 비슷한 문제는 조금 뒤 [47]에 다시 나타난다.

直田積八百六十四步,只云闊不及長十二步. 問長闊共幾步?
答曰,六十步.
術曰,四因積步,以差步自乘,并而開平方除之.
草曰,四因積步,有四長四闊,居邊共三千四百五十六步,又補入差自乘一百四十四,共三千六百,開平方,得一面六十步,合問.

유제 : 금 864냥이 있는데, 단지 금괴의 수가 양수보다 12만큼 적다고 한다. 금괴의 수와 양수의 합은 얼마인가?

답 : 금괴의 수와 양수의 합은 60.

양수를 길이로 삼고, 금괴의 수를 너비로 삼으면, 그림의 뜻, 풀이법, 계산은 모두 앞서와 같다.

比類,金八百六十四兩,只云鋌數少如兩數十二,問鋌數兩數共若干?
答曰,鋌與兩數共六十.
兩數爲長,鋌數爲闊,圖意法草同前.

[45] 직사각형 밭의 넓이가 864보인데, 길이와 너비의 합이 60보라고 한다. 먼저, 너비의 보수를 구하면 얼마인가?

답 : 24보.

넓이에 더하는 법(익적술)에 따라서 넓이를 놓아 실로 삼고, 가로와 세로를 합한 길이를 종방으로 삼고, 1을 익우로 삼아서 근을 구한다.

단계별 계산 제시(연단)에 따르면, 하나의 넓이에 대해서는 하나의 길이가 있을 뿐이며, 가로와 세로를 합한 길이를 종방으로 삼으면, 하나의 너비가 결정된다. 1을 익우로 삼는 까닭은 너비가 1인 정사각형을 더한 다음 종방에 따라 빼기 때문이다. 두 넓이 1,440보를 60보로 나누면 가로는 24보가 된다.

계산법에 따라서 넓이 864보를 놓아 실로 삼고, 별도로 산가지 하나를 놓아 익우로 삼고, 끝자리로부터 실을 나눠서 백 자리 아래에 이르러 10 자리가 되게 한다. 너비 20을 상상으로 하고, 넓이 아래에 방법 20을 놓아 상상으로 방법을 곱하면, 400이 되는데, 넓이에 더한다. 종방 60으로 곱한 1,200으로 넓이를 나누면, 64가 남는다. 방법을 2배하고, 한 자리 물려서 염으로 삼고, 종방도 역시 한 자리 물리고 익우는 두 자리 물린다. 또 상상을 너비 4보로 한다. 염의 옆자리 아래에도 역시 우 4를 놓는다. 염과 우를 상상으로 곱하고, 실에 더하면, 모두 240이 되는데, 상상을 종방으로 하여 실을 나누면, 정수로 딱 맞아떨어지면서 너비가 24보가 되어, 답이 나온다.

종에서 빼는 법(감종술)에 따라서 넓이를 놓아 실로 삼고, 합의 보수를 종방으로 삼고, 1을 부우로 삼아서, 근을 구한다.

단계별 계산 제시에 따라서 넓이에 더할 수 없으면, 종에서 빼야 하므로 혹시 익적술을 쓸 수 없으면 감종술을 사용한다.

계산법에 따라서 넓이 864보를 놓아 실로 삼고, 60보를 종방으로 삼으며, 1산을 부우로 삼는다. 상상으로 너비 20을 놓아 부우를 곱하고, 종방 20을 빼고, 상상으로 여종 40을 곱하고, 곱 800을 빼면, 곱 64가 남는데. 상상과 부우를 곱하고, 또 종방 20을 빼면, 종 20보가 남는데 한 자리 물리고 부우는 두 자리 물리며. 또 실 상상 위에 너비 4보를 놓아 부우와 곱하고, 종방 4를 빼면, 종 16이 남는데. 상상을 곱하고, 실을 나누면 정수로 딱 맞아떨어지면서 너비가 24보가 되어 답이 나온다.

주해 현대적 방정식으로 표기하자면, $-x^2+60x-864=0$을 푸는 것이 감종술에 해당된다. 감종술의 계산법에서 근 24를 구한 과정은 다음과 같이 나타낼 수 있다.

-1	60	-864	(20
	-20	800	
-1	40	-64	(20
	-20		
-1	20	-64	(4
	-4	64	
-1	16	0	

이 문제는 바로 다음에 나오는 문제 [46]과 한 짝을 이룬다.

直田積八百六十四步,只云長闊共六十步. 欲先求闊步得幾何?
答曰,二十四步.
益積術曰,置積爲實,共長爲從方,以一爲益隅,開平方除之.
演段曰,一積止有一長,若以長闊共長爲從方,正少一闊,所以用一爲益隅. 益入一段闊方. 以應從方除數. 二積一千四百四十步,以六十步除,得闊二十四步.
草曰,置積八百六十四步爲實,別置一算爲益隅,從尾末位約實,至百下,定十. 上商闊二十,積下置方法二十,以上商命方法,得四百. 益積. 却以從方六十除積一千二百,餘六十四. 二因方法,一退爲廉,從方亦一退,益隅二退. 又上商闊四步. 廉次之下亦置隅四. 以上商乘廉,隅,益積,實共二百四十,上商命從方,除實盡. 得闊二十四步,合問.
減從術曰,置積爲實,共步爲從方,以一爲負隅,開平方除之.
演段曰,若不益積,便用減從,或有不可益積者,用減從之術.
草曰,置積八百六十四步爲實,以六十步爲從方,以一算爲負隅. 上商置闊二十,以乘負隅. 減從方二十,以上商命餘從四十,除積八百,餘積六十四. 以上商乘負隅,又減從方二十,餘從二十步,一退,負隅二退. 又于實上商置闊四步,以乘負隅,減從方四,餘從十六. 命上商,除實盡. 得闊二十四步,合問.

[46] 직사각형 밭의 넓이가 864보인데, 길이와 너비의 합이 60보라고만 되어 있는데, 길이를 먼저 구하려고 한다. 얼마인가?

답 : 36보.

넓이를 뒤집는 법(번적술)에 따라서 넓이를 놓아 실로 삼고, 합의 보수를 종방으로 삼고, 1을 부우로 삼은 다음 근을 구한다.

단계별 계산 제시(연단)에 따르면, 원래의 넓이는 단지 길이와 너비를 곱한 것일 뿐이므로 길이 제곱에 해당되는 부분을 빼서, 1을 부우로 삼고, 종방에서 빼면, 넓이의 값이 나온다.

계산법에 따라서 넓이를 실로 삼고, 60을 종방으로 삼고, 산가지 하나를 부우로 삼는다. 실 위 상상 자리에 길이 30보를 놓고, 부우와 곱하여 종방에서 뺀 30이 남는다. 상상과 종방의 남은 것(여종)을 곱하면, 뺄 넓이가 도합 900이 되는데, 넓이가 부족하므로, 넓이를 뒤집는 법(번법)을 써서 상상 아래, 넓이가 놓인 위에 뺄 넓이의 합계 900을 놓고, 거꾸로 864를 빼면, -36이 남는다. 상상과 부우를 곱해서 여종 30에서 빼면, 완전히 없어진다. 부우를 두 자리 물려서, 다시 상상의 길이 6보로 부우를 곱하여 6을 음수 넓이 아랫 자리에 놓고, 다시 상상을 곱하면, 실이 완전히 없어지면서, 한 변이 36보가 되어, 답이 나온다.

주해 이 문제는 바로 앞에 나온 문제 [45]와 한 짝을 이루는 것이다.

直田積八百六十四步,只云長闊共六十步,欲先求長步. 問得幾何?

答曰,三十六步.

翻積術曰,置積爲實,和步爲從方,以一爲負隅,開平方除之.

演段曰,本積只有長之闊一段,正少長自之一段,所以用一爲負隅,減去從方,以應積數.

草曰,置積爲實,以六十爲從方,置一算爲負隅. 于實上商置長三十步,命負隅,減從,三十. 以上商命餘從,合除積九百,而積不及,乃命翻法,于商數之下,積數之上,置合除積九百,反減原積八百六十四,餘負積三十六,以上商命負隅,減從三十,盡,負隅二退,又上商長六步,命負隅,置六于負積之下,復命上商,除實盡,得三十六步,合問.

[47] 직사각형 밭의 넓이가 864보인데, 길이와 너비의 합이 60보라고만 되어 있으면, 길이는 너비보다 몇 보 길겠는가?

답 : 12보.

합으로부터 차이를 구하는 법(화보구차술)에 따라서 넓이를 4로 곱하고, 합의 제곱에서 뺀 나머지의 제곱근을 구하면, 길이와 너비의 차이가 된다.

단계별 계산 제시에 따르면, 합의 제곱은 4개의 직사각형 넓이와 1개의 차이가 한 변인 정사각형 넓이로 이루어지므로, 합이 한 변인 정사각형에서 4개의 직사각형 넓이를 뺀 나머지는 차이가 한 변인 정사각형이 되니, 그로부터 한 변을 구한다.

계산법에 따라서 합 60보를 제곱하면 3,600보가 되고, 또 밭 넓이를 4배하면, 3,456보가 되는데, 큰 것에서 작은 것을 뺀 나머지 144가 곧 차이가 한 변인 정사각형이다. 제곱근을 구하면, 차이는 12보로 드러난다.

주해 이것과 비슷한 문제는 앞서 [44]에 이미 제시된 바 있

다. 풀이법에서 말하는 화보구차술은 길이와 너비를 각각 x, y라고 할 때,

$$x-y=\sqrt{(x+y)^2-4xy}$$

라는 관계가 성립된다는 점을 이용한 것이다.

直田積八百六十四步,只云長闊共六十步. 問長多闊幾步?
答曰,十二步.
和步求差術曰,四之積步,減和自之積,餘開平方除之,得長闊之差步.
演段曰,和自乘,有四段直田積,一段差方積,所以用四積減和方,剩下差方一段,却取方面.
草曰,共步六十自乘,得三千六百步,又四因田積,得三千四百五十六步,以少減多,餘 百四十四卽差方一段也 開平方,得見差步十二.

[48] 직사각형 밭의 넓이가 864보인데, 길이를 3배하고 너비를 5배한 합이 228보라고 한다. 원래의 너비는 몇 보인가?
답 : 24보.

종을 빼는 법(감종술)에 따라서, 넓이를 3배하여 실로 삼고, 합한 보수를 종방으로 삼고, 5를 우산으로 삼아서 근을 구한다.

단계별 계산 제시에 따르면, 문제에서 길이를 3배한다고 하므로 밭 넓이를 3으로 곱해서 길이의 3배를 구해야 한다. 원래의 문제와 비교하면, 여전히 너비의 5배만큼 모자라므로 5를 부우[76]로 삼고,

76) 람(1977: 122)은 원문의 "익우"는 "부우"로 바로 잡아야 됨을 지적하고 있다.

정사각형 5개의 넓이를 암산으로 더하여 종방을 뺀 값에 맞게 한다.

계산법에 따라서 밭 넓이에 3을 곱한 2,592보를 실로 삼고, 산가지 5개를 놓아 부우로 삼고, 관례에 따라 그것을 실의 100 자리 아래에 놓는다. 종방 228을 놓아 부우 위로 한 자리 올리고. 상상으로는 너비 20보를 놓아 부우를 곱하고, 종에서 100을 뺀 여종 128로 상상을 곱하고, 실 2,560을 빼면, 나머지 몫은 32보가 된다. 다시 상상으로 부우를 곱하고, 또 종에서 100을 빼면, 종 28이 남는데, 한 자리 물리고, 부우는 두 자리 물린다. 또 상상으로 너비 4보를 놓아 부우를 곱하고, 종에서 20을 빼면, 8이 남는데, 상상을 곱하고, 실을 나누면, 정수로 딱 맞아떨어지면서 너비는 24보가 되어 답이 나온다.

주해 이 문제는 바로 다음에 나오는 문제 [49]와 한 짝을 이루고 있다. 이 문제에 적용된 감종술은 현대적 방정식으로 표기하자면, $5y^2-228y+2592=0$을 푸는 것에 해당된다. 그러나 이 식은 $(5y-108)(y-24)=0$으로 인수분해되어 양휘가 정답으로 삼고 있는 24 외에도 21.6이라는 적법한 근을 추가로 갖는 것으로 드러난다.

直田積八百六十四步,只云三長五闊共二百二十八步. 問原闊幾何?

答曰,二十四步.

減從術曰,三之積步爲實,共步爲從方,五爲隅算,開平方除之.
演段曰,題云三長,故三之田積,是求出三長,比原題尙少五闊,故以五爲益隅,明是暗添入五段闊方之積,應從方除數.
草曰,三之田積,得二千五百九十二步,爲實,置五算爲負隅,依法于百位下約實. 置從方二百二十八,于負隅級上進一位. 上商置闊二十步,乘負隅,減從一百. 以餘從一百二十八命上商,除實二千五百六十,餘積三十二步. 復以上商命負隅,又減從一百,餘從二十八,退一位,負隅退二位. 又上商置闊四步,命負隅,減從二十,餘八,命上商,除實,盡. 得闊二十四步,合問.

[49] 직사각형 밭의 넓이가 864보인데, 길이를 3배하고 너비를 5배한 합이 228보라고 한다. 길이는 몇 보인가?

답 : 36보.

풀이법에 따라서 넓이에 5를 곱하여 실로 삼고, 합한 보수를 종방으로 삼고, 3을 부우로 삼아서 근을 구한다.

단계별 계산 제시에 따라서 넓이에 5를 곱하여 너비의 5배에 상응케 하고, 3을 부우로 삼는데, (너비의 5배가) 원래의 종과 길이의 3배의 차이이기 때문이며 근을 구한다.

계산법에 따라서 밭 넓이에 5를 곱하면, 4,320이 되는데, 3을 놓아 부우로 삼아서 100 보 아래에 10 자리를 정한다. 228보를 놓아 종방으로 삼아서 한 자리 올린다. 상상은 길이 30보를 놓고, 부우 3을 곱하여 90을 종에서 뺀다. 다시 상상 30으로 여종 138을 곱하고, 실 4,140을 빼면, 남는 몫은 180이다. 다시 상상 30으로 부우를 곱하고, 또 90을 종에서 빼면, 종 48보가 남는데, 한 자리 물리고, 부우는 두 자리 물린다. 또 상상 길이 6보, 부우를 곱하고, 종 18을 빼면, 종 30이 남는데. 상상 6보를 곱한 다음, 실을 나누면, 정수로 딱 맞아떨어지면서 길이가 36보가 되어 답이 나온다.

주해 이 문제는 바로 앞에 나온 문제 [48]과 한 짝을 이루고 있다. 풀이법에 제시된 방정식은, 현대적 표기법으로 나타내면, $3x^2-228x+4320=0$에 해당된다.

그러나 이 식은 $3(x-36)(x-40)=0$으로 인수분해되어 양휘가 정답으로 삼고 있는 36 외에도 40이라는 근을 추가로 갖는 것으로 드러난다.

直田積八百六十四步,只云三長五闊共二百二十八步. 問長幾何?

答曰,三十六步.

術曰,五之積步爲實,共步爲從方,以三爲負隅,開平方除之.

演段曰,五之積步,以應五闊,三爲負隅,原從減去三長,開方.

草曰,五之田積,得四千三百二十,置三爲負隅,于百步下定十. 置二百二十八步爲從方,進位. 上商置長三十步,命負隅三,減從九十,復以上商三十,命餘從一百三十八,除實四千一百四十,餘積一百八十. 復以上商三十命負隅,又減從九十,餘從四十八步,一退,負隅二退. 又于上商長六步,命負隅,減從十八,餘從三十. 命上商六步,除實,盡. 得長三十六步,合問.

[50] 직사각형 밭의 넓이가 864보인데, 길이의 1배, 너비의 2배, (길이와 너비의) 합의 3배와 차이의 4배를 더한 합계가 312보라고 한다. 너비는 몇 보인가?

답 : 24보.

풀이법에 따라서 넓이를 8배하여 나눔수로 삼고, 1을 부우로 삼고, 합을 종방으로 삼아서 근을 구한다.

단계별 계산 제시에 따르면 (길이와 너비의) 합의 3배는 길이의 3배와 너비의 3배로 이루어지는데, 길이 하나와 2배의 너비를 더하며, 또 차이의 4배는 너비의 4배를 빼고 길이의 4배를 더한 것인데, 길이의 8배와 너비 하나가 된다. 따라서 넓이를 8배하는 까닭은 길이의 8배에 상응케 하려는 것이며, 너비 하나로 부우를 삼는다.

계산법에 따라서 넓이를 8배하면, 6,912가 되는데, 1을 부우로 삼고, 312를 놓아 종방으로 삼고. 상상으로는 너비 20을 놓고, 부우를 곱한다. 20을 종에서 빼면, 남은 종은 292이다. 상상의 너비 20을 곱하고, 실을 나누면, 나머지는 1,072가 된다. 다시 상상으로 부우를 곱하고, 또 종에서 20을 빼면, 종은 272가 남는데, 한 자리 물리고, 부우는 두 자리 물린다. 계속해서 상상으로 너비 4보를 놓아 부우를 곱하고, 종에서 4보를 빼면, 남은 종은 268인데 상상 4로 실을 나누면, 정수로 딱 맞아떨어지면서 너비가 24보가 된다.

주해 이 문제는 바로 다음에 나오는 문제 [51]과 한 짝을 이루고 있다. 풀이법에 제시된 방정식은 현대적 표기법으로 나타내면, $y^2-312y+6912=0$에 해당된다.

이 식은 $(y-24)(y-288)=0$으로 인수분해되어 24 외에도 288이라는 근을 추가로 갖는 것으로 드러나지만, 너비가 길이보다 작아야 된다는 암묵적인 가정이 과거에 통용되었다면, 후자의 경우에는 길이가 3이 되므로 불합리한 근이 된다.

直田積八百六十四步,只云一長二闊三和四較共三百一十二步. 問闊幾步?
答曰,二十四步.
術曰,八因積步爲實,一爲負隅,共步爲從方,開平方除之.
演段曰,三和內有三長三闊,并入一長二闊,又以四較并四闊爲四長,八長一闊,所以用八因積步,以應八長,用一闊爲負隅也.
草曰,八因積步,得六千九百一十二,置一爲負隅,置三百一十二爲從方. 上商置闊二十,以乘負隅. 減從二十,餘從二百九十二. 命上商闊二十,除實,餘一千七十二. 復以上商命負隅,又減從二十,餘從二百七十二,退一位,負隅二退. 上續商闊四步,命負隅,減從四步,餘從二百六十八. 命上商四,除實,盡. 得闊二十四步.

[51] 직사각형 밭의 넓이가 864보인데, 길이의 1배, 너비의 2배, (길이와 너비의) 합의 3배와 차이의 4배를 더한 합계가 312보라고 한다. 길이는 몇 보인가?

답 : 36보.

풀이법에 따라서 넓이를 나뉨수로 삼고, 합을 종방으로 삼고, 8을 부우로 삼아서 근을 구한다.

단계별 계산 제시에 따라서 길이를 구함에 있어서 차이로부터 직접 얻지 않는다. 너비의 값으로 넓이를 곱하고 길이로 우산을 삼는다. 위의 문제는 앞 문제와 마찬가지로 길이의 8배와 너비 하나가 되는 것을 보여주며, 넓이를 1로 곱하고, 8을 부우로 삼는다.

계산법에 따라서 넓이 864보를 놓아 나뉨수로 삼고, 312를 놓아 종방으로 삼고, 8로 부우를 삼는다. 실 상상으로 길이 30보를 놓아 부우 8을 곱하고, 종 240을 빼면, 종 72가 남는데, 상상에 곱한다. (그 값을) 실에서 뺀 넓이가 제해야 할 2,160이라는 값에 미치지 못하므로, 번적법으로 바꿔 적용한다. 부적 2,160을 놓고, 그것에서 원래의 넓이 864를 빼면, 여전히 부적 1,296이 남는다. 다시 상상으로 부우를 곱하고, 종에서 240을 빼도, 종은 72에 그치므로 역시 미치지 못한다. 또 번적법을 사용하여 부종 240을 놓고, 72를 빼면 부종 168이 남는데, 우, 종, 적의 산가지들은 모두 음수이다. 종은 한 자리 물리고, 우는 두 자리 물린다. 또 길이 6보를 상상으로 삼고, 우 8을 곱하면, 48이 되고, 종을 더하면 216이 되는데, 상상을 곱하고, 실을 나누면, 정수로 딱 맞아떨어지면서 길이가 되어 답이 나온다.

주해 이 문제는 바로 앞에 나온 문제 [50]과 한 짝을 이루는 것이다.

直田積八百六十四步,只云一長二闊三和四較共三百一十二步. 問長幾步?

答曰,三十六步.

術曰,置積爲實,共步爲從方,八爲負隅,開平方除之.

演段曰,求長不得見差,用闊數乘積,以長爲隅算. 上問如前題,演得八長一闊,用一之積,八爲負隅也.

草曰,置積八百六十四步爲實,置三百一十二爲從方,以八爲負隅. 實上商置長三十步,命負隅八,減從二百四十,餘從七十二,命上商,除實. 其積不及,合除二千一百六十之數,改用翻積,置負積二千一百六十,以原積八百六十四減之,尙餘負積一千二百九十六. 復以上商命負隅,減從二百四十,而從亦不及,止有七十二,又用翻. 置負從二百四十,減七十二,餘負從一百六十八,而隅,從,積算皆負矣. 從一退,隅二退位. 又上商長六步,命隅八,得四十八,幷從共二百十六,命上商,除實,盡. 得長,合問.

[52] 정사각형 밭과 원형 밭이 각각 하나씩 있는데, 둘을 더한 넓이가 2,268보이고, 정사각형 밭의 한 변과 원형 밭의 지름이 같다면, 각각의 길이는 얼마인가?

답 : 36보.

풀이법에 따라서 넓이를 4배하여 실로 삼고, 7을 우산으로 삼아서 제곱근을 구한다.

단계별 계산 제시에 따라서 넓이의 4배는 정사각형 4개와 원전 4개로 이루어지는데, 4개의 원전은 정사각형 3개에 거의 가깝기 때문에 모두 정사각형 7개에 해당된다. 그러므로 7을 우산으로 삼는다. 7개의 정사각형으로부터 근을 구하면, 또한 원전의 지름이 된다.

계산법에 따라서 합한 넓이를 4배하면, 9,072보가 되는데, 7을 정우로 삼고, 그것을 실의 100 자리 아래에 놓는다. 상상 30을 정우 7과 곱한 210을 놓아 방법으로 삼고, 상상을 곱하여 실에서 빼면, 나머지는 2,772보가 된다. 방법을 2배하고, 한 자리 물려서 염으로 삼고, 우법은 두 자리 물린다. 다시 상상에 6을 놓고, 우를 곱하여

7을 곱한 42를 우로 삼아서 염법에 더한다. 염과 우의 두 나눗수로 모두 상상을 곱하고 실을 나누면 정수로 딱 맞아떨어지게 된다. 정사각형 밭의 한 변은 36보가 되는데, 원전의 지름도 역시 같다.

주해 $\pi=3$이라는 가정 하에 정사각형의 한 변을 x라고 하면 두 넓이의 합은

$$3\left(\frac{x}{2}\right)^2+x^2=\frac{7x^2}{4}=2268$$

로 표시되고, 이것을 전개하면, 곧 풀이법에서 말하는 방정식 $7x^2-4\times2268=0$이 된다.

方田圓田各一段,共積二千二百六十八步,只云方田面與圓田徑相等,問各幾何?
答曰,三十六步.
術曰,四因積步爲實,七爲隅算,開平方除之.
演段曰,四因積步,有四箇方田,四箇圓田. 而四圓田恰及三箇方田,總是七箇方積. 故用七爲隅算. 開出七箇平方田,亦圓田之徑也.
草曰,四因共積,得九千七十二步,以七爲正隅,于百下約實. 上商三十,命正隅七,置二百一十爲方法,命上商,除實. 餘二千七百七十二步. 二因方法,一退爲廉,隅法再退. 又于上商置六.以命隅,七乘,四十二爲隅,幷入廉法. 以廉隅二法,皆命上商,除實,盡. 得方田面三十六步,而圓田徑亦同也.

「의고근원」의 밭을 잘라내는 문제 풀이에 대한 수정(重修「議古」截田)

[53] 이등변삼각형 모양의 땅 하나가 있는데 길이가 75보이고, 남쪽이 뾰족하며, 북쪽 너비가 30보이다. 지금 작은 머리 쪽에서 땅 405보를 잘라낸다면, 잘려진 길이와 너비는 각각 얼마인가?

답 : 잘려진 길이 45보, 잘려진 너비 18보.

풀이법에 따라서 잘라낸 넓이를 2배하고, 원래의 길이로 곱한 다음, 원래의 너비로 나누어 제곱근을 구하면 잘려진 길이가 된다. 잘려진 길이를 놓고 원래의 너비로 곱하면, 잘려진 너비가 된다.

계산법에 따라서 잘라낸 넓이를 2배하면, 810보가 된다. 원래의 길이로 곱하면, 60,750이 되고, 원래의 너비 30으로 나누면, 2,025가 되는데 나뉨수로 삼아서 제곱근을 구하면 잘려진 길이 45보가 된다. 원래의 너비를 잘려진 길이에 곱하면 1,350보가 되고, 원래의 길이 75보로 나누면, 잘려진 너비 18보가 되어 답이 나온다.

圭地一段,正長七十五步,南尖,北闊三十步. 今于小頭截地四百五步. 問所截長闊各幾何?

答曰,截長四十五步,截闊一十八步.

術曰,二之截積,以原長乘之,原闊而一,開平方爲截長. 置截長,以原闊乘之,爲截闊.

草曰,二之截積,得八百一十步. 以原長乘,得六萬七百五十,原闊三十除,得二千二十五. 爲實,開平方,得截長四十五步. 原闊乘截長,得一千三百五十步,以原長七十五步除,得截闊十八步. 合問.

[54] 사다리꼴 밭 하나가 있는데, 길이가 90보, 남쪽 너비가 20보, 북쪽 너비가 38보라고 한다. 지금 남쪽 머리로부터 822보 반을 잘라 낸다면, 잘려진 길이와 너비는 각각 얼마인가?

답 : 잘려진 길이 35보, 잘려진 너비 27보.

먼저 길이를 구하는 법(선구장술)에 따라서 잘려진 넓이를 2배 하고, 원래의 길이를 곱한 다음, 너비의 차이로 나눠준 값을 삼는다. 남쪽 너비를 2배하고, 원래의 길이를 곱한 다음, 너비의 차이로 나눠 준 값을 종법으로 삼아서 제곱근을 구하면, 잘려진 길이가 된다. 너비의 차이와 잘려진 길이를 곱하고, 원래의 길이로 나눈 다음, 남쪽 너비를 더하면, 잘려진 너비가 된다.

계산법에 따라서 잘려진 넓이를 2배하면 1,645보가 되는데, 원래의 길이 90보로 곱하고, 너비의 차 18보로 나눠서 얻은 8,225보를 나뉨수로 삼는다. 남쪽 너비를 2배하고, 원래의 길이로 곱한 다음, 너비의 차로 나눠주면, 200이 되는데, 종법으로 삼아서 근을 구하면, 잘려진 길이가 된다.

먼저 너비를 구하는 법(선구활술)에 따라서 잘려진 넓이를 2배 하고, 너비의 차로 곱하고, 원래의 길이로 나눈다. 작은 머리의 너비 제곱을 더하여, 제곱근을 구하면, 잘려진 너비가 된다. 잘려진 넓이를 두 넓이의 합의 절반으로 나누면, 곧 길이가 된다.

또 다른 계산법에 따르면, 잘려진 넓이를 2배하면 1,645보가 되는데, 너비의 차 18보를 곱하고, 원래의 길이 90보로 나누면, 329보가 되며, 다시 작은 머리 20의 제곱을 더하면, 모두 729가 되는데, 제곱근을 구하면, 먼저 잘려진 너비를 얻는다.

두 너비를 더하면, 합이 47보인데, 그 절반으로 잘려진 넓이를 나눠주면, 길이의 보수가 되어 답이 나온다.

주해 이 문제는 바로 다음에 나오는 문제 [55]와 한 짝을 이룬다. 잘려진 길이를 x라고 하면, 잘려진 너비는 $\frac{100+x}{5}$이 되므로 잘려진 넓이는

$$\frac{x\left(20+\frac{100+x}{5}\right)}{2}=822.5$$

로 표시되고, 이것을 전개하면, 곧 풀이법에서 말하는 방정식 $x^2+200x-8225=0$이 된다.

梯田一段,長九十步,南闊二十步,北闊三十八步. 今自南頭截地八百二十二步半,問所截長闊各幾步?

答曰,截長三十五步,截闊二十七步.

先求長術曰,二因截積,原長乘之,如闊差而一爲實. 倍南闊,以原長乘之,如闊差而一爲從法,開方除,得截長. 以闊差乘截長,如原長而一,加南闊,得截闊.

草曰,二因截積,得一千六百四十五步,以原長九十步乘,以闊差十八除,得八千二百二十五步,爲實. 二因南闊,以原長乘之,如闊差而一,得二百,爲從法,開方除,得截長.

先求闊術曰,二因截積,以闊差乘之,原長除之,幷小頭闊自乘,開平方除之,得截闊. 幷兩廣折半除截積,卽長.

又草曰,二因截積,得一千六百四十五步. 以闊差十八步乘之. 以原長九十步除之,得三百二十九步,又小頭二十自乘,幷之,共得七百二十九. 開平方除之,先得截闊.

幷兩廣,共四十七步,折半除截積,得長步,合問.

[55] 사다리꼴 밭의 길이가 90보, 작은 머리(윗변)의 너비가 20보, 큰 머리(아랫변)의 너비가 38보이다. 지금 큰 머리로부터 1,787보 반을 잘라낸다면, 잘려진 길이와 너비는 각각 얼마인가?

답 : 잘려진 길이 55보, 작은 머리의 너비 27보.

풀이법에 따라서 넓이를 2배하여 너비의 차이를 곱하고, 원래의 길이로 나눠서 얻어진 값에서 큰 머리 너비 제곱을 뺀 나머지 넓이의 제곱근을 구하면, 잘려진 너비가 된다. 큰 머리 너비를 더하여 반으로 나눈 것을 나눗수로 삼아서 넓이를 나누면 길이가 된다.

계산법에 따라서 넓이를 2배하면, 3,575가 되고, 두 너비를 뺀 차이 18보로 곱하면, 64,350보가 된다. 원래의 길이 90보로 나누면, 715보가 된다. 큰 머리 너비 38을 제곱하면, 1,444가 되는데, 넓이를 빼면, 나머지는 729보이다. 제곱근을 구하면, 잘려진 너비는 27보가 되는데, 큰 머리 너비 38보와 더하고, 반으로 나누면, 32보 반이 된다. 잘려진 넓이 1,787보 반을 나누면, 길이는 55보가 되어 납이 나온다.

주해 이 문제는 바로 앞에 나온 문제 [54]와 한 짝을 이루고 있다.

梯田長九十步,小頭闊二十步,大頭闊三十八步. 今自大頭截田一千七百八十七步半,問所截長闊.
答曰,截長五十五步,小頭闊二十七步.
術曰,二因截積,以闊差乘之,原長除之,得數減大頭自乘,餘積開平方除之,爲截闊. 加大頭闊,折半爲法,除田積爲長.

草曰,二因積步,得三千五百七十五,以二闊相減餘差十八步乘,得六萬四千三百五十步. 用原長九十步除,得七百十五步. 以大頭闊三十八自乘,得一千四百四十四,減積,餘七百二十九步. 開平方除之,得截闊二十七步,并大頭闊三十八步,折半,得三十二步半. 除截積一千七百八十七步半,得長五十五步,合問.

[56] 사다리꼴 밭의 길이가 120보, 북쪽 너비가 12보, 남쪽 너비가 18보, 넓이의 합이 1,800보이다. 지금 북쪽 머리로부터 길이 1보 반을 잘라내면, 잘려진 너비와 밭 넓이는 얼마인가?

답 : 잘려진 너비 15보, 밭 넓이 810보.

풀이법에 따라서, 남북 너비의 차이 보수를 놓아 원래의 길이를 나누고, 잘려진 길이의 반을 곱한다. 또한 북쪽 너비에 더하면, 잘려진 너비의 보수로 삼는다. 별도로 두 너비를 더하고, 반으로 나눈 것을 잘려진 길이에 곱하면, 밭 넓이가 나온다.

계산법에 따라서 두 넓이를 놓고, 큰 것에서 작은 것을 뺀 나머지 차이 6보로 원래의 길이 120을 나눠주면, 5리가 되는데, 길이의 반인 60을 곱하면, 3보가 되고, 북쪽 너비에 더하면, 모두 15보가 되어 잘려진 너비로 삼는다. 또한 두 너비를 더한 합계 27보를 반으로 나누면 13보 반이 되는데, 그것을 잘려진 길이 60보와 곱하면, 밭 넓이 810보가 나온다.

梯田長一百二十步,北闊十二步,南闊十八步,計積一千八百步. 今自北頭截長一半,問截闊,田積幾何?

答曰,截闊一十五步,田積八百一十步.

術曰,置南北闊差步,以原長除之,截長乘之,又幷北闊,爲所截闊步. 別幷二闊,折半,以截長乘之,爲田積步.

草曰,置二闊,以少減多,餘差六步,以原長一百二十除,爲五釐,用半長六十乘,得三步,幷北闊共十五步,爲所截之闊. 又幷二闊共二十七步,折半得十三步半,以乘截長六十步,得田積八百一十步.

[57] 고리 모양의 밭(환전)의 바깥 둘레가 72보, 가운데 둘레가 24보, 두께가 8보인데, 지금 바깥 둘레로부터 넓이 285보를 잘라낸다면, 잘려진 둘레와 두께는 얼마인가?

답 : 잘려진 두께 5보, 가운데 둘레 42보.

풀이법에 따라서 넓이를 2배하고, 두 둘레의 차이로 곱하여 원래의 두께로 나눈다. 따로 바깥 둘레의 제곱을 놓고, 많은 것에서 작은 것을 뺀 나머지의 제곱근을 구하면, 잘려진 안 둘레가 된다. 바깥 둘레에서 안 둘레를 뺀 나머지를 6으로 나눠주면, 곧 두께가 된다.

계산법에 따라서 바깥 둘레와 가운데 둘레를 서로 뺀 48을 넓이의 2배와 곱하면, 27,360이 되는데, 원래의 두께 8보로 나누면, 3,420이 된다. 또 바깥 둘레를 제곱하면, 5,184가 되는데, 큰 것에서 작은 것을 뺀 나머지 1,764를 나뉨수로 삼아서, 제곱근을 구하면, 안 둘레 42보가 나온다. 바깥 둘레 72에서 안 둘레를 뺀 나머지 30을 6으로 나누면, 곧 두께 5보가 된다.

주해 환전에 관해서는 문제 [31], [58]에서도 다뤄지고 있다.

環田,外周七十二步,中周二十四步,實徑八步,今自外周截積二百八十五步. 問所截內周及實徑幾何?
答曰,截徑五步,中周四十二步.
術曰,二因積步,以二周相減差步乘之,原徑除之. 別置外周自乘,以少減多,餘開平方除之,得所截內周. 以內周減外周,餘,六而一,卽徑也.
草曰,外周中周相減,餘四十八,乘二因積步,得二萬七千三百六十,原徑八步除,得三千四百二十. 又外周自乘,得五千一百八十四. 以少減多,餘一千七百六十四,爲實,開平方除之,得內周四十二步. 以內周減外周七十二,餘三十,以六除之,卽徑五步.

[58] 고리 모양의 밭(환전)의 바깥 둘레가 72보, 가운데 둘레가 24보, 두께가 8보인데, 지금 안 둘레로부터 넓이 195보를 잘라낸다면, 잘려진 바깥 둘레와 두께는 얼마인가?

답 : 잘려진 두께 5보, 바깥 둘레 54보.

풀이법에 따라서 넓이를 2배를 나뉨수로 삼고, 두께의 보수로 두 둘레의 차이를 나누어 정우로 삼는다. 가운데 둘레를 2배하여 종방으로 삼아서 근을 구하면, 잘려진 두께가 된다. 그런 다음, 두께의 보수를 놓아 6으로 곱하고, 가운데 둘레를 더하면, 바깥 둘레가 된다.

계산법에 따라서 넓이를 2배하면 390보가 되는데 나뉨수로 삼고, 두 둘레를 서로 뺀 차이 48을 지름 8보로 나누면, 6보가 되는데, 정우로 삼는다. 가운데 둘레를 2배하면, 48이 되는데, 종방으로 삼아서, 제곱근을 구하면, 지름 5보가 나오는 것을 6배하고, 가운데 둘레에 더하면, 54보가 되어 잘려진 바깥 둘레를 삼으면, 답이 나온다.

주해 환전에 관해서는 문제 [31], [57]에서도 다뤄지고 있다.

環田,外周七十二步,中周二十四步,實徑八步,欲從內周截地一百九十五步. 問所截外周,實徑各幾何?
答曰,截徑五步,外周五十四步.
術曰,二因積步爲實,以徑步除二周差步,爲正隅,二因中周爲從方,開平方除之,得所截徑步. 副置徑步,六因,幷中周. 爲外周.
草曰,二因積步,得三百九十步,爲實,二周相減,餘差四十八,以徑八步除,得六步,爲正隅. 二因中周,得四十八,爲從方,開平方除,得徑五步,六因,幷中周,得五十四步,爲截外周,合問.

[59] 원형 밭(원전) 하나가 있는데, 지름이 13보이고, 변을 따라 잘려진 넓이가 32보^{2}이다. 잘려진 현과 시는 각각 얼마인가?
답 : 현 12보, 시 4보.

풀이법에 따라서 넓이 제곱의 2배를 제곱하여 실로 삼고, 넓이 보수의 4배를 상렴으로 삼고, 지름 보수의 4배를 하렴으로 삼고, 5를 부우로 삼아서, 근을 구하면(개삼승방), 시를 얻는다. 넓이의 2배를 시로 나눈 데에서 시를 빼면, 곧 현이 된다.

계산법에 따라서 밭 넓이의 제곱을 2배한 4,096보를 실로 삼고,

넓이를 4배한 128을 상렴으로 삼고, 별도로 지름을 4배한 52를 하렴으로 삼고, 5산을 놓아 부우로 삼아서, 근을 구하면, 시가 된다. 또 실을 상상으로 하고, 구한 시 4보를 놓아 부우를 곱한 20을 하렴에서 빼면, 32가 남는다. 상상 4보를 3승방법에 따라서 하렴과 곱하고, 상렴에 더하면, 모두 256이 된다. 또 상상으로 4보를 놓고, 상렴을 곱하여 1,024를 얻어서 3승방법을 적용한다. 상상으로 방법을 곱하고, 실을 나누면, 정수로 딱 맞아떨어지면서 시 4보가 된다. 별도로 넓이의 2배인 64를 놓아 시 4보로 나누면, 16이 되는데, 시 4보를 뺀 나머지 12보를 현으로 삼으면, 답이 나온다.

주해 이 문제와 풀이법은 호시 내지 호전의 넓이를 4차 방정식으로 접근하려고 한, 놀라운 접근법을 나타내고 있으며, 「전무비류승제첩법」에 실린 다른 많은 예제들과 마찬가지로 유익의 「의고근원」에서 전재한 것이다. 풀이법에서 말하는 계산과정은 지름을 R, 넓이를 A라고 하여 현대적 방정식 표기로 나타내면,

$$-5x^4+4Rx^3+4Ax^2-(2A)^2=0$$

에 해당되고, 숫자로 치환하면,

$$-5x^4+52x^3+128x^2-4096=0$$

이 된다. 이 4차 방정식의 그래프는 다음과 같다.

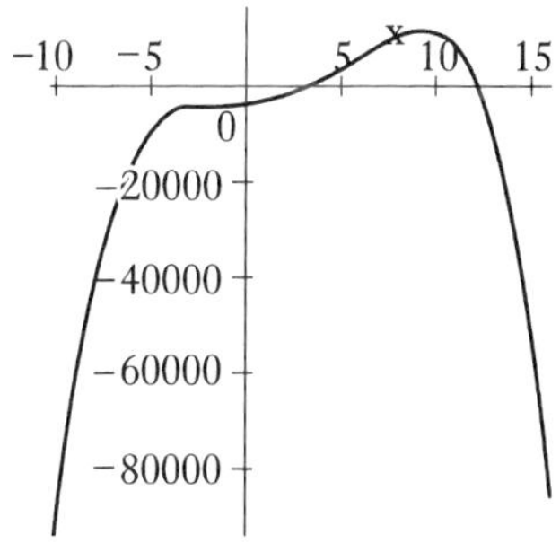

한편, 풀이의 계산법에서 근 4를 구한 계산과정은 다음과 같이 나타낼 수 있다.

-5	52	128	0	-4096	(4
	-20	128	1024	4096	
-5	32	256	1024	0	

圓田一段,直徑十三步,今從邊截積三十二步,問所截弦矢各幾何?
答曰,弦一十二步,矢四步.

術曰,倍積自乘,爲實,四因積步,爲上廉,四因徑步,爲下廉,五爲負隅,開三乘方除之,得矢. 以矢除倍積,減矢,卽弦.

草曰,倍田積自乘,得四千九十六步爲實. 四因積步,得一百二十八,爲上廉,別四因徑步,得五十二,爲下廉,置五算爲負隅. 開三乘方除之,得矢. 又實上商置得矢四步,以命負隅,減下廉二十,餘三十二,以上商四步,依三乘方乘下廉,入上廉,共二百五十六. 又以上商置四步,乘上廉,得一千二十四,爲三乘方法. 以上商命方法,除實盡. 得矢四步. 別置二因積六十四,以矢四步除,得一十六,減矢四步,餘十二步爲弦,合問.

[60] 원형 밭(원전) 속에 잘려진 호시 모양의 밭(호시전) 하나가 있는데, 현의 길이는 12보이고 시의 길이는 4보이다. 원전의 원래 지름은 얼마인가?

답 : 13보.

양휘의 풀이법(휘술)에 따르면, 현의 반을 제곱하여 시로 나누고, 시와 합하면, 곧 원전 지름의 보수가 된다.(그림은 앞서와 같다.)

계산법에 따르면, 현의 반인 6보를 제곱하면 36보가 되는데, 시 4보로 나누면 9보가 되고, 시 4보와 합하면, 13보가 되어 원전 지름의 보수가 된다.

주해 여기에 제시된 "휘술"은 시를 b, 현을 c, 그리고 원전의 반지름과 지름을 각각 r, R이라고 할 때, 구고술 내지 피타고라스의 정리에 따라서

$$r^2 = (r-b)^2 + \left(\frac{c}{2}\right)^2 = r^2 - 2br + b^2 + \left(\frac{c}{2}\right)^2$$

$$2r = R = \frac{b^2 + \left(\frac{c}{2}\right)^2}{b} = \frac{\left(\frac{c}{2}\right)^2}{b} + b$$

라는 관계가 성립된다는 것을 가리킨다. 즉, 그림에서처럼, 원의 함수를 편의상

$$x^2 + y^2 = 6.5^2$$

으로 잡으면, 원점과 점 (6, 2.5), (0, 2.5)를 연결하는 직각삼각형의 세 변의 길이가 각각 r, $\frac{c}{2}$, $r-b$에 해당된다는 것을 알 수 있다.

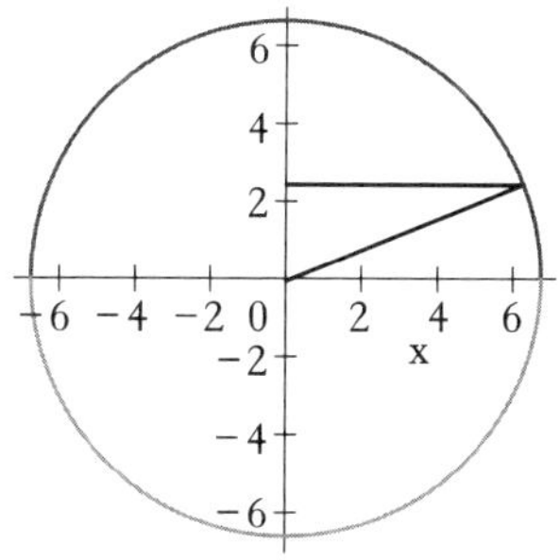

그러나 이 휘술은 양휘의 독자적인 발견이 아니라 벽 속에 박힌 원형 건축자재의 일부를 잘라내어 지름을 계산하라는「구장산술」"구고"장에 실려있는 문제에 이미 나타나 있다.

> 圓田于內截弦矢田一段,弦長十二步,矢闊四步. 問圓田原徑幾何?
>
> 答曰,一十三步.
>
> 輝術曰,半弦自乘爲實,以矢除,而幷矢,卽圓田徑步也. (圖勢同前.)
>
> 草曰,半弦六步,自乘,得三十六步,以矢四步除,得九步,幷矢四步,共十三步,爲圓田徑步.

[61] 돈 모양의 밭(전전)의 넓이가 72보인데, 안쪽 정사각형의 변 한 가운데에서 둘레까지의 거리(면경)가 3보라고만 되어 있으면, 안쪽 정사각형의 한 변은 몇 보인가?

답 : 6보.

풀이법에 따라서 넓이를 4배하고, 면경을 제곱하고. 또 그것을

12로 곱해서, (4배한) 넓이를 뺀 나머지를 실로 삼고 12를 면경에 곱하여 종방으로 삼고, 1을 익우로 삼아서 근을 구하면, 가운데 정사각형의 한 변이 된다.

단계별 계산 제시에 따라서, 전전의 4배를 우물모양의 밭(정전) 3개로 바꾼다. 안쪽 정사각형 3 단위를 빼면, 면경의 정사각형 넓이는 12 단위가 되고, 그러한 정사각형 12 단위의 한 변가 전전의 너비가 되는 것이다. 또 안쪽 정사각형 1 단위를 빼야 하므로, 1을 익우로 삼아서 근을 구한다.

계산법에 따라서, 넓이를 4배하고, 면경 3보를 제곱한 9에 또 12를 곱한 것을 넓이에서 뺀다. 나머지 180보를 실로 삼고, 12로 면경 3보를 곱한 36보를 종방으로 삼으며, 1을 익우로 삼는다. 상상을 6으로 하고, 36을 넓이에 더하면, 합한 넓이는 216이 된다. 종방을 곱하고, 실을 나누면 정수로 딱 맞아떨어지면서 가운데 정사각형의 한 변이 6보가 되어 답이 나온다.

주해 이 문제부터 문제 [63]까지는 모두 동일한 돈 모양의 밭에 관한 것이다. $\pi = 3$이라는 가정 하에서 정사각형의 한 변과 면경을 각각 x, a라고 하면,

$$S + x^2 = 3\left(\frac{x}{2} + a\right)^2$$
$$= 3\left(\frac{x^2}{4} + ax + a^2\right)$$

라는 관계가 성립되고, 이 식을 정돈하면,

$$x^2 - 12ax + 4S - 12a^2 = 0$$

이 되고, 풀이법에 제시된 근을 구하는 과정은 바로 이 식을 지칭하는 것이다. 이 식을 숫자로 치환해서 근을 구하면 다음과 같다.

$$x^2-36x+(4\times72-12\times9)=x^2-36x+180$$
$$=(x-6)(x-30)=0$$

이 때 30은 불합리한 경우(정사각형의 대각선의 길이가 약 21.2132가 되어 원둘레 18을 크게 벗어남)이므로 정사각형의 한 변은 6보로 결정된다. 그러나 계산 자체는 정사각형의 한 변 대신 그것의 반을 x로 놓으면, 분수가 개재되는 것을 피할 수 있어서 훨씬 간단하게 된다는 점을 덧붙이지 않을 수 없다.

$$3(3+x)^2-x^2-72=2x^2+18x-72=0$$
$$x^2+9x-36=(x-3)(x+12)=0$$
$$\therefore x=3$$

錢田積七十二步,只云面徑三步. 問內方幾步?

答曰,六步.

術曰,四因積步,以面徑自乘. 又十二乘之, 用減積,餘爲實. 十二乘面徑,爲從方,一爲益隅. 開平方除之,得內方之數.

演段曰,四因錢田,變井田三段,負內方三段,有面徑方積十二段,又面徑之內方十二段,比錢田,又負內方一段,所以用一爲益隅,開平方.

草曰,四因積步,以面徑三步自乘,得九. 又十二乘,爲減積. 餘一百八十步,爲實. 以十二乘面徑三步,得三十六步,爲從方,一爲益隅. 上商六,益積三十六,共積二百一十六. 命從方,除實盡. 得內方六步,合問.

[62] 돈 모양의 밭의 넓이가 72보인데, 지금 안쪽 정사각형의 한 변이 6보라면 바깥 둘레는 얼마인가?

답 : 36보.

풀이법에 따라서 안쪽 정사각형의 한 변을 제곱하고, 넓이를 더한 다음, 12로 곱하여 나뉨수로 삼는다. 그것의 제곱근을 구하면, 바깥 둘레가 나온다.

단계별 계산 제시에 따라서 안쪽 정사각형의 한 변을 제곱하고, 넓이를 더하면 원전 한 개 전체의 넓이가 되는데, 12로 곱하면, 둘레의 제곱이 되므로 그것의 제곱근을 구하면, 둘레의 보수가 나온다.

계산법에 따라서 안쪽 정사각형의 한 변을 제곱하면, 36보가 되고, 72와 더한 다음 또 12를 곱하면 1,296보가 되는데 제곱근을 구하면 바깥 둘레가 되어 답이 나온다.

錢田積七十二步,只云內方六步. 問外周幾何?

答曰,三十六步.

術曰,內方自乘,并積,以十二乘之,爲實. 開平方除,得外周.

演段曰,內方自乘,并積,變圓田一段,以十二乘者,變周自乘一段,開平方除,出周步.

草曰,內方自乘,得三十六步,并于七十二,又十二乘,得一千二百九十六步,開平方除,得外周,合問.

[63] 돈 모양의 밭의 넓이가 72보인데, 지금 지름이 12보라면 안쪽 정사각형의 한 변은 얼마인가?

답 : 6보.

풀이법에 따라서 넓이를 4로 곱하고 지름 제곱을 3으로 곱한 것을 넓이에서 빼서 나뉨수로 삼는다. 4를 우산으로 삼아서 제곱근을 구하면, 안쪽 정사각형의 한 변이 나온다.

단계별 계산 제시에 따라서 지름의 제곱을 3배하고 4로 나누면, 원형 밭의 넓이가 나온다. 만약 (이것으로부터) 원래의 넓이를 빼면, 곧 정사각형의 실(즉, 넓이)을 알 수 있다. 옛 사람들은 이 풀이법을 졸렬하다고 여겼다. 지름을 제곱하여 3으로 곱한 다음, 4로 나누지를 않고, 넓이를 4배하여 큰 것에서 작은 것을 뺀 나머지가 곧 4개의 안쪽 정사각형 넓이가 된다. 4를 우로 사용하여 제곱근을 구하면, 안쪽 정사각형의 한 변이 나온다.

계산법에 따라서 지름 12를 제곱하여 3을 곱하면, 432가 되고 넓이를 4로 곱한 값 288을 뺀 나머지 144를 나뉨수로 삼는다. 4를 정우로 사용하여 제곱근을 구하면, 안쪽 정사각형의 한 변이 6보가 되어, 답이 나온다.

錢田積七十二步,只云通徑十二步. 問內方幾步?

答曰,六步.

術曰,四因積步,以通徑自乘,三之,減積,餘爲實. 四爲隅算,開平方除,得內方.

演段曰,徑自乘,三之,四而一,爲圓田. 若減本積,則知內方之實. 古人爲法拙,以通徑自乘,三之,不用四除,却以四因積步,以少減多. 餘卽四段內方. 用四爲隅,開平方,卽是內方.

草曰,通徑十二自乘,三之,得四百三十二,以四因積步,二百八十八減之,餘一百四十四. 爲實. 用四爲正隅,開平方除,出內方六步,合問.

속고적기산법
續古摘奇算法

서문(序)

수학은 여섯 가지 학과목(육예) 가운데 하나이다. 이 과목은 과거 황제 때 대부였던 예수에 의하여 개창되어, 주공의 「구장」에 의해서 계승되었고, 삼국시대에는 위의 유휘가 「해도산경」을 저술했으며, 그후 한중 지방(주)의 견란이 「주비산경」과 「오경산술」을 주해하고 당의 이순풍이 여러 학파의 산법을 교정하였다. 예로부터 역대 명현들도 모두 이 학문을 중시하였다. 우리 송조에 들어와서는 과거를 통해 인재를 뽑으면서, 역시 「구장산술」을 산학서들 가운데 으뜸으로 삼고 있다. 저자는 이 책을 높이 평가하여 그것을 상세히 해설하는 데 주의를 기울인 바 있다. 그랬더니 어떤 이는 "초보자를 깨우쳐주는 풀이가 없어서 그들이 고통스러워한다"고 말하기도 한다. 그래서 또 가감승제법을 써서 측정하고 면적을 계산하는 문제들로 「일용산법」이라는 제목의 책을 만들었다. 그러나 배우려는 사람들이 '가감귀배'의 방법이나 대충 아는 정도일 뿐 그것들의 변형을 적용하는 법은 모르므로 마침내 곱셈과 나눗셈을 대체하는(대승대제) 법을 새로 덧붙여서 「승제통변본말」이라는 제목의 책을 냈다. 그러다가 중산 유익 선생이 지은 「의고근원」을 읽게 되었는데, 풀이과정과 면적 연결에 옛날 사람들을 능가하는 입신의 절묘함이 있었다. 어찌 후학들을 위하여 그것을 확장시키고 선양하지 않을 수 있단 말인가? 그래서 엮은 것이 「전무산법」이다. 이 네 묶음의 책들은 모두 이미 출간되었으므로 소원 성취했다는 기분이 들기도 한다. 그런 가운데 어느 날 느닷없이 유벽간과 구허곡이 여러 학파의 산법에 등장하는 기이한 문제들과 오래된 판본의 잊혀진 문헌들을 들고 나타나 책으로 엮어 달라면서 출판하는데 도움이 되겠다고 자

청했다. 그 결과 여러 학파의 기이한 문제들에 대해 첨삭을 가하고 개선을 도모해서 옛날 풀이법과 계산을 계승할 수 있도록 인쇄에 붙였는데, 이 편찬서에는 "속고적기산법"이라는 제목을 붙였으며, 여러분들과 더불어 이 분야에 대한 관심을 나누고자 함이다. 독자들께서 행여 그의 자리를 넘봤다고 비판하지 마시기를 바랄 뿐이다.

덕우로 연호가 바뀐 첫 해의 동짓날인 임진일[77]에 전당의 양휘가 삼가 쓰다.

夫六藝[78]之設數,學居其一焉. 昔黃帝時大夫隸首創此藝,繼得周公著九章,三國則有魏劉徽撰海島,至後周甄鸞注周髀,五經,唐李淳風校正諸家算法. 自昔歷代名賢皆以此藝爲重. 迄于我宋設科取士,亦以九章爲算經之首. 輝所以尊尙此書,留意詳解. 或者有云,無啓蒙之術,初學病之. 又以乘除加減爲法,秤斗尺田爲問,目之曰,日用算法. 而學者粗知加減歸倍之法,而不知變通之用,遂易代乘代除之術,增續新條,目曰乘除通變本末. 及見中山劉先生益撰議古根源,演段鎖積,有超古入神之妙,其可不爲發揚,以裨後學? 遂集爲田畝算法. 通前共刊四集,自謂斯願滿矣. 一日忽有劉碧澗,丘虛谷携諸家算法奇題及舊刊遺忘之文,求成爲集,願助工板刊行. 遂添摭諸家奇題與夫繕本及可以續古法草,總爲一集,目之曰,續古摘奇算法,與好事者共之. 觀者幸勿罪其僭. 歲德祐改元冬至壬辰日,錢塘楊輝謹識.

77) 즉, 1275년 12월 21일.

78) "육예(六藝)"는 고대 동양의 교육에서 중시한 예·악·사·어·서·수(禮樂射御書數)의 여섯 과목을 가리킨다.

속고적기산법 목록(續古摘奇算法 目錄)

전당 양휘 편집(錢塘 楊輝 編集)

상권

7, 8, 9로 나눈 수
11, 12, 13으로 나눈 수
2, 5, 7, 9로 나눈 수
60 갑자를 납음하기
특정 연도내 날짜의 갑자 구하기(적수)
지지로 수 자리 만나기
갑자로 수 자리 만나기
세 딸이 집에 들리다 함께 만나다
한 달 동안 매일 같이 배로 불리다(상승)
한 섬의 부피를 제대로 정하는 법
창고의 저장량을 재는 법(상공)
밭의 넓이를 구하지 않고서도 마침내 무수로 답을 내는 법(승제 12 문제)
강 파기(기간을 정함)
사·견 비단을 함께 사다
사들이는 과일의 정가 구하기(병률제)

하권(19 문제)

같은 조롱에 들어있는 꿩과 토끼
능·라의 감춰진 값 나누기
세 종류의 닭 값 나누기
세 종류의 과일을 사들이는 총액
세 종류의 술 값 나누기(삼분신)
금 부피에 따라 무게 구하기

강을 판 부피 문제

곱셈·나눗셈 대신 변환과 호환을 사용

강에서 그릇을 씻다

병사에게 비단을 지급하다(합분·호환)

정해진 비율로부터 몫의 차이를 구하기(2 문제)

3:7 비율의 차등분배(쇠분)

끈을 잡아당겨 나무를 재다

도둑들이 비단을 훔치다(영부족)

정사각형과 원에 대한 일반론

정수로 딱 맞아떨어지지 않는 수의 제곱근을 구하는 법

그림자를 재서 장대의 길이를 구하다(승제)

막대를 세워 나무를 바라보다(구고 2 문제)

물 건너 나무를 바라보다(해도)

卷上

縱橫圖

河圖數	洛書數	四四圖(二)
五五圖(二)	六六圖(二)	七七圖(二)
六十四圖(二)	九九圖	百子圖
聚五圖	聚六圖	聚八圖
攢九圖	八陣圖	連環圖
翦管術(五問)		
三五七數(二問)	七八九數	
十一十二十三	二五七儿	

六十甲子納音　　求年內日甲(積數)
地支逢宿 甲子逢宿
三女歸盟 倍息一月(相乘)
正解法　　量倉法(商功)
諸田不求積步竟答畝數(乘除十二問)
開河(定月)　　共買紗絹
買果求停(幷率除)

卷下(十九問)

雉兎同籠　　綾羅隱價分身
三鷄折直　　三果共價
三酒分身(三分身)　方金求重
開河問積　　乘除代換幷互換
河上蕩杯　　兵士支絹(合分互換)
定率求差(二問)　三七差分(衰分)
引繩量木　　賊人盜絹(盈不足)
方圓總論　　開方不盡法
度影量竿(乘除)　以表望木(二問句股)
隔水望木(海島)

종횡도(縱橫圖)[79]

하도(河圖)

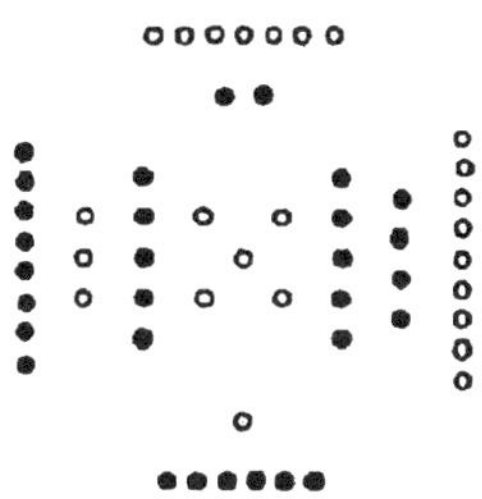

하늘의 숫자(천수(즉, 홀수))는 1, 3, 5, 7, 9이고, 땅의 숫자(지수(즉, 짝수))는 2, 4, 6, 8, 10이며, 그것들의 합계는 55이다.

합계를 구하는 풀이법(구적법)에 따라서, 윗 수와 아래 수를 합하여(합하면 11이 됨) 가장 큰 수(10)로 곱하고(110), 반으로 나눈 값(55)을 하늘과 땅의 숫자(천지지수)로 삼는다.

> 天數一三五七九,地數二四六八十,積五十五.
> 求積法曰,幷上下數(共一十一),以高數(十)乘之,得(百一十),折半(得五十五),爲天地之數.

79) "종횡도(縱橫圖)"에서는 흔히 "마방진(magic square)"이라고 불리는 것을 다루고 있다. 그러나 마방진 자체는 현대중국의 수학용어로는 "환방(幻方)"에 해당하며, 원형으로 된 것은 "환원(幻圓)"이라고 지칭된다. 즉, 종횡도는 환방과 환원 모두를 포괄하는 것이다.

낙수에서 나온 글(洛書)

4	9	2
3	5	7
8	1	6

四	九	二
三	五	七
八	一	六

9개의 숫자들을 비스듬히 배열한 다음, 위아래를 맞바꾸고, 좌우를 서로 고치면, 4개의 기본적인 짝수(사유)가 모퉁이에 나타난다.

1을 신고 9를 머리에 이고, 2와 4를 어깨로 삼으며, 3은 왼쪽, 7은 오른쪽에 놓고, 6과 8을 발로 삼는다.

주해 북아프리카의 톨바(tolba)라는 주술사들이 사용하는 커츠(kherz)라는 이름의 부적은 숫자로 옮기면 다음과 같은 마방진이 된다.

21	26	19
20	22	24
25	18	23

이 마방진의 가로, 세로, 대각선의 합은 모두 66으로서, 66은 바로 알라(Allah)신의 이름이 가리키는 숫자이다(Ifrah(2000 : 262)를 참조.). 그런데 이것의 각 칸의 숫자에서 17씩 빼면, 정확하게 낙서의 3차 마방진과 일치한다는 점은 주목할 만하다.

九子斜排[80],上下對易,左右相更,四維挺出.
載一履九,二四爲肩,左三右七,六八爲足.

화십육도(가로 세로의 합이 34임)(花十六圖[81](縱橫三十四))

3	10	6	15
13	8	12	1
16	5	9	4
2	11	7	14

음도(합계가 136임)(陰圖(積一百三十六))

16	2	3	13
5	11	10	8
9	7	6	12
4	14	15	1

80) 그림에서 보듯이, 3개씩 층이 지게 적어 전체적으로 마름모꼴이 되게끔 한다.
81) "화십육도(花十六圖)"를 지역하면 꽃 16송이의 그림이라는 뜻이며, 이와 같은 4차 마방진(fourth-order magic square)을 현대중국의 수학용어로는 "사계환방(四階幻方)"이라고 한다(吳文俊(2000: 624-625)을 참조.).

오른쪽에 제시된 환역술에 따라서 16개의 숫자들을 순서대로 네 행으로 배열한다. 먼저, 바깥쪽 네 모서리(외사각)의 숫자들을 서로 맞바꾼다(1을 16과, 그리고 4를 13과 바꿈). 다음에는 안쪽 네 모서리(내사각)의 숫자들을 서로 맞바꾼다(6을 11과 그리고 7을 10과 바꿈). 가로, 세로, 대각선 합은 모두 34이다. 맞바꾸는 것이 끝나면 작은 숫자들에게는 보탬이 된다. 이는 또한 일반적인 풀이법이기도 하다.

右換易術曰,以十六子依次第作四行排列. 先以外四角對換(一換十六,四換十三). 復以內四角對換(六換十一,七換十). 橫直上下斜訛,皆三十四數. 對換止可施之于小. 又總術.

1	2	3	4
5	6	7	8
9	10	11	12
13	14	15	16

12	5	16	1
11	6	15	2
10	7	14	3
9	8	13	4

합계를 구하는 풀이법(구적술)에 따라서 윗 수와 아래 수를 합하고(위의 1과 아래의 16을 합하면 17이 됨), 가장 큰 수(16)를 곱하여 반으로 나눈 값(136)을 행의 수(4)로 나누면, 매행의 난외 합계(종횡지수 34)가 나온다.

합계를 같게 하는 풀이법(구등술)에 따라서 두 행(1, 2, 3, 4, 5,

6, 7, 8, 9, 10, 11, 12, 13, 14, 15, 16)을 칸수로 나누면, 두 칸이 서로 같아질 것이다(17). 또한 네 행으로 나누어, 가로줄의 합계를 먼저 같게 하고(34), 그 다음에는 그 값을 바꾸지 않고, 세로줄의 숫자들을 배열하여 모두 원래 한 행의 합계로 구했던 34와 같게 한 다음, 그친다. 일단 원리가 정해졌으면, 숫자를 얻지 못하면 어쩌나 하고 걱정할 필요는 없을 것이다.

求積術曰,幷上下數(上一下十六,共十七),以高數(十六)乘之,折半得(一百三十六),以行數(四)除之,得每行縱橫之數(二十四).
求等術曰,以子數分兩行(一二三四五六七八九十十一十二十三十四十五十六),而二子皆等(十七). 又分爲四行,而橫行先等(三十四),乃不易之數,却以此數編排直行之數,使皆如原求一行之積三十四而止. 繩墨卽定,則不患數之不及也.

주해 화십육도에서 시작하여 10차 마방진까지의 양휘의 설명 방식을 보면, n차 마방진의 대표적 해를 제시하고는 어김없이 음도를 덧붙이는 것으로 나타난다. 그러나 음도가 정확히 무엇을 뜻하는지, 또한 음도 바로 앞에 제시된 것은 그렇다면 양도일텐데, 양도와 음도와의 관계가 과연 무엇인지 등에 관해서는 전혀 암시가 주어져 있지 않다. 다만, 화십육도의 음도는 조금만 유심히 살펴보기만 해도, 양도의 1, 2행과 3, 4행을 서로 맞바꾼 다음, 전치시킨 것임이 이내 드러난다. 이것으로 미루어 짐작컨대, 양도의 1, 2열과 3, 4열을 서로 맞바꾸어도 음도가 되지 말라는 법은 아마도 없을 것이다.

한편, 구적술에서 "윗 수와 아래 수를 합하고, 가장 큰 수를 곱하여 반으로 나눈 값을 행의 수로 나누면, 매행의 난외 합계가 나온다"라고 한 것은, 일반적으로 n차 마방진을 생각해 볼 때, 가장 큰 수가 n^2이므로, 전체 합계 S가

$$S=\frac{n^2(1+n^2)}{2}$$

이며, 따라서 개별 행이나 열의 난외 합계가

$$\frac{n^2(1+n^2)}{2n}=\frac{n(1+n^2)}{2}$$

이라는 것을 가리킨다.

참고로 이하에 등장하는 백자도의 구성 과정에 비추어서 행과 열의 합계가 34인 4×4 마방진을 구해 보면 다음과 같다.

(1) 먼저, 1에서 16까지의 자연수를 4×4 교차표--즉, 4행, 4열로 이루어진--의 오른쪽 모퉁이 칸으로부터 첫째 열을 따라 진행하다가 마지막 칸에서 다음 둘째 열로 넘어가고, 이번에는 그 줄의 마지막 칸으로부터 첫째 칸까지 진행하다가, 셋째 열의 첫째 칸으로 넘어가는 등의 사행(蛇行, meander)을 계속하면서 끝까지 채워나가도록 한다. 이런 식으로 숫자들을 배열하면, 그 결과는 다음과 같을 것이며, 각 행의 합은 모두 34가 된다.

				Σ
16	9	8	1	34
15	10	7	2	34
14	11	6	3	34
13	12	5	4	34
Σ 58	42	26	10	136

(2) 다음에는, 첫째 행과 넷째 행의 첫째 열과 넷째 열, 둘째 열과 셋째 열의 원소들을 맞바꿔서 다음과 같이 배치한다.

				Σ
1	8	9	16	34
15	10	7	2	34
3	6	11	14	34
13	12	5	4	34
Σ 32	36	32	36	136

(3) j를 1에서 2까지의 자연수라고 할 때, $2*j-1$번째 열과 $2*j$번째 열의 숫자들간의 차이는 첫 행에서 4번째 행까지 7, -5, 3, -1의 순서로 나타난다. 이 차이들의 결합이 2가 되는 경우는

$$3 - 1 = 2$$

라는 식이 가리키는 경우이다.

					Σ
	1	8	9	16	34
	15	10	7	2	34
	14	11	6	3	34
	4	5	12	13	34
Σ	34	34	34	34	136

그러나 이 때 좌상단과 우하단을 잇는 대각선의 합은 30, 그리고 우상단과 좌하단을 잇는 대각선의 합은 38로 각각 나타나는 것을 볼 수 있다. 그런데 동시에, 이 마방진과 화십육도 사이의 유사성도 확연히 드러난다. 그것은 다음의 (4)-(6)에서 알 수 있듯이 화십육도의 양도가 기본적으로 이 마방진의 3, 4행과 1, 2행의 위치를 바꾸고, 바뀌어진 2열과 3열의 위치를 맞바꾸고, 2열과 4열은 첫째 행과 넷째 행, 둘째 행과 셋째 행의 원소들을 맞바꿔서 재배치한 것에 불과하기 때문이다.

(4)

					Σ
	14	11	6	3	34
	4	5	12	13	34
	1	8	9	16	34
	15	10	7	2	34
Σ	34	34	34	34	136

(5)

					Σ
	14	6	11	3	34
	4	12	5	13	34
	1	9	8	16	34
	15	7	10	2	34
Σ	34	34	34	34	136

(6)

					Σ
	14	7	11	2	34
	4	9	5	16	34
	1	12	8	13	34
	15	6	10	3	34
Σ	34	34	34	34	136

르네상스시대의 독일화가 뒤러(Albrecht Dürer)가 제작한 동판화 "우울의 여신(Melencoliah)" 속에는 서양 최초의 마방진이 등장하는데, 사실상 화십육도의 음도 가운데 2, 3열을 서로 맞바꾼 형태라는 것을 알 수 있다.

오오도(가로 세로의 합이 65임)(五五圖[82])(縱橫六十五))

21	11	2	6	25
4	18	9	12	22
16	7	13	19	10
23	14	17	8	3
1	15	24	20	5

82) "오오도(五五圖)"는 5차 마방진을 가리키며, 현대중국의 수학용어로는 "오계환방(五階幻方)"이라고 불린다(吳文俊(2000 : 625-627)을 참조.).

음도(전체 합계가 525임)(陰圖(積五百二十五))

10	20	31	14	30
23	26	17	24	15
33	13	21	29	9
27	18	25	16	19
12	28	11	22	32

계산법에 따라서 윗 수와 아래 수를 합하고(위의 1과 아래의 25를 합하면 26이 됨), 가장 큰 수(16)로 곱하여 반으로 나눈 값(325)을 5행으로 나누면, 곧 매행의 난외 합계(일변시수, 65)가 나온다.

草曰,幷上下數(上一下二十五,共二十六),以高數(二十五)乘之,折半得積(三百二十五),以五行除之,卽一面之數(六十五).

육육도(가로 세로의 합이 111임)(六六圖[83](縱橫一百一十一))

20	2	25	7	24	33
11	29	16	34	15	6
27	9	23	32	19	1
18	36	14	5	10	28
22	4	21	3	26	35
13	31	12	30	17	8

83) '육육도'는 6차 마방진을 가리키며, 중국의 현대수학용어로는 육계환방(六階幻方)이라고 불린다(吳文俊(2000: 628-629)을 참조.).

음도(전체 합계가 666임)(陰圖(共積六百六十六))

2	20	7	34	15	33
29	11	25	16	6	24
27	9	32	14	28	1
36	18	23	5	19	10
13	31	21	12	26	8
4	22	3	30	17	35

주해 육육도의 양도·음도는 행과 열의 합계뿐만 아니라 대각선의 합계도 111인 경우를 나타낸다. 참고로 이하에 등장하는 백자도의 구성 과정에 비추어서 행과 열의 합계가 111인 6차 마방진을 구해 보면 다음과 같다.

(1) 먼저, 1에서 36까지의 자연수를 6×6 교차표의 오른쪽 모퉁이 칸으로부터 첫째 열을 따라 진행하다가 마지막 칸에서 다음 둘째 열로 넘어가고, 이번에는 그 줄의 마지막 칸으로부터 첫째 칸까지 진행하다가, 셋째 열의 첫째 칸으로 넘어가는 등의 사행을 계속하면서 끝까지 채워나가도록 한다. 이런 식으로 숫자들을 배열하면, 그 결과는 다음과 같을 것이며, 각 행의 합은 모두 111이 된다.

						Σ
36	25	24	13	12	1	111
35	26	23	14	11	2	111
34	27	22	15	10	3	111
33	28	21	16	9	4	111
32	29	20	17	8	5	111
31	30	19	18	7	6	111
Σ 201	165	129	93	57	21	666

(2) 다음에는 홀수 행 가운데 첫째 열과 6번째 열, 둘째 열과 5번째 열, 셋째 열과 4번째 열의 원소들을 맞바꿔서 다음과 같이 배치한다.

						Σ
1	12	13	24	25	36	111
35	26	23	14	11	2	111
3	10	15	22	27	34	111
33	28	21	16	9	4	111
5	8	17	20	29	32	111
31	30	19	18	7	6	111
Σ 108	114	108	114	108	114	666

(3) j를 1에서 3까지의 자연수라고 할 때, $2*j-1$번째 열과 $2*j$번째 열의 숫자들간의 차이는 첫 행에서 6번째 행까지 11, -9. 7, -5, 3, -1의 순서로 나타난다. 이 차이들의 결합이 3이 되는 경우는

$$11 - 9 + 7 - 5 - 1 = 3$$

라는 식이 가리키는 경우이다. 그러나 이 때 좌상단과 우하단을 잇는 대각선의 합은 126, 그리고 우상단과 좌하단을 잇는 대각선의 합은 96으로 각각 나타날 뿐이다.

							Σ
	12	1	24	13	36	25	111
	26	35	14	23	2	11	111
	10	3	22	15	34	27	111
	28	33	16	21	4	9	111
	5	8	17	20	29	32	111
	30	31	18	19	6	7	111
Σ	111	111	111	111	111	111	666

연수도(가로 세로의 합이 175임)(衍數圖(縱橫百七十五))

49	2	6	22	45	47	4
7	41	38	24	13	10	42
29	18	19	39	17	32	21
20	36	23	25	27	14	30
16	35	33	11	31	15	34
8	40	12	26	37	9	43
46	3	44	28	5	48	1

음도(전체 합계가 1,225임)(陰圖(共積一千二百二十五))

2	30	32	47	12	6	46
21	15	22	37	31	42	7
16	36	27	45	24	17	10
49	9	11	25	39	41	1
40	33	26	5	23	14	34
43	8	19	13	28	35	29
4	44	38	3	18	20	48

역수도(가로 세로의 합이 260임)(易數圖(縱橫二百六十))

61	4	3	62	2	63	64	1
52	13	14	51	15	50	49	16
45	20	19	46	18	47	48	17
36	29	30	35	31	34	33	32
5	60	59	6	58	7	8	57
12	53	54	11	55	10	9	56
21	44	43	22	42	23	24	41
28	37	38	27	39	26	25	40

음도(전체 합계가 2,080임)(陰圖(共積二千八十))

61	4	3	62	2	63	64	1
52	13	14	51	15	50	49	16
45	20	19	46	18	47	48	17
36	29	30	35	31	34	33	32
5	60	59	6	58	7	8	57
12	53	54	11	55	10	9	56
21	44	43	22	42	23	24	41
28	37	38	27	39	26	25	40

구구도(가로 세로의 합이 369이며, 총 합계는 3,321임)(九九圖(縱橫三百六十九,共積三千三百二十一))

11	74	29	18	81	33	13	76	31
56	38	20	63	45	27	58	40	22
47	2	64	54	9	72	49	4	67
16	79	34	14	77	32	12	75	30
61	42	26	59	41	23	57	39	21
52	7	70	50	5	68	48	3	66
15	78	33	10	73	28	17	80	35
60	42	24	55	37	19	62	44	26
51	6	69	46	1	64	53	8	71

백자도(가로 세로의 합이 505이며, 전체 합계가 5,050임)(百子圖[84])(縱橫五百五,共積五千五十))

100	81	80	61	60	41	40	21	20	1
2	19	22	39	42	59	62	79	82	99
98	83	78	63	58	43	38	23	18	3
4	17	24	37	44	57	64	77	84	97
96	85	76	65	56	45	36	25	16	5
6	15	26	35	46	55	66	75	86	95
87	94	67	74	47	54	27	34	7	14
13	8	33	28	53	43	73	68	93	88
89	92	69	72	49	52	29	32	9	12
10	11	30	31	50	51	70	71	90	91

주해 백자도의 구성 과정을 吳文俊(2000 : 637-639)은 다음과 같이 제시하고 있다.

(1) 먼저, 1에서 100까지의 자연수를 10×10 교차표의 오른쪽 모퉁이 칸으로부터 첫째 열을 따라 진행하다가 마지막 칸에서 다음 둘째 열로 넘어가고, 이번에는 그 줄의 마지막 칸으로부터 첫째 칸까지 진행하다가, 셋째 열의 첫째 칸으로 넘어가는 등의 사행을 계속하면서 끝까지 채워나가도록 한다. 이런 식으로 숫자들을 배열하면, 그 결과는 다음과 같을 것이며 각 행의 합은 모두 505가 된다.

84) '백자도'는 중국의 현대수학용어로는 십계환방(十階幻方)이라고 불린다(吳文俊(2000: 637)을 참조.).

										Σ
	100	81	80	61	60	41	40	21	20	1	505
	99	82	79	62	59	42	39	22	19	2	505
	98	83	78	63	58	43	38	23	18	3	505
	97	84	77	64	57	44	37	24	17	4	505
	96	85	76	65	56	45	36	25	16	5	505
	95	86	75	66	55	46	35	26	15	6	505
	94	87	74	67	54	47	34	27	14	7	505
	93	88	73	68	53	48	33	28	13	8	505
	92	89	72	69	52	49	32	29	12	9	505
	91	90	71	70	51	50	31	30	11	10	505
Σ	955	855	755	655	555	455	355	255	155	55	5050

(2) 다음에는, 홀수 행 가운데 첫째 열과 10번째 열, 둘째 열과 9번째 열, 셋째 열과 8번째 열, 넷째 열과 7번째 열, 다섯째 열과 6번째 열의 원소들을 맞바꿔서 다음과 같이 배치한다.

											Σ
	1	20	21	40	41	60	61	80	81	100	505
	99	82	79	62	59	42	39	22	19	2	505
	3	18	23	28	43	58	63	78	83	98	505
	97	84	77	64	57	44	37	24	17	4	505
	5	16	25	36	45	56	65	78	85	96	505
	95	86	75	66	55	46	35	26	15	6	505
	7	14	27	34	47	54	67	74	87	94	505
	93	88	73	68	53	48	33	28	13	8	505
	9	12	29	32	49	52	69	72	89	92	505
	91	90	71	70	51	50	31	30	11	10	505
Σ	500	510	500	510	500	510	500	510	500	510	5050

(3) j를 1에서 5까지의 자연수라고 할 때, $2*j-1$번째 열과 $2*j$번째 열의 숫자들간의 차이는 첫 행에서 10번째 행까지 19, -17. 15, -13, 11, -9, 7, -5, 3, -1의 순서로 나타난다. 이 차이들의 결합이 5가 되는 경우는

19-17+3=19-13-1=-17+15+7=15-13+3=15-9-1=-13+11+7=11-9+3=11-5-1=7-5+3=5

라는 식에서 볼 수 있듯이 여러 가지가 있을 수 있으며, 양휘가 제시한 답은 이 중에서도 바로 7-5+3으로 처리한 하나의 경우에 해당한다는 것을 알 수 있다.

취오도(聚五圖)

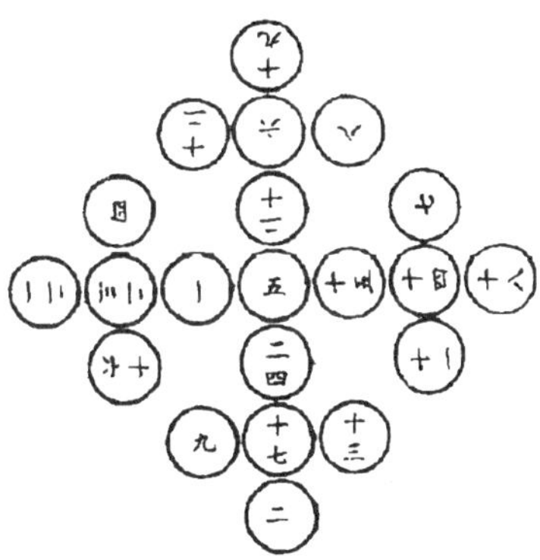

21개의 숫자가 25개의 숫자를 쓸 수 있게 한다.

二十一子作二十五子用.

취육도(聚六圖)

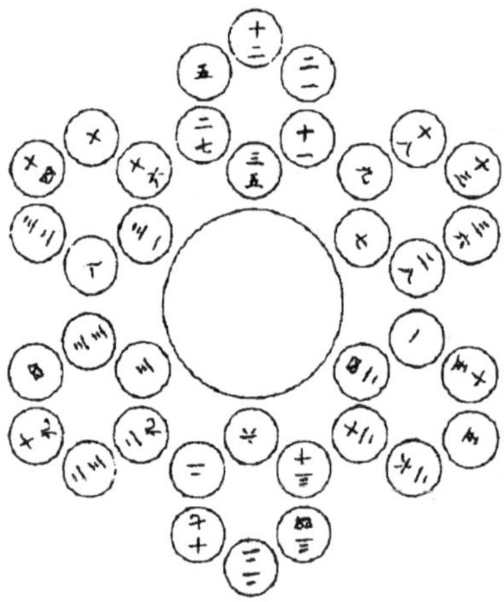

6개의 숫자들로 둘러쳐진 것들의 합은 각각 111이다.

六子回環,各一百一十一.

취팔도(聚八圖)

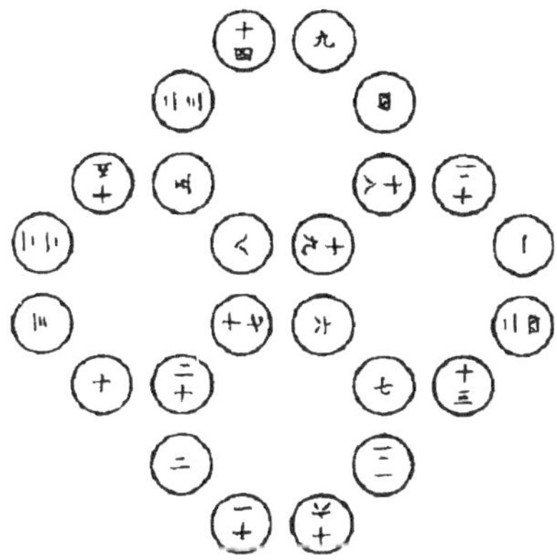

24개의 숫자가 32개의 숫자를 쓸 수 있게 한다.

二十四子作三十二子用.

찬구도(攢九圖)

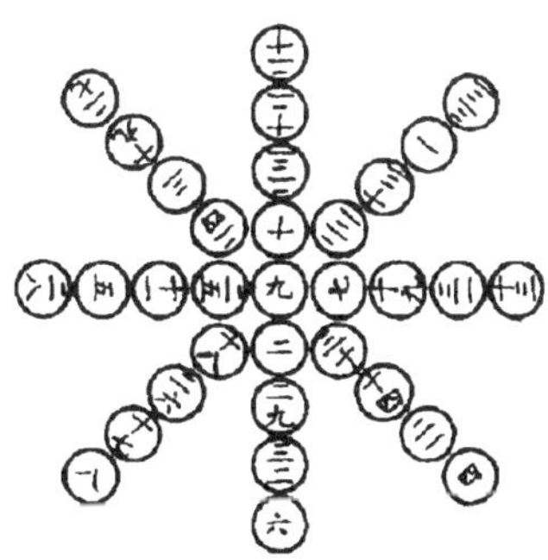

대각선과 둘레의 합이 각각 147이다.

斜直周圍各一百四十七.

팔진도(八陣圖)

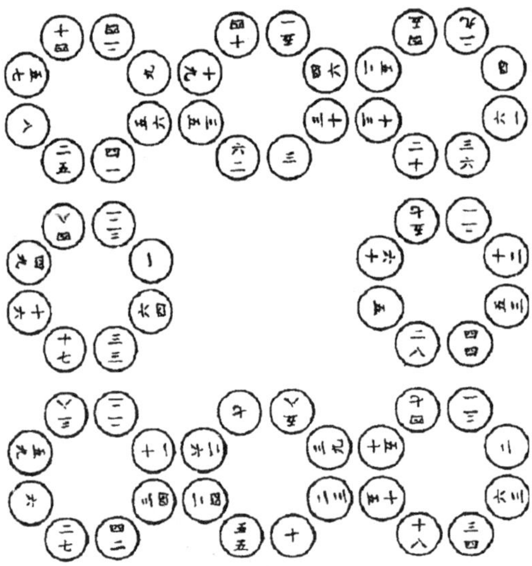

8·8=64개의 숫자의 전체 합계는 2,080이다. 8개의 숫자를 한 무리로 치면, 가로 세로의 합은 260이다. 큰 수가 작은 수를 보충하므로 강약이 고르지 않은 수가 없고, 균등함을 나타내면서 치우침이 없다.

八八六十四子總積二千八十. 以八子爲一隊,縱橫二百六十. 以大輔小而無强弱不齊之數,示均而無偏也.

연환도(連環圖)

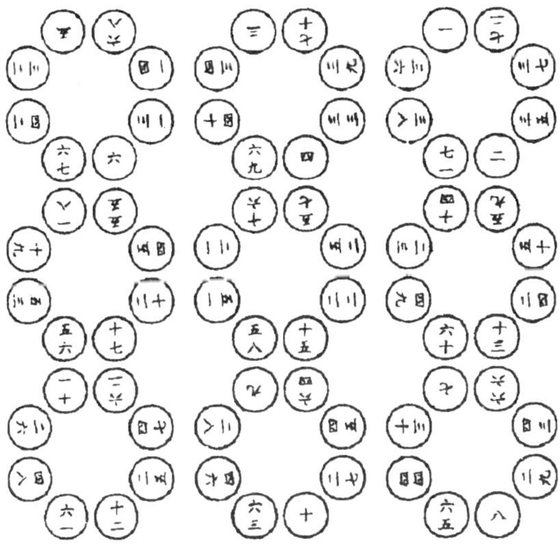

72개의 숫자 전체의 합계는 2,628이며, 8개씩으로 이루어진 무리의 합계는 가로 세로로 각각 292이다. 많은 것과 모자라는 것이 서로 합쳐지고, 인접한 벽이 서로 겹쳐져서, 9개의 집단이 13개의 집단이 되었으니, 여기서 운용의 원리가 드러날 것이다.

七十二子總積二千六百二十八,以八子爲一隊,縱橫各二百九十二. 多寡相資,隣壁相兼,以九隊化一十三隊,此見運用之道.

[1] 물건의 전체 수량을 모르는데, 지금 3으로 나누면 2가 남고, 5로 나누면 3이 남고, 7로 나누면 2가 남는다면, 원래의 전체 수량은 얼마인가?(출처 : 「손자산경」)

답 : 23.

해제(속칭 '진나라 왕의 비밀스러운 병력 점호법(진왕암점병),' 또는 '반복사격술(복사지술)'이라고 함. 만약 105가 넘으면 반드시 문제에 명시되어야 함.)

관을 자르는 방법(전관술)에 따라서 3으로 나누면 1이 남는 것에 대해서는 70을 놓는데, 문제에서의 나머지가 2이므로 140을 놓고, 5로 나누면 1이 남는 것에 대해서는 21을 놓는데, 문제에서의 나머지가 3이므로, 63을 놓고, 7로 나누면 1이 남는 것에 대해서는 15를 놓는데, 문제에서의 나머지가 2이므로, 30을 놓는다. 셋을 더하면 233이고, 105의 최대배수(highest common factor)인 2×105를 빼면, 나머지가 23으로서 답의 숫자가 된다.

주해 원래 「손자산경」에 등장하는 이 문제는 '중국의 나머지 문제' 또는 '중국의 나머지 정리(Chinese Remainder Theorem)'의 효시가 된 것으로 유명하다. 문제에서 "3으로 나누면 2가 남고, 5로 나누면 3이 남고, 7로 나누면 2가 남는다"는 것은 현대적인 표기법을

쓴다면,

$$x \equiv 2 \pmod{3} \equiv 3 \pmod{5} \equiv 2 \pmod{7}$$

로 표시될 수 있다. 이 문제의 답은 '전관술'이라는 풀이법에 따라

$$\begin{aligned} &70\times2+21\times3+15\times2-210 \\ &\quad=(140+63+30)-210=233-210=23 \end{aligned}$$

이라는 계산을 통해서 도출되고 있는데 21이나 15를 보면, 각각 3과 7, 3과 5의 최소공배수로서 그 순서대로 5와 7로 나눴을 때, 나머지가 1이 되게 하는 가장 작은 수들이며 각각 3배와 2배 한 것은 나눗수를 제외한 두 숫자들의 영향을 통제하려고 한 것임을 알 수 있다. 그런데 이렇게 볼 때, 계산 가운데 발견되는 70이라는 숫자는 결코 원리에 충실한 선택이었다고 볼 수가 없다. 왜냐하면 애당초 그것 대신에 5와 7의 최소공배수인 35를 선택했더라면 그 자체로서 3으로 나누어 2가 남는 숫자이기 때문에 굳이 70의 2배인 140까지 고려해야 할 필요가 생기지 않기 때문이다. 즉, 보다 엄밀한 계산은

$$\begin{aligned} &35+21\times3+15\times2-105=(35+63+30)-105 \\ &\quad=128-105=23 \end{aligned}$$

이라고 했어야 됐다는 얘기다. 따라서 이 문제에 대한 원래의 풀이법을 소개하는 맥락에서 그것이 "완벽하게 정확한 규칙에 의해서 서술되었다"고 추켜세운 마츠로프(Martzloff, 1987 : 310)의 말은 다소 도를 넘어선 칭송으로서 적절히 새겨들어야 할 것이다.

한편, 23이 문제의 조건을 일반적 수준에서 충족시키는 다시 말

해서,

$$x = 23 + 105m \text{ (단, } m \geq 0\text{인 정수)}$$

으로 표시되는 일련의 정수들 가운데 가장 작은 수라는 점에 유념한다면, 우리는 문제가 바로 그와 같은 최소값을 찾는 것임을 어렵지 않게 확인하게 된다.

이런 종류의 부정방정식 문제들을 푸는 방법은 원래 대연술(the superfluous art)로 불리다가 나중에 대연구일술(the superfluous art of seeking unity)로 알려지게 되었다(Lam(1977: 323)을 참조.).

物不知總數,只云三三數之剩二,五五數之剩三,七七數之剩二,問本總數幾何(「孫子」)?

答曰,二十三.

解題(俗名秦王暗點兵,尤覆射之術. 或過一百五數,須于題內云知.)

翦管術曰,三數剩一下七十,題內剩二下百四十,五數剩一下二十一,題內剩三下六十三,七數剩一下十五,題內剩二下三十. 三位并之,得二百三十三,滿一百五數去之(減兩箇一百五),餘二十三,爲答數.

[2] 공인들을 얼마나 쓰고 있는지 모른 채, 임금을 지급하고 보니 다음과 같은 차이가 났다. 세 사람마다 고기 1근을 지급하니, 5냥 8수가 남고(즉, 3으로 나누면, 2가 남음), 다섯 사람마다 돈 1관을 지급하니, 400문이 남고(즉, 5로 나누면, 3이 남음), 일곱 사람마다 술 1철을 지급하였다(1철=10당)(즉, 7로 나누면, 나머지가 없음). 공인

들의 총수와 지급된 것 각각은 얼마인가?

답 : 98명, 돈 19관 600문, 술 14철, 고기 32근 10냥 16수.

계산법에 따라서 3으로 나누면, 2가 남으니, 140을 적고, 5로 나누면, 3이 남으니, 63을 적고, 7로 나누면, 나머지가 없으니, 적지 않는다. 더하면, 203이 되는데, 105를 빼면, 98 공인이 남는다. 200을 공인수에 곱하여 전수로 삼고, 공인수를 7로 나누어 술의 양으로 삼고, 3으로 나누어 고기의 양으로 삼는다.

用工不知其數,差人支犒[85]. 每三人支肉一斤,剩零五兩八銖(乃三數剩二),每五人支錢一貫,剩零四百(是五數剩三),每七人支酒一掇,(拾撞成掇)(是七數無剩). 問總工,所支各幾何?

答曰,九十八人,錢一十九貫六百,酒十四掇,肉三十二斤一十兩十六銖.

草曰,三剩二,下百四十,五剩三,下六十三,七無剩,不下. 并之得二百三,減一百五,餘九十八上. 以二百乘工數爲錢,七除工數爲酒,三除爲肉.

[3] 7로 나누면 1이 남고, 8로 나누면 2가 남고, 9로 나누면 3이 남는다면, 원래의 전체 수량은 얼마인가?

답 : 498.

풀이법에 따라서, 7로 나누면 1이 남는 것에 대해서는 288을 놓는데, 문제에서의 나머지가 1이고, 8로 나누면 1이 남는 것에 대해서는 441을 놓는데, 문제에서의 나머지가 2이므로, 882를 놓고, 9로 나누면 1이 남는 것에 대해서는 280을 놓는데, 문제에서의 나머지가

85) "호"는 원래 군사에게 지급되던, 즉, 호궤(犒饋)하던 음식을 가리킨다.

3이므로, 840을 놓는다. 이것들을 더하면 2,010이고, 504의 최대배수 (3×504)를 빼면, 나머지가 498로서 답이 된다.

주해 문제에서 말하는 잉여조건들은 현대적인 표기법을 사용하면,

$$x \equiv 1 \pmod{7} \equiv 2 \pmod{8} \equiv 3 \pmod{9}$$

로 표시된다. 풀이법에 따르면 x는

$$\begin{aligned} &288 + 2\times441 + 15\times2 - 3\times504 \\ &\quad = (288 + 882 + 840) - 1512 = 2010 = 498 \end{aligned}$$

이라는 계산을 통해서 도출되고 있는데, 보다 엄밀하게는

$$\begin{aligned} &4(8\times9) + 6(7\times9) + 15(7\times8) - 2(7\times8\times9) \\ &\quad = (288 + 378 + 840) - 1008 = 1506 - 1008 = 498 \end{aligned}$$

이라야 했다. 즉, 882 대신 378, 그리고 1,512 대신 1,008을 사용했어야 됐다는 얘기다.

七數剩一,八數剩二,九數剩三,問本總數幾何?
答曰,四百九十八.
術曰,七餘一,下二百八十八,題內餘一,八餘一,下四百四十一,題內餘二,下八百八十二,九餘一,下二百八十,題內餘三,下八百四十. 幷之二千一十,滿五百四去之(去三箇五百四),餘四百九十八,合問.

[4] 11로 나누면 3이 남고, 12로 나누면 2가 남고, 13로 나누면 1이 남는다면, 원래의 전체 수량은 얼마인가?

답 : 14.

풀이법에 따라서 7로 나누면 1이 남는 것에 대해서는 288을 놓는데, 문제에서의 나머지가 1이고, 8로 나누면 1이 남는 것에 대해서는 441을 놓는데, 문제에서의 나머지가 2이므로 882를 놓고, 9로 나누면 1이 남는 것에 대해서는 280을 놓는데, 문제에서의 나머지가 3이므로, 840을 놓는다. 이것들을 더하면 2,010이고, 504의 최대배수 (3×504)를 빼면, 나머지가 498로서 답이 된다.

주해 문제에서 말하는 잉여조건들은 현대적인 표기법을 사용하면,

$$x \equiv 3 \pmod{11} \equiv 2 \pmod{12} \equiv 1 \pmod{13}$$

로 표시된다. 풀이법에 따르면 x는

$$\begin{aligned} &3 \times 936 + 2 \times 1573 + 924 - 4 \times 1716 \\ &\quad = (2808 + 3146 + 924) - 6864 = 6878 - 6864 = 14 \end{aligned}$$

이라는 계산을 통해서 도출되고 있는데 보다 엄밀하게는

$$\begin{aligned} &18(12 \times 13) + 10(11 \times 13) + 7(11 \times 12) - 3(11 \times 12 \times 13) \\ &\quad = (2808 + 1430 + 924) - 5148 = 5162 - 5148 = 14 \end{aligned}$$

이라야 했다. 즉, 3,146 대신 1,430, 그리고 6,864 대신 5,148을 사용했어야 됐던 것이다.

十一數餘三,十二數餘二,十三數餘一. 問原總數幾何?
答曰,一十四.
術曰,十一餘一,下九百三十六,題內餘三,下二千八百八,十二餘一,下一千五百七十三,題內餘二,下三千一百四十六,十三餘一,下九百二十四,題內餘一,下九百二十四. 并之(六千八百七十八). 滿總法一千七百一十六,去之(去四箇一千七百一十六),餘一十四,合問.

[5] 2로 나누면 1이 남고, 5로 나누면 2가 남고, 7로 나누면 3이 남으며 9로 나누면 4가 남는다면 원래의 전체 수량은 얼마인가?
답 : 157.

풀이법에 따라서 2로 나누면 1이 남는 것에 대해서는 315를 놓는데 문제에서의 나머지가 1이므로 315를 놓고, 5로 나누면 1이 남는 것에 대해서는 126을 놓는데, 문제에서의 나머지가 2이므로 252를 놓고, 7로 나누면 1이 남는 것에 대해서는 540을 놓는데, 문제에서의 나머지가 3이므로 1,620을 놓고, 9로 나누면 1이 남는 것에 대해서는 280을 놓는데 문제에서의 나머지가 4이므로, 1,120을 놓는다. 이것들을 더하고(3,307), 630의 최대배수(5×630)를 빼면, 나머지가 157로서 답의 숫자가 되며 답이 된다.

주해 문제에서 말하는 잉여조건들은 현대적인 표기법을 사용하면,

$$x \equiv 1 \pmod{2} \equiv 2 \pmod{5} \equiv 3 \pmod{7} \equiv 4 \pmod{9}$$

로 표시된다. 풀이법에 따르면 x는

$$315+2\times126+3\times540+4\times280-5\times630$$
$$=(315+252+1620+1120)-3150=3307-3150=157$$

이라는 계산을 통해서 도출되고 있는데 보다 엄밀하게는

$$(5\times7\times9)+2(2\times7\times9)+4(2\times5\times9)+7(2\times5\times7)-2(2\times5\times7\times9)$$
$$=(315+252+360+490)-2\times630=1417-1260=157$$

이라야 했다. 즉, 1,620 대신 360, 1120 대신 490, 그리고 3,150 대신 1,260을 사용했어야 됐던 것이다.

二數餘一,五數餘二,七數餘三,九數餘四. 問原總數幾何?
答曰,一百五十七.
術曰,二數餘一,下三百一十五,題內餘一,三百一十五,五數餘一,下一百二十六,題內餘二,下二百五十二,七數餘一,下五百四十,題內餘三,下一千六百二十,九數餘一,下二百八十,題內餘四,下一千百二十. 幷之(三千三百零七). 滿總法六百三十,去之(去五箇六百三十),餘一百五十七爲答數,合問.

60 갑자를 납음하는 법의 예(六十甲子納音[86]起例)

갑사, 자오는 9를 적용하고, 합계 숫자를 5로 나눈 나머지는 납음

86) "납음(納音)"은 60갑자를 5음에 맞춰 배열하는 방법을 가리킨다.

을 나타내도록 한다. 무릇 금과 목은 스스로 소리를 낼 수 있는데, 목은 3, 금은 4를 밑수로 적용한다. 수가 토를 만나면 소리가 나고, 화가 수를 만나면 소리가 나며, 토가 화를 만나면 단련이 되므로 소리가 난다. 따라서 화는 수수 1을 쓰고, 수는 토수 5를 쓰고 토는 화수 2를 써서 음을 삼는다.

갑(9)무(5)을(8)해(4) (화) 도합 26(25를 물린 나머지가 1이니, 수를 빌려서 음을 삼는다.)
병(7)자(9)정(6)축(8) (수) 도합 30(25를 물린 나머지가 5이니, 토를 빌려서 음을 삼는다.)
무(5)인(7)기(9)묘(6) (토) 도합 27(25를 물린 나머지가 2이니, 화를 빌려서 음을 삼는다.)
경(8)진(5)신(7)사(4) (금) 도합 24(20을 물린 나머지가 4이니, 제 소리가 된다.)
임(6)오(9)계(5)미(8) (목) 도합 28(25를 물린 나머지가 3이니, 제 소리가 된다.)

用甲巳子午九,積成之數,滿五去之,以零數而命納音. 凡金木自有聲,用木三金四本數,水遇土而有聲,火遇水而有聲,土遇火煅則有聲. 故火用水數一,水用土數五,土用火數二爲音也.

甲(九)戊(五)乙(八)亥(四) ㊋ 共二十六(退二十五餘一,借水數爲音.)
丙(七)子(九)丁(六)丑(八) ㊌ 共三十(退二十五餘五,借土數爲音.)
戊(五)寅(七)己(九)卯(六) ㊏ 共二十七(退二十五餘二,借火數爲音.)
庚(八)辰(五)辛(七)巳(四) ㊎ 共二十四(退二十餘四,本音.)
壬(六)午(九)癸(五)未(八) ㊍ 共二十八(退二十五餘三,本音.)

같은 해에 속한 날짜의 갑자를 구하는 법의 예(求本年內日甲起例)

[6] 을해년 정월 초하루가 계유일이면, 11월 26일 동지는 갑자로 무슨 날이 되는가?

답 : 임진.

일반적인 풀이법(총술)에 따라서, 정월 초하루까지의 합계를 놓고(뒤에 그림이 나옴.), 홀수 달이면 30을 더하고, 짝수 달이면 더하지 않는다. 작은 달의 수(소진)를 물리고, 윤달을 만나면, 감안하도록 한다. 60으로 나누어 빼주고 남은 수를 날짜의 갑자를 구하는 도표(일갑수도)로 정하도록 한다.

앞서의 풀이법에 의한 계산법에 따라서 정월 초하루까지의 합계를 놓고(37), 홀수 달이면 30을 더하고 짝수 달이면 더하지 않는다(26). 작은 달의 수(6일)를 물리고 1개의 60을 빼주면, 나머지가 27이 되는데. 합계로부터 구하는 도표로 정하면 임진일이 된다.

乙亥年正旦癸酉,問十一月二十六日冬至是何日甲?

答曰,壬辰.

總術曰,置正旦積數(有圖在後),求只月者加三十,求雙月,只加零日. 退小盡,遇閏月通理. 滿六十去之,以所存餘數命日甲數圖.

前術草曰,置正旦癸酉積數(三十七),加只月三十,并所求零日(二十六),退小盡(六日),去一箇六十,餘二十七. 命求出積數圖,得壬辰日.

한 해 정월 초하루의 갑자에 해당되는 수를 나타내는 도표(歲旦日甲積數圖(下三十七,丙子年丁卯,下三十一))

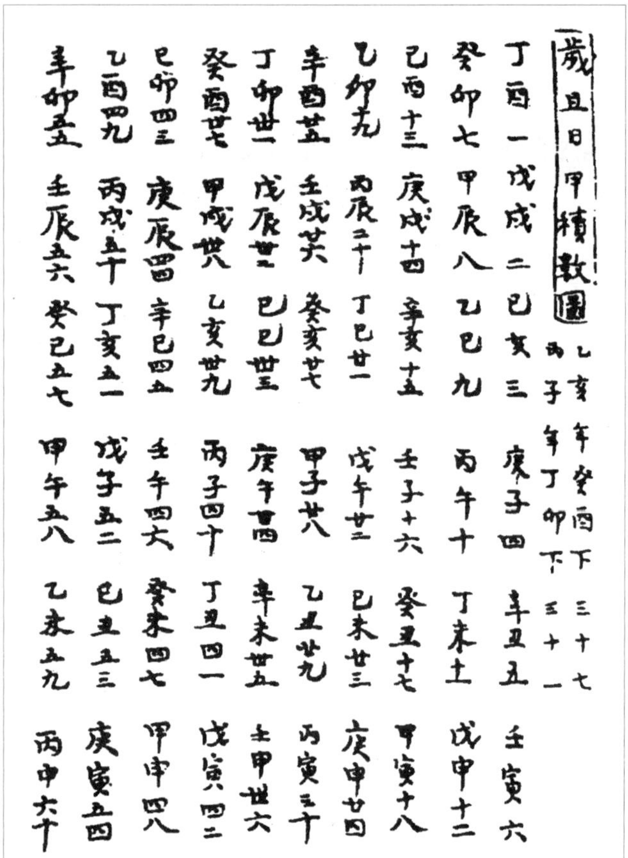

歲旦日甲積數圖

乙亥年癸酉下三十七
丙子年丁卯下三十一

丁酉一 戊戌二 己亥三 庚子四 辛丑五 壬寅六
癸卯七 甲辰八 乙巳九 丙午十 丁未十一 戊申十二
己酉十三 庚戌十四 辛亥十五 壬子十六 癸丑十七 甲寅十八
乙卯十九 丙辰二十 丁巳廿一 戊午廿二 己未廿三 庚申廿四
辛酉廿五 壬戌廿六 癸亥廿七 甲子廿八 乙丑廿九 丙寅三十
丁卯卅一 戊辰卅二 己巳卅三 庚午卅四 辛未卅五 壬申卅六
癸酉卅七 甲戌卅八 乙亥卅九 丙子四十 丁丑四一 戊寅四二
己卯四三 庚辰四四 辛巳四五 壬午四六 癸未四七 甲申四八
乙酉四九 丙戌五十 丁亥五一 戊子五二 己丑五三 庚寅五四
辛卯五五 壬辰五六 癸巳五七 甲午五八 乙未五九 丙申六十

특정 연도내 날짜의 갑자를 구하는 도표(求出積數(取年內日甲)圖)

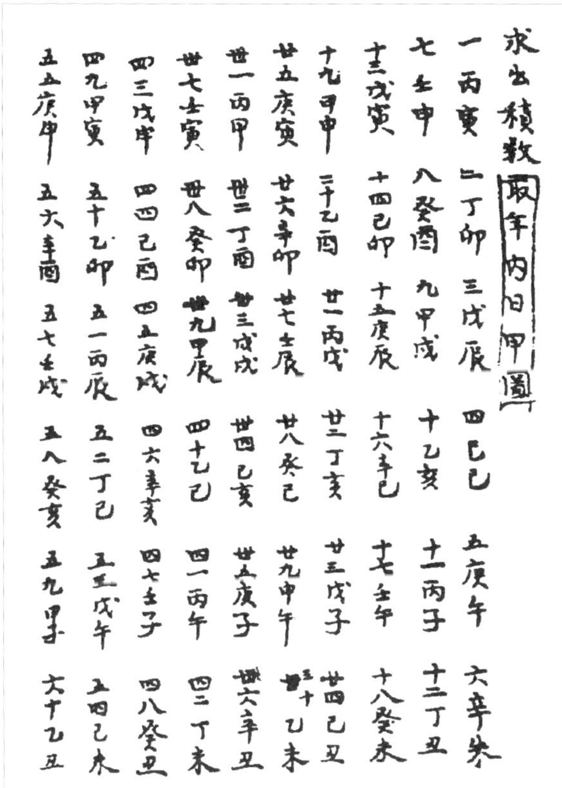
求出積數(取年內日甲圖)
一丙寅 二丁卯 三戊辰 四己巳 五庚午 六辛未
七壬申 八癸酉 九甲戌 十乙亥 十一丙子 十二丁丑
十三戊寅 十四己卯 十五庚辰 十六辛巳 十七壬午 十八癸未
十九甲申 二十乙酉 廿一丙戌 廿二丁亥 廿三戊子 廿四己丑
廿五庚寅 廿六辛卯 廿七壬辰 廿八癸巳 廿九甲午 三十乙未
卅一丙申 卅二丁酉 卅三戊戌 卅四己亥 卅五庚子 卅六辛丑
卅七壬寅 卅八癸卯 卅九甲辰 四十乙巳 四一丙午 四二丁未
四三戊申 四四己酉 四五庚戌 四六辛亥 四七壬子 四八癸丑
四九甲寅 五十乙卯 五一丙辰 五二丁巳 五三戊午 五四己未
五五庚申 五六辛酉 五七壬戌 五八癸亥 五九甲子 六十乙丑

서로 곱하기(相乘)

[7] 을해년 정월 십일 말의 날에 각수를 만나면, 얼마 뒤에 다시 만나겠는가?

답 : 168일 뒤인 7월 1일. 지지는 12일 마다 되풀이되고 각수는 28일 마다 되풀이된다.

풀이법에 따라서 두 수를 서로 곱하고(366이 됨), 반으로 나눈다 (168일).

다시 만날 날을 정하기 위해서 구하는 일수(168일)를 달로 나누고(5개월 18일), 원래 문제에서 말한 날짜(1월 10일)에 덧붙인 다음, 작은 달의 수(1, 4, 5월이 작은 달이므로 3일)를 더하면, 7월 1일이 다시 만날 날이 되므로, 같은 해 7월 1일에 만난다.

주해 따라서 다시 각수를 만나게 되는 때는 설날로부터 정확히 6개월 뒤인 7월 1일이다.

乙亥年正月初十午日逢角宿,問後何日再會?

答曰,一百六十八日,會于七月一日. 地支十二日一循,角宿二十八日一循.

術曰,二位相乘(得三百六十六),折半(一百六十八日).

定所會日,以求出日數(一百六十八日)約月(五箇月十八日),并原問月日(正一月零十日),加小盡(正,四,五小,三日),并爲七箇月零一日,所會月日,本年七月初一日會.

[8] 갑술년 정월 17일 을미에 묘수를 만났다면, 얼마 뒤에 다시 만나게 되겠는가?

답 : 을해년 3월 24일.

풀이법에 따라서 두 수를 서로 곱하고(1680), 반으로 나누거나(840일), 혹은 다시 반으로 나누면(420일), 모두 다시 만날 수 있다.

만날 날을 정함에 있어서 답을 얻기 위한 날수 420일은 곧 14개월인데, 문제에 나온 날짜(정월 17일)를 더하고, 작은 달의 수(갑술년의 작은 달 여섯과 을해년의 짧은 정월)를 더해주면, 15개월 24일이 되어, 다시 만날 날은 을해년 3월 24일이 된다.

甲戌年正月十七乙未日遇昴宿,問何日再會?
答曰,乙亥年三月二十四日.
術曰,二位相乘(一千六百八十),折半(八百四十日)或再折半(四百二十日),皆可再會.
定所會日,以求出日數四百二十日,卽十四箇月,幷原問月日(正一月十七日),加小盡(甲戌年六箇小,乙亥年正一小),幷爲十五箇月零二十四日,所會月日,乙亥年三月二十四日.

[9] 큰딸은 집에 사흘에 한번씩 들리고, 가운데 딸은 나흘에 한번씩 들리고, 막내딸은 닷새에 한번씩 집에 들린다면 며칠마다 서로 만나겠는가?(출처 : 「손자산경」)

답 : 60일.

풀이법에 따라서 3, 4, 5를 서로 곱한다.

長女三日一歸,中女四日一歸,小女五日一歸,問幾何日相逢(「孫子」)?
答曰,六十日.
術曰,三,四,五數相乘.

[10] 1문을 매일같이 배로 하여 30일간 거듭하면, 얼마나 되겠는가?(출처 : 「사찰미산경」)

답 : 1,073,741관 824문.

풀이법에 따라서 8배씩 10번 거듭하는데, 8배를 한번 곱하면 사흘이 지나고, 8배를 10번하면 30일이 지난다.

다른 풀이법에 따르면, 64를 곱하기를 5번 거듭하라고 한다. 64배는 6일의 수치이므로, 5번 거듭하면 30일이 된다.

또 다른 풀이법에 따르면, 32를 곱하기를 3번 거듭해서 얻어진 값을 제곱해도 마찬가지라고 하는데, 32배를 3번 거듭하면 15일의 수치가 되며, 15일 값을 서로 곱하면, 곧 30일 값이 된다.

주해 문제에서 수행된 계산은 기본적으로 다음과 같다.

$$(2^3)^{10} = (2^6)^5 = ((2^5)^3)^2 = 1,073,741,824.$$

一文日增一倍,倍至三十日,問計錢幾何(「謝經[87]」)?

答曰,一百七萬三千七百四十一貫八百二十四文.

術曰,以十度八因,一度八因超三日數,用十度八因超三十日數.

又術,五度六十四乘之, 六十四乃六日數,五度乘爲三十日.

又術,以三度三十二乘出得數自乘亦同,三度三十二乘乃得十五日數,以十五日數相乘卽三十日數.

87) 「사경(謝經)」은 중국고대의 수학서 가운데 하나인 「사찰미산경(謝察微算經)」을 가리키는데, 일실되어 현재는 남아있지 않다.

[11] 첫날 3전이 있었는데, 그 후 매일같이 3배씩 불려나갔다면, 한 달 뒤에는 얼마나 되겠는가?

답 : 2,058억 9,113만 2,094관 649문.

풀이법에 따라서, 첫날 3전을 놓고, 5승을 적용하여 제곱한 다음($3^2 = 9$, $9^2 = 81$, $81^2 = 6$관 561문이고, 또 제4차의 제곱은 4만 3,046관 721문으로서 곧 제16일의 액수가 되며, 또 제곱하면, 1조 8,530억 3,018만 8,851관 841문이 된다), 9로 나누면, 답의 값을 얻는다.

다른 풀이법에 따르면, 3으로서 4차 제곱을 나누면(3을 나눗수로 사용), 14,348관 907문으로서 제15일의 액수가 되므로 그 수를 제곱하면, 30일의 액수를 얻는다.

주해 첫째 풀이법은

$$((((3^2)^2)^2)^2)^2 = 3^{32} = 1853030188851841$$

$$3^{32} \div 9 = 3^{30} = 205891132094649$$

라고 계산한 것이며, 둘째 풀이법은

$$(((3^2)^2)^2)^2 \div 3 = 3^{16} \div 3 = 3^{15} = 14348907$$

$$(3^{15})^2 = 3^{30} = 205891132094649$$

라고 계산한 것이다.

初日三錢,以後每日遞作三倍,問一月計若干?
答曰,二千五十八億九千一百一十三萬二千九十四貫六百四十九文.
術曰,置初日三錢,用五度自乘(三自乘得九,九自乘得八十一,八十一自乘得六貫五百六十一文,又第四次自乘得四萬三千四十六貫七百二十一,卽第十六日錢數也,又自乘得一兆八千五百三十億二千一十八萬八千八百五十一貫八百四十一),九而一,得所答之數.
又術,以三凡四次自乘(用三法),得一萬四千三百四十八貫九百七文,乃第十五日錢數,自乘合其數,得三十日錢數.

한 섬의 부피를 제대로 정하는 법(正斛法)

「하후양산경」의 창조에 따르면, 옛날에는 한 변이 1자씩인 정사각형 모양으로 1자 6치 2푼의 깊이가 되게 땅을 파서 조 1섬을 거두어 들였다고 한다. 한 왕망[88]에 이르러서는 구리로 한 섬들이 통을 고쳐 만들고 깊이는 1자 9치 2푼을 썼다. 송 원가[89] 2년에 이르러서는 서수가 다시 주조하여 2자 3치 9푼을 썼다. 양 대동[90] 원년에 이르러서는 견란[91]이 그것을 고쳐서 2자 9치 2푼을 썼다. 그러므로 시

88) 왕망(45 B.C.-23 A.D.)은 원래 한 원제(元帝) 왕후 왕정군(王政君)의 조카였으나, 후일 전한을 멸망시키고, 新을 세워서 황제(8-23 A.D.)가 되었다.

89) "원가(元嘉)"는 남조 송 문제(文帝)가 424년에 개원한 연호이다.

90) "대동(大同)"은 525-546년 사이의 12년을 가리킨다.

91) 견란(甄鸞)은 북주(北周) 중산(中山) 무극(毋極)(오늘날의 하북성 무극) 출신으로 자는 숙준(叔遵)이라고 하며, 「오조산경」, 「오경산술」을 짓고, 「주비산경」, 「장구건산경」, 「손자산경」, 「수술기유」 등을 주해한 것으로 알려지는 등 수학사상 중요한 업적을 남겼으며, 동시에 천문·역산에도 밝아서 천화(天和) 원년(566)에 반포된 "천화력"은 바로 그의 주도로 만들어진 것이다.

대가 달라짐에 따라 사정이 변하여 도량형도 같지 않게 된다. 옛 것은 지금 것에 따라 임시로 고쳐야 쓸 수 있다. 만약 그것을 점검하려면, 땅에 한 변이 3자인 구덩이를 파서 지금의 계량 통으로 잰 쌀 한 섬을 구덩이 속에 넣고 반듯하게 밀어주도록 한다. 조금의 나머지가 생기면 임시로 늘이거나 줄여서 쌀을 채워 고르게 만든 다음, 그것을 꺼내 구덩이의 깊이를 알아냄으로써 한 섬의 크기를 정할 수 있다. 필자는 수도에서 말을 재는 관제 계량 통을 보았으며 항주에서도 100홉짜리로 사용되고 절강성 전체에서 시행되어 쌀의 양을 재고 있었다. 말을 재는 계량 통은 뚜껑 모양으로서 위는 넓고 아래가 좁으며 가장자리가 뾰죽하게 돌출되어 있고 손잡이(제량)도 있으나 종류가 여럿이라서 선택하기가 어렵다. 하물며 그 동안 쓰여져 온 말을 재는 통들을 일일이 따지는 것은 더 말 할 나위도 없다. 그리하여 관제 되와 시중에서 쓰이는 자를 비교하여 보통 때 사용할 수 있도록 약간 고치려고 한다.

한 변이 3치씩으로(네 가장자리가 각각 3치이고 높이가 3치임을 말함) 부피가 27치이면, 조 1되를 받아들인다. 한 변이 5치이고 깊이가 5치 4푼으로 부피가 135치이면, 조 5되를 받아들인다. 한 변이 1자이고 깊이가 2치 7푼이면, 조 한 말을 받아들인다. 한 변이 1자이고 깊이가 1자 3치 5푼이면, 조 5말을 받아들인다. 한 변이 1자이고 깊이가 2자 7치이면, 조 한 섬을 받아들인다. 원형 통으로 곡식의 양을 재는 법(구원곡술)에 따르면 오른 편의 것은 직육면체의 부피이므로 이제 원형 통으로 고쳐서 양을 견주기에 편리하게 하고자 한다. 보이는 면을 원으로 할 때, 둘레의 반과 지름의 반을 곱하여 나눗수로 삼아서 부피를 나눠주면, 깊이가 된다. 한 변이 1자이고 깊이가 2자 7치이면, 조 한 섬을 받아들인다.

「夏侯陽」倉曹云,古者鑿地方一尺,深一尺六寸二分,受粟一斛. 至漢王莽改鑄銅斛,用深一尺九寸二分. 至宋元嘉二年,徐受重鑄,用二尺三寸九分. 至梁大同元年,甄鸞校之,用二尺九寸二分. 然時異事變,斗尺不同. 以古就今臨時較定始可行用. 若欲審之以掘地作穴,方廣三尺已下,以今時斗量米一斛,置諸穴中,概令平滿,如有小剩,臨時增減,取米适平,然後出之,徑量以知淺深,乃可爲斛法定數. 輝伏睹京城,見用官斗,雖杭州百合浙郡一體行用米較積尺積寸者,盖斗勢上闊下狹,維極凸突,又有提梁,難于取用. 況拷花斗,循習爲之. 今將官勝[92]與市尺較證,少補日用萬一.
每方三寸(謂四維各三寸,高三寸)積二十七寸,受粟一勝. 每方五寸深五寸四分,積一百三十五寸,受粟五勝. 每方一尺深二寸七分,積二百七十寸,受粟一斗. 每方一尺深一尺三寸五分,受粟五斗. 每方一尺深二尺七寸,受粟一石. 求圓斛術曰,右是方積,今改圓斛,欲便于較量也. 視面爲圓徑,用半周半徑相乘爲法,除積爲深. 每方一尺深二尺七寸,受粟一石.

창고의 저장량을 재는 법(量倉法)

[12] 가령 쌀 창고(미오)의 동서가 24자, 남북이 36자, 높이가 18자라면, 곡식을 얼마나 저장할 수 있겠는가?
답 : 5,760석.

풀이법에 따라서, 동서와 남북을 서로 곱하면 864가 되고, 높이 18자로 곱하면, 부피가 나오는데, 그것을 섬의 나눗수(곡법) 2자 7치로 나눠준다.

92) "관승(官勝)"의 "勝"은 "升"과 통하며, 관제 됫박을 가리킨다.

주해 문제에서 수행된 계산은 기본적으로 다음과 같다.

$$24\times36\times18\div2.7=864\times18\div2.7=5760.$$

假如米敖東西二十四尺,南北三十六尺,高一十八尺,問受粟幾何?
答曰,五千七百六十石.
術曰,東南相乘得八百六十四,以高十八尺乘得積尺,以斛法二尺七寸除之.

밭의 넓이를 구하지 않고서도 마침내 무수로 답을 내는 법 (田不求積竟答畝數)

[13] 직사각형 밭의 길이가 72보, 너비가 48보라면, 넓이는 얼마인가?
답 : 14무 4푼.

원래의 풀이법에 따라서 밭의 길이와 너비의 보수를 서로 곱하여 면적을 구하고 무의 나눗수(무법=240보^2)로 나눈다.

무를 구하는 법(구무술)에 따라서 길이의 반(36보)과 너비의 반(24보)를 서로 곱하고, 10보를 무의 자리로 정한 다음, 6으로 나눈다.

둘째 방법에 따르면 길이를 6으로 나눈 것(12)과 너비를 반으로 두 번 나눈 것(12)을 서로 곱하고(144가 됨), 10보를 무의 자리로 정한 다음, 6으로 나눈다.

셋째 방법에 따르면 길이를 반으로 두 번 나눈 것(18보) 너비를 6으로 나눈 것(8보)을 서로 곱하고(1,440이 됨), 10보를 무의 자리로 정한 다음, 6으로 나눈다.

넷째 방법에 따르면 길이를 3으로 나눈 것(24보)으로 너비를 곱하고(1,152가 됨), 신외가25한 다음(1,440이 됨), 100보를 무의 자리로 정한 다음, 6으로 나눈다.

다섯째 방법에 따르면 너비를 3으로 나눈 것(16보)으로 길이를 곱하고(1,152가 됨), 신외가25한 다음(1,440이 됨), 100보를 무의 자리로 정한 다음, 6으로 나눈다.

주해 문제에서 수행된 계산은 특히 구무술의 경우, 다음과 같다.

$$72\times48\div240=36\times24\div60=14.4.$$

直田長七十二步,闊四十八步,問田幾何?
答曰,一十四畝四分.
本法,田長闊步數相乘爲積,如畝法而一(一畝二百四十步,一分二十四步,二分四十八步,三分七十二步).
求畝術曰,半長(三十六步)半闊(二十四步)相乘(得一百四十四),十步上定畝.
二曰,六除長(一十二)兩折闊(一十二)相乘(得一百四十四),十步上定畝.
三曰,兩折長(一十八步)六除闊(八步)相乘(得一百四十四),十步上定畝.
四曰,三除長(二十四步)以乘闊(得一千一百五十二),身外加二五(得一千四百四十),百步上定畝.
五曰,三除闊(一十六步)以乘長(得一千一百五十二),身外加二五(得一千四百四十),百步上定畝.

[14] 직사각형 밭의 길이가 720자, 너비가 480자라면, 넓이는 얼마인가?
답 : 57무 6푼.

원래의 풀이법에 따라서 밭의 길이와 너비의 자수를 서로 곱하여 면적을 구하고 무의 나눗수(무법)로 나눈다.

무를 구하는 법(구무술)에 따르면, 길이의 반(360)과 너비의 반(240)을 서로 곱하고(86,400자가 됨), 감5한(즉, 1.5로 나눔) 다음, 천자 위를 무의 자리로 정한다.

둘째 풀이법에 따르면, 길이를 6으로 나누고, 너비와 곱한 다음, 천자 위를 무의 자리로 정한다.

셋째 풀이법에 따르면, 길이를 3으로 나누고, 너비의 반과 곱한 다음, 천자 위를 무의 자리로 정한다.

넷째 풀이법에 따르면, 너비를 3으로 나누고, 길이의 반과 곱한 다음, 천자 위를 무의 자리로 정한다.

주해 1무 = 6,000자이며, 문제에서 수행된 계산은 특히 구무술의 경우, 다음과 같다.

$$720 \times 480 \div 6000 = 360 \times 240 \div 1500 = 86400 \div 1500 = 57.6.$$

直田長七百二十尺,闊四百八十尺,問田幾何?
答曰,五十七畝六分.
本法,田長闊尺數相乘爲積,畝法除之(一畝六千尺,一分六百尺,一釐六十尺.一毫六尺).
求畝術曰,半長(三百六十)半闊(二百四十)相乘(得八萬六千四百尺),減五,于千尺上定畝.
二曰,六除長,以闊乘之,于千尺上定畝.
三曰,三除長,以半闊乘之,千尺上定畝.
四曰,三除闊,以半長乘之,千尺上定畝.

[15] 직사각형 밭의 길이가 36보 2자 4치, 너비가 24보 3자 2치라면, 넓이는 얼마인가?

답 : 3무 7푼 4리 5호 2사 8홀.

원래 풀이법의 계산법에 따라서 한 보의 자수(보척법, 1보=5자)로 길이와 너비의 자수를 환산하여 모두 치로 만들고(길이는 1,824치, 너비는 1,232치임), 서로 곱하여 넓이(2,247,168치^2)를 구하고, 치 단위로 나타낸 무의 나눗수(촌무법) 60만으로 나눈 다음, 10만치 위를 무의 자리로 정한다.

무를 구하는 법(구무술)에 따르면, 길이의 반(912치)과 너비(1,232치)를 곱하고(1,123,584치가 됨), 3으로 나눈 다음, 10만치 위를 무의 자리로 정한다.

둘째 풀이법에 따르면, 길이를 6으로 나누고, 너비와 곱한 다음, 10만치 위를 무의 자리로 정한다.

셋째 풀이법에 따르면, 길이를 3으로 나누고, 너비의 반과 곱한 다음, 10만치 위를 무의 자리로 정한다.

주해 풀이법 가운데 구무술이 가리키는 계산은 다음과 같다.

$$\frac{(36\times 50+24)(24\times 50+32)}{2}\div 300000=\frac{912\times 1232}{300000}$$

$$=\frac{1123584}{300000}=3.74528.$$

直田長三十六步二尺四寸,闊二十四步三尺二寸,問田幾何?
答曰,三畝七分四釐五毫二絲八忽.
本術草曰,以步尺法(一步五尺)通長闊尺以皆爲寸(長得一千八百二十四寸,闊得一千二百三十二寸),相乘爲積寸(二百二十四萬七千一百六十八寸),如寸畝法,六十萬而一,十萬寸上定畝.
求畝術曰,半長(九百一十二寸)乘闊(一千二百三十二寸)得(一百一十二萬三千五百八十四寸),三而一,十萬寸上定畝.
二曰,六除長乘闊,于十萬寸上定畝.
三曰,三除長乘半闊,于十萬寸上定畝.

[16] 정사각형 밭의 한 변이 72보라면, 넓이는 몇 무인가?
답 : 21무 6푼.

원래의 풀이법에 따라서 한 변을 제곱하고 무법으로 나눈다.

무를 구하는 법(구무술)에 따르면 한 변의 반을 제곱하고 6으로 나눈 다음, 10보 위를 무의 자리로 정한다.

또 다른 풀이법에 따르면, 한 변을 4로 나눈 것(18보)을 제곱하고, 15로 나눈 다음, 10보 위를 무의 자리로 정한다.

田方七十二步,問計幾畝?
答曰,二十一畝六分.
本法,方自乘如畝法,二百四十而一.
求畝術曰,方步折半自乘,以六除之,十步上定畝.
又曰,方步兩折(十八步)自乘,十五除之,十步上定畝.

[17] 이등변삼각형 밭(규전)의 길이가 96보, 너비가 32보라면, 넓이는 몇 무인가?

답 : 6무 4푼.

원래의 풀이법에 따라서, 길이와 너비를 서로 곱하여 반으로 나누고, 무의 나눗수(무법)로 나눈다.

주해 규전에 관해서는 「전무비류승제첩법」의 문제 [20]에서도 다뤄지고 있다. 풀이법에서 수행된 계산은 기본적으로 다음과 같다.

$$96 \times 32 \div 2 \div 240 = 6.4.$$

圭田長九十六步,闊三十二步,問田幾畝?

答曰,六畝四分.

本術曰,長闊相乘,折半,畝法除之. 求畝術曰,長步加二五(得一百二十)以乘半闊(一十六步),三而一,十步上定畝.

[18] 사다리꼴 밭(제전)의 남쪽 너비가 24보, 북쪽 너비가 72보, 길이가 49보라면, 넓이는 몇 무인가?

답 : 9무 8푼.

원래의 풀이법에 따라서 길이와 너비를 서로 곱하여 반으로 나누고, 무의 나눗수(무법)로 나눈다. 무를 구하는 법(구무술)에 따라서, 길이의 보수에 가25하여(120이 됨) 너비의 반(16보)을 곱하고, 3으로 나눈 다음, 10보 위를 무의 자리로 정한다.

주해 문제에서 수행된 계산은 기본적으로 다음과 같다.

$$(24 + 72)\times 49 \div 2 \div 240 = 96 \times 49 \div 2 \div 240 = 9.8.$$

梯田南闊二十四步,北闊七十二步,正長四十九步,問田幾畝?
答曰,六畝四分.
本術曰,長闊相乘,折半,畝法除之. 求畝術曰,長步加二五(得一百二十)以乘半闊(一十六步),三而一,十步上定畝.

[19] 원형 밭(원전)의 둘레가 300보라면 넓이는 몇 무인가?
답 : 31무 $2\frac{1}{2}$ 푼.

원래의 풀이법에 따라서 길이와 너비를 서로 곱하여 반으로 나누고 무의 나눗수(무법)로 나눈다.

무를 구하는 법(구무술)에 따라서 둘레의 보수에 가25하여(375가 됨) 반으로 나누고, 6으로 나눈 다음 보 위를 무의 자리로 정한다.

주해 풀이법에서 수행된 계산은 기본적으로 다음과 같다.

$$300 \times 1.25 \div 2 \div 6 = 31.25.$$

圓田周三百步,問田幾畝?
答曰,三十一畝二分半.
本術,周自乘,十二而一,又畝法二百四十除之.
求畝術曰,周步加二五(得三百七十五)折半,六而一,步上定畝.

[20] 원전의 지름이 100보라면, 넓이는 몇 무인가?

답 : 앞서와 같음.

원래의 풀이법에 따라서, 길이와 너비를 서로 곱하여 반으로 나누고, 무의 나눗수(무법)로 나눈다.

무를 구하는 법(구무술)에 따라서, 반지름에 가25하여(62보 반이 됨) 반지름(50)으로 곱하고, 10보 위를 무의 자리로 정한다.

주해 풀이법에서 수행된 계산은 기본적으로 다음과 같다.

$$50\times1.25\times50\div10=62.5\times50\div10=31.25.$$

圓田徑一百步,問田幾畝?

答曰,同前.

本術,徑自乘三之,四而一.

求畝術曰,半徑加二五(得六十二步半),以乘半徑(五十),十步上定畝.

[21] 원전의 둘레가 300보, 지름이 100보라면, 넓이는 몇 무인가?

답 : 앞서와 같음.

원래의 풀이법에 따라서, 길이와 너비를 서로 곱하여 반으로 나누고, 무의 나눗수(무법)로 나눈다.

무를 구하는 법(구무술)에 따라서, 둘레의 반에 가25하여(187보 반이 됨) 지름으로 곱하고, 6으로 나눈 다음, 10보 위를 무의 자리로 정한다.

주해 구무술에서 말하는 계산은

$$150\times1.25\times100\div6\div10=187.5\times100\div6\div10$$

과 같이 하라는 것인데, 그 결과는 31.25가 아닌 312.5가 나온다. '十步定畝'는 마땅히 '百步定畝'로 고쳐야 할 것이다.

圓田周三百步,徑一百步,問田幾畝?
答曰,同前.
本術,周徑相乘,四而一,畝法除之.
求畝術曰,半周加二五(得百八十七步半),以徑乘之,六而一,十步定畝.

[22] 활 모양의 밭(호전)의 현이 100보, 시가 50보라면 넓이는 몇 무인가?
답 : 15무 6푼 $2\frac{1}{2}$리.

원래의 풀이법에 따라서 현과 시를 서로 더하고 시의 반으로 곱하여 무의 나눗수(무법)로 나눈다.

무를 구하는 법(구무술)에 따라서 현과 시를 서로 더하고(150), 가25하여($187\frac{1}{2}$ 보가 됨) 시의 반(25보)과 곱한 것을 3으로 나눈 다음, 10보 자리를 무로 정한다.

주해 풀이법에서 수행된 계산은 기본적으로 다음과 같다.

$$\frac{(100+50)\times25}{240}=15.625.$$

弧田弦一百步,矢五十步,問田幾畝?
答曰,一十五畝六分二釐半.
本術,弦矢相幷,以乘半矢,如畝法而一.
求畝術曰,弦矢相幷(一百五十),加二五(得百八十七步半),以乘半矢(二十五步),三而一,十步定畝.

[23] 고리 모양의 밭(환전)의 가운데 둘레가 240보, 바깥 둘레가 480보, 두께가 40보라면 넓이는 몇 무인가?

답 : 60무.

원래의 풀이법에 따라서 가운데 둘레와 바깥 둘레를 서로 더하여 반으로 나누고 두께를 곱한 다음, 무의 나눗수(무법)로 나눈다.

무를 구하는 법(구무술)에 따라서 가운데 둘레와 바깥 둘레를 서로 더하고(720), 가25하여(900보가 됨) 지름의 반과 곱한 것(18,000보)을 3으로 나눈 다음 100보 자리를 무로 정한다.

주해 풀이법에서 수행된 계산은 기본적으로 다음과 같다.

$$\frac{(240+480)\times 40}{240}=60.$$

環田一段,中周二百四十步,外周四百八十步,徑四十步,問田幾畝?
答曰,六十畝.
本術,幷中外周,折半,以徑乘之,畝法而一.
求畝術曰,幷中外周(七百二十),加二五(得九百步),半徑乘之(一萬八千步),三而一,百步定畝.

[24] 강을 파기 위해서 장정을 징발했는데, 서쪽 고을은 하루에 7장 5자를 파고, 동쪽 고을은 하루에 22장 5자를 파며, 강의 길이는 360장이라고 한다. 며칠이면 해치울 수 있겠는가?

답 : 12일.

병률술에 따라서 동쪽 고을과 서쪽 고을의 파는 양을 더하면, 30장이 되는데 나눗수로 놓고 강의 길이를 나눠주면 답이 나온다.

募丁開河,西鄕一日開七丈五尺.東鄕一日開二十二丈五尺.河長三百六十丈. 問幾日可辦?

答曰,一十二日.

幷率術曰,幷東西鄕所開丈尺,得三十丈,爲法,除河長數,合問.

[25] 비단 사는 한 자에 110전이고, 견은 한 자에 140전인데, 지금 100관을 지급했다면 각각 얼마씩 산 것인가?

답 : 각각 10필씩.

풀이법에 따라서 사와 견의 한 자 값들을 합하여 나눗수로 삼아서 총 지급액을 나눠주면, 400자가 되니 그것을 필의 나눗수 40자로 나눠준다.

주해 1관=1,000전이며 1필=40자이다. 풀이법의 계산과정은

$$(100\times1000)\div(110+140)=100000\div250=400\text{자}=10\text{필}$$

과 같은 식으로 나타낼 수 있다.

紗尺價一百一十.絹尺價一百四十.今支錢一百貫,問各買幾何?
答曰,各一十匹.
術曰,幷紗絹尺價爲法,除總錢,得四百尺,以匹法四十尺除之.

[26] 복숭아 한 개는 9문, 사과 한 개는 5문, 오얏 한 개는 2문씩에 팔리는데, 지금 3관을 들여 복숭아, 사과, 오얏을 1 : 2:3의 비율로 사려고 한다면, 각각 얼마나 얻겠는가?

답 : 복숭아 120개, 1관 80문 어치, 사과 240개, 1관 200문 어치, 오얏 360개, 720문 어치.

풀이법에 따라서 복숭아 1개, 사과 2개, 오얏 3개의 값을 더한 25문을 나눗수로 삼아서 전체 금액을 나눠주면, 먼저 복숭아의 개수를 얻게 되고, 2배 하면 사과의 개수, 세 배 하면 오얏의 개수를 얻는다. 각각의 단가로 그것들을 곱하면, 얼마씩인지가 나온다.

買桃每箇九文,林檎每箇五文,李子每箇二文,今支錢三貫文,欲買一停桃,二停檎,三停李.問各得幾何?
答曰,桃一百二十顆,計一貫八十文,林檎二百四十顆,計一貫二百文,李子三百六十顆,計七百二十文.
術曰,幷一桃二檎三李價錢共二十五爲法,除總錢,先得桃子之數,二因爲林檎,三因爲李子. 以各價因之卽得.

2원1차 연립방정식(二率分身)

[27] 꿩과 토끼가 같은 조롱에 들어 있는데, 위로는 머리가 35개이고(즉, 35마리), 아래로는 다리가 모두 94개이다. 각각 몇 마리씩인가?
답 : 꿩 23마리, 토끼 12마리.

연립방정식 풀이법(분신술)에 따라서 머리 수를 배로 하고, 그것을 다리 수에서 뺀(머리 수를 배로 하여 꿩과 토끼를 구분하지 않은 것은 다리 둘씩으로 마리 수를 곱한 것이므로 전체 다리 수에서 그것을 빼주면, 나머지는 곧 토끼 한 마리 당 다리 둘 씩 남는다) 나머지를 반으로 나누면, 토끼의 마리 수가 나온다.

먼저 꿩을 구하는 법(선구치술)에 따르면, 마리 수를 네 배하여(토끼는 다리가 넷이므로), 전체 다리 수(94개)로 빼주면, 나머지는 모두 꿩의 다리(46개)이니 반으로 나누면, 꿩의 마리 수가 나온다.

주해 꿩과 토끼의 마리 수를 각각 x, y라고 하면,

$$x + y = 35 \quad \cdots\cdots\cdots\cdots ①$$
$$2x + 4y = 94 \quad \cdots\cdots\cdots\cdots ②$$

이라는 연립방정식이 성립되는데, 이 때, ①×2－②로 x를 소거해서 y를 먼저 구한 방법이 분신술 그리고 ①×4－②로 y를 소거해서 x를 먼저 구한 방법이 선구치술에 해당된다.

雉兎同籠,上有三十五(頭卽是三十五只),下共九十四足. 問各幾何?
答曰,雉二十三,兎一十二.
分身術曰,倍頭減足(倍頭不分雉兎,是以二足乘只數,于衆足內減,所餘者卽一兎剩二足也),折半爲兎.
先求雉術曰,四因只數(兎有四足),以共足(九十四)減之,餘皆雉足(四十六),折半爲雉.

[28] 나 비단 7자와 능 비단 9자의 값이 같은데, 능 비단 한 자 값이 나 비단의 그것보다 36문 적다고 한다. 각각의 한 자 값은 얼마인가?(「응용산법」)

답 : 나 비단 162문, 능 비단 126문.

가격 합계와 관련지어 연립방정식을 푸는 풀이법(공적분신술[93])에 따르면, 먼저 나 비단의 값을 구하기 위하여, 적은 값(36문)을 능 비단의 수량과 곱하고(324가 됨), 나 비단과 능 비단의 자수를 뺀 나머지(2자)를 나눗수로 삼아서 나눠주면, 나 비단의 값이 되고, (그로부터) 적은 값(36)을 빼면, 능 비단의 값이 된다.

먼저 능비단의 값을 구하는 풀이법(선구능가술)에 따르면, 적은 값(36문)을 나 비단의 수량과 곱하고(324가 됨), 나 비단과 능

93) "공적분신술(共積分身術)"의 "共"자는 1922년에 上海商務印書館에서 영인한 宜稼堂叢書本을 따른 것으로서 孫宏安(1997 : 206, 408, 410)은 그것을 인정한다. 그러나 람(1977 : 164)은 세키 타카카즈(關孝和)가 베낀 필사본(任繼愈 편, 1993 : 1-1106)을 좇아서 "共"자가 "匿"자를 잘못 읽은 것으로 파악하여 견해의 차이를 보이고 있다.

비단의 자수를 뺀 나머지(2자)를 나눗수로 삼아서 나눠주면 능비단의 값이 되고 (거기에) 적은 값(36)을 더하면 나 비단의 값이 된다.

주해 이 문제의 풀이는 예컨대, 나 비단의 자당 단가를 x라고 하면, $7x=9(x-36)$이 성립되어 $x=\frac{9\times36}{2}=\frac{324}{2}=162$라는 답을 얻는 것을 가리키고 있다. 그렇다면, 주에서 언급한 바와 같이, "공적"과 "익적"으로 읽는 것 중 어느 쪽이 더 타당한가의 문제는, 이를테면, 324와 같은 숫자를 어떻게 파악하느냐와 직결되는 것으로 나타난다. 그것은 엄밀히 말하자면, "가격 차이의 누적분"을 의미하는데, 해석을 얼마나 너그럽게 하느냐에 따라서 양시론, 양비론 모두가 가능할 것으로 여겨진다.

羅七尺,綾九尺,其價适等,只云綾尺價少羅尺價三十六文. 問各尺價幾何(「應用」)? 答曰,羅一百六十二,綾一百二十六.
共積分身術曰,先求羅價,以少價(三十六文)乘綾數(得三百二十四). 羅綾尺數相減,餘(二尺)爲法,除之,爲羅價. 內減少價(三十六),爲綾.
先求綾價術曰,以少價(三十六文),乘羅數(七尺),以羅綾尺數相減,餘(二尺)爲法,除之,爲綾價. 加少價(三十六文),爲羅.

[29] 지금 수탉 한 마리는 5문씩하고, 암탉 한 마리는 3문씩하며, 병아리는 세 마리에 1문 한다. 모두 100문을 갖고 닭 100마리를 사

려고 한다. 수탉, 암탉, 그리고 병아리는 각각 얼마나 되겠는가?

답 : 수탉은 8마리로서 40문 어치, 암탉은 11마리로서 33문 어치, 그리고 병아리는 81마리로서 27문 어치.

「장구건산경」의 풀이법에 따르면, 수탉은 4씩 늘리고, 암탉은 7씩 빼고, 병아리는 3씩 늘리라는 것인데, 이미 주어진 수를 늘리거나 줄이라는 것이다.

그 산경은 일컫기를, 종래 본문이 누락된 것으로 의심되었지만, 전해 내려온 지 오래되어 고증할 길이 없고, 이제 자세한 계산을 참고해 보건대, 이미 산출한 값을 늘리거나 줄이고 하니, 사실상 기본적인 풀이법이 없다고 한다.

원래의 계산법에 따라서 돈 100문을 놓아 나뉨수로 삼고, 또 수탉을 1, 암탉을 1로 놓고, 각각을 병아리로 3배하면. 수탉 3, 암탉 3이 되어 병아리 3과 함께 더하면, 모두 9가 되는데, 나눗수로 삼아서 나뉨수를 나눠주면, 암탉의 수 11이 나온다. 별도로 닭 전체의 합계 100마리를 놓고, 수탉 8마리와 암탉 11마리를 뺀 나머지 81마리는 병아리수가 된다. 수탉, 암탉, 그리고 병아리의 단가를 놓고 그것들을 곱해주면, 답이 나온다.

앞의 방법에 의한 계산(인전법초)에 따르면, 답으로 얻은 수를 놓아 수탉을 4씩 늘리면 12마리가 되고, 암탉을 7씩 빼면 4마리가 되며, 병아리를 3씩 늘리면 84마리가 되어, 도합 100마리이므로, 문제에 들어맞는다.

今有鷄翁一,直五文,鷄母一,直三文,鷄雛三,直一文. 凡一百文,買鷄百只. 問翁,母,雛各幾何?

答曰,鷄翁八只,直四十文,鷄母十一只,直三十三文,鷄雛八十一,直二十七文.

「張丘建算經」術云,鷄翁每增四,鷄母每減七,鷄雛每益三,謂已成數上增減也.

本經自云,疑其從來闕[94]文,流傳旣久,無可考證. 今將細草參考. 于已算出數上增減,正無本法.

原草曰,置錢一百文爲實,又置鷄翁一,鷄母一,各以鷄雛三因之. 鷄翁得三,鷄母得三,幷鷄雛三,幷之,共得九. 爲法除實,得十 ,爲鷄母數. 別列鷄都數一百只,減去鷄翁八,鷄母十一,餘八十一,爲鷄雛數. 置翁,母,雛各價因之,合問.

引前法草曰,置所答數,鷄翁增四,得十二只,鷄母減七,得四只,鷄雛益三,得八十四只,共百鷄,合問.

[30] 돈 100문을 내서 온감, 녹길, 변길을 도합 100개 사려고 하는데, 지금 온감은 개당 7문, 녹길은 개당 3문씩 하고 변길은 3개에 1문씩 한다면 각각 얼마씩 사게 되겠는가?

답 : 온감 6개 42문, 녹길 10개 30문, 변길 84개 28문.

「변고통원」의 계산법에 따라서 돈 100문을 놓아 3을 곱해서 300푼을 만든다. 모두 합한 수 100개를 뺀 나머지 200푼을 나뉨수로 삼는다. 온감 값을 3으로 곱하면, 21이 되는데, 1을 빼주면, 나머지는

94) 세키 타카카즈(關孝和)가 베낀 필사본(任繼愈 편, 1993: 1-1107)에는 "闕"자가 "闊"자로 되어 있다.

20푼이 된다. 또한 녹길 값을 3으로 곱하면 9가 되는데, 1을 빼주면, 나머지는 8푼이 된다. 둘을 더한 28을 나눗수로 삼아서 나뉨수를 나누면, 6매가 된다. 그리하여 온감과 녹길은 각각 6개이며 남은 몫은 32푼인데, 원래의 나눗수 28에서 온감 20푼을 뺀 나머지 8로 나뉨수를 나눠주면, 4가 된다. 그것을 원래 얻은 녹길에 더하면, 모두 10개이다. 온감과 녹길을 합친 16개를 전체 수량 100에서 뺀 나머지 84는 곧 변길의 수량이다.

出錢一百,買溫柑[95],綠桔[96],匾桔[97]共一百枚,只云溫柑一枚七文,綠桔一枚三文,匾桔三枚一文,問各買幾何?
答曰,溫柑六枚計四十二文,綠桔十枚計三十文,匾桔八十四枚計二十八文.
「辨古通源」算草曰,置錢一百,以三因,爲三百分. 內減共數一百枚,餘二百分,爲實. 三因溫柑價得二十一,內減一,餘二十分. 又三因綠桔價得九,內減一,餘八分. 幷之得二十八,爲法,除實,得六枚. 乃溫柑綠桔各六枚之數. 餘實三十二分,以原法二十八,減去溫柑二十分,餘八,除實得四. 加原得綠桔,共十枚之數. 以溫柑綠桔共十六枚,減都數一百,餘八十四,卽匾桔之數.

[31] 좋은 술(순주)은 한 말에 7관, 보통 술(행주)은 한 말에 3관, 막걸리(이주)는 3말에 1관씩 하는데, 지금 10관을 지불하여 술 10말

95) 하남성(河南省) 온주(溫州)에서 생산되는 밀감.
96) 껍질이 초록색인 밀감.
97) 형태가 넙죽한 종류의 밀감.

을 사려고 한다. 각각 얼마씩 사게 되겠는가?

답 : 순주 6되 4관 200문 어치, 행주 1말 300문 어치, 이주 8말 4되 2관 800문 어치.

원래 미지수가 셋인 연립방정식을 푸는 법(삼분신지술)은 없었으며, 「장구건산경」과 「변고통원」에는 계산만이 실려있을 뿐이다. 필자가 우연히 사본을 얻어보았더니 문제만 실려 있을 뿐, 풀이법은 제시되지 않았다. 마땅히 세 값 중 한 값을 갖고 있는 돈으로부터 뺀 다음, 나머지 둘을 합친 가격에 대하여 2원1차 연립방정식(쌍분신법)을 적용하여 구하도록 한다. 문제에 분자가 있을 경우에는 통분한다.

계산법에 따라서 10관으로 산 술 10말을 놓고, 먼저 행주 한 말 3관으로 한 말을 뺀다. 남은 돈 7관은 곧 순주와 이주 9말을 합한 값이 되니, 2원1차 연립방정식을 적용하여 구하도록 한다. 이주 3말 값 1관을 들여서 합한 값 7관으로 통분하여 3배하면, 21이 되는데, 순주 1말 값 7관도 역시 이주 3말 값 1관으로 3배하면 된다. 이주 1관을 9말과 곱한 것을 공통의 값에서 뺀 나머지 12관을 나뉨수로 삼고 순주 값에서 이주 값을 뺀 나머지 20관을 나눗수로 삼아서 나눠주면 순주 6되가 나오며 거꾸로 9말 합한 수량에서 빼면, 이주는 8말 4되가 되는데 각각의 값으로 곱해주면 답이 나온다.

醇酒每斗七貫,行酒每斗三貫,醨酒三斗直一貫,今支一十貫,買酒十斗. 問各幾何?

答曰,醇酒六升,價四貫二百文,行酒一斗,價三貫文,醨酒八斗四升,價二貫八百文.

本無三分身之術. 「張丘建算經」, 「辨古通源」只有細草. 輝偶見寫本,有此題問,亦無成術. 宜云三價中以一價除出一位所得之數,其餘二物共價. 如雙分身法求之. 題有分子者,通之.
草曰,置十貫酒十斗,先以行酒一斗三貫,除出一斗. 餘錢七貫,卽醇,醨酒九斗共價也. 如雙分身術求之. 內醨酒三斗直一貫,令通分以共價七貫,三因,作二十一,醇酒一斗直七貫亦用三因,醨酒三斗直一貫. 以醨酒一貫乘九斗,減共錢,餘一十二貫,爲實. 以醇,醨二價相減,餘二十貫,爲法. 除得醇酒六升,反減九斗共數,得醨酒八斗四升,以各價乘之,合問.

호환("새 비율을 대입하면, 그에 따른 비율이 나온다(입신율, 출귀율)"고 부르며, 「구장산술」에서는 "속미"라고 부름)(互換(謂入新率,出歸率, 「九章」 名粟米))

[32] 금 1 입방치(가로, 세로, 높이가 모두 10푼인 것을 말하며, 세제곱하면, 1,000푼이 됨)의 무게는 1근(곧, 16냥)이다. 지금 금 7 입방푼(가로, 세로, 높이가 모두 7푼인 것을 말하며, 세제곱하면, 343푼이 됨)이 있다면, 무게는 얼마나 되겠는가?
답 : 5냥 4전 8푼 8리.

호환술에 따라서 구하고자 하는 비율(7 입방푼의 부피 343푼)을 갖고 있는 값(소유수, 금 16냥)과 곱하여 나뉨수로 삼고, 원래의 비율(금 1 입방치의 부피 1,000푼)을 나눗수로 삼아서 나눠주면, 답이 나온다.

金立方一寸(謂長,闊,高皆是十分. 再自乘得一千分),重一斤(卽,十六兩),今有金立方七分(謂長,闊,高皆是七分,再自乘得三百四十三分),問重幾何?
答曰,五兩四錢八分八釐.
互換術曰,以所求率(立方七分,積三百四十三分)乘所有數(金十六兩)爲實,以原率(金方一寸,積一千分)爲法,除之合問.

[33] 64명이 8일 동안 강 1,600자^{3}를 파는데, 이제 36명을 더 투입해서 12일 동안 파게 되면, 몇 자^{3}나 파겠는가?
답 : 3,750자^3.

복비례법(중호환술)에 따라서 64명을 8일과 곱하여 나눗수(즉, 512공)로 삼는다. 64명에 36명을 더하면, 모두 100명이 되는데, 12일과 곱한 것(즉, 1,200공)을 1600자와 곱해서 나뉨수로 삼은 다음, 그것을 나눗수로 나눠준다.

「응용산법」은 비례보다 직접 곱하는 것이 더 낫다고 하였는데, 그 사이에 또 대체할 수 없는 경우라면 의당 둘 다 보존해야 할 것이다.

六十四人,八日開河一千六百積尺,今添夫三十六人,今開十二日. 問開幾積尺?
答曰,三千七百五十尺.
重互換術曰,六十四人,乘八日爲法(卽,五百十二工). 六十四人之添三十六人,共一百人,乘十二日(卽一千二百工),以乘一千六百尺爲實,以法除之.
「應用算法」以徑乘代互換者固善,其間又有不可代者,宜兩存之.

변환하는 것을 활용하는 법(變換活法)

1을 만나 나눌 때에는 자리를 정하고 곱할 뿐 나누지 않는다.
2로 나눌 때에는 자리를 정해서 곱하고 반으로 나눈다.
2를 곱하고 3으로 나눌 때(몫을 놓고 감5한다.)
3을 곱하고 3으로 나눌 때(곱하거나 나누지 않고, 자리만 정한다.)
4를 곱하고 3으로 나눌 때(호환한다.)
5를 곱하고 3으로 나눌 때(호환한다.)
6을 곱하고 3으로 나눌 때(2를 곱한다.)
7을 곱하고 3으로 나눌 때(호환한다.)
8을 곱하고 3으로 나눌 때(호환한다.)
9를 곱하고 3으로 나눌 때(자리를 정하고, 3을 곱한다.)

遇一除者,定位只乘不除.
二爲除者,定位乘訖,折半.
二乘三除(置積減五.)
三乘三除(不乘除,只定位.)
四乘三除(互換.)
五乘三除(互換.)
六乘三除(二因.)
七乘三除(互換.)
八乘三除(互換.)
九乘三除(定位,三因.)

[34] 234근이 있는데, 3근에 600문씩 한다면, 모두 얼마나 되는가?
답 : 46관 800문.

대안적 방법(대술)에 따라서, 200을 사용하여 근수를 곱하는데, 600으로 3근을 사들이므로 한 근에 200문임을 알기 때문에 호환할 필요가 없다.

주해 문제에서 수행된 계산은 기본적으로 다음과 같다.

$$234\times600\div3=234\times200=46800.$$

二百三十四斤,每三斤直六百,問錢幾何?
答曰,四十六貫八百文.
代術曰,用二百乘斤數,六百買三斤,知每斤二百,不必互換.

[35] 234명이 있는데, 3 사람에게 7관씩 지급하면, 모두 얼마나 되는가?
답 : 546관.

호환술에 따라서, 사람 수를 놓고, 7관으로 곱한 다음, 3 사람으로 나눠준다.

주해 문제에서 수행된 계산은 기본적으로 다음과 같다.

$$234\times7\div3=546.$$

二百三十四人,每三人支七貫,問計幾錢?

答曰,五百四十六貫文.

互換術曰,置人數,以七貫乘之,三人除之.

2를 곱하고 4로 나눌 때(5를 곱한다.)

3을 곱하고 4로 나눌 때(가5하고, 반으로 나눈다.)

4를 곱하고 4로 나눌 때(곱하거나 나누지 않는다.)

5를 곱하고 4로 나눌 때(가25한다.)

6을 곱하고 4로 나눌 때(가5한다.)

7을 곱하고 4로 나눌 때(호환한다.)

8을 곱하고 4로 나눌 때(2를 곱한다.)

9를 곱하고 4로 나눌 때(호환한 다음, 두 번 가5한다.)

二乘四除(五因.)

三乘四除(加五,折半.)

四乘四除(不乘除.)

五乘四除(加二五.)

六乘四除(加五.)

七乘四除(互換.)

八乘四除(二因.)

九乘四除(互換,又兩度加五.)

[36] 28명이 있는데, 4 사람에게 은 7냥씩 나눠주면, 모두 얼마나 지급하게 되는가?

답 : 49냥.

호환술에 따라서 사람 수를 놓고, 7냥으로 곱한 다음, 4 사람으로 나눠준다.

또 다른 풀이법에 따르면, 1냥 7전 5푼을 사람 수에 곱한다. (4 사람이 7냥을 나누려면, 4제하면 된다.)

주해 문제에서 수행된 계산은 기본적으로 다음과 같다.

$$28\times7\div4=28\times1.75=49.$$

二十八人,每四人支銀七兩,問共支幾何?

答曰,四十九兩.

互換術曰,置人數,以七兩乘之,四人除之.

又術,一兩七錢五分乘人數. (四人分七兩,可以四除.)

2를 곱하고 5로 나눌 때(몫을 4로 곱한다.)

3을 곱하고 5로 나눌 때(몫을 6으로 곱한다.)

4를 곱하고 5로 나눌 때(몫을 8로 곱한다.)

5를 곱하고 5로 나눌 때(곱하거나 나누지 않는다.)

6을 곱하고 5로 나눌 때(가2한다.)

7을 곱하고 5로 나눌 때(가4한다.)

8을 곱하고 5로 나눌 때(가6한다.)

9를 곱하고 5로 나눌 때(가8한다.)

二乘五除(四因積.)
三乘五除(六因積.)
四乘五除(八因積.)
五乘五除(不乘除.)
六乘五除(加二.)
七乘五除(加四.)
八乘五除(加六.)
九乘五除(加八.)

[37] 216인이 있는데, 50인에게 은 5냥씩 지급하면, 모두 얼마나 되는가?

답 : 21냥 6전.

50인에게 은 5냥씩 지급한다는 것은 곧 한 사람이 은 1전씩 얻는다는 것이므로, 곱하고 나누고 할 필요가 없다. 사람 수(216인)를 놓고, 그것으로 전의 자리를 정한다.

二百一十六人,每五十人支銀五兩,問共幾何?
答曰,二十一兩六錢.
五十人支銀五兩,卽是每人得銀一錢,不必乘除. 置人數(二百一十六人),于人上定錢.

2를 곱하고 6으로 나눌 때(몫을 놓고 3으로 나눈다.)

3을 곱하고 6으로 나눌 때(반으로 나눈다.)

4를 곱하고 6으로 나눌 때(몫을 놓고 감5한다.)

5를 곱하고 6으로 나눌 때(호환한다.)

6을 곱하고 6으로 나눌 때(곱하거나 나누지 않는다.)

7을 곱하고 6으로 나눌 때(호환한다.)

8을 곱하고 6으로 나눌 때(75로 나눈다.)

9를 곱하고 6으로 나눌 때(가5한다.)

호환하는데 7을 만나면, 줄이거나 변환하지 않고 호환을 따른다.

2를 곱하고 8로 나눌 때(두 번 반으로 나눈다.)

3을 곱하고 8로 나눌 때(3을 곱하고, 가25한다.)

4를 곱하고 8로 나눌 때(반으로 나눈다.)

5를 곱하고 8로 나눌 때(감6한다.)

6을 곱하고 8로 나눌 때(75를 곱한다.)

7을 곱하고 8로 나눌 때(7을 곱하고, 가25한다.)

8을 곱하고 8로 나눌 때(곱하거나 나누지 않는다.)

9를 곱하고 8로 나눌 때(9를 곱하고, 가25한다.)

호환하는데 9를 만나면, 줄이거나 변환하지 않고 원래의 방법을 따른다.

二乘六除(置積三除.)

三乘六除(折半.)

四乘六除(置積減五.)

五乘六除(互換.)

六乘六除(不乘除.)
七乘六除(互換.)
八乘六除(七十五除.)
九乘六除(加五.)
互換遇七數者,無折變,仍從互換.
二乘八除(兩折半.)
三乘八除(三因,加二五.)
四乘八除(折半.)
五乘八除(減六.)
六乘八除(七十五乘之.)
七乘八除(七因,加二五.)
八乘八除(不乘除.)
九乘八除(九因,加二五.)
互換遇九者,無折變,從本法.

분수를 더한 다음 호환함(合分入互換)

[38] 어떤 부인이 강에서 그릇을 씻고 있었는데, 나루터 관리가 물었다. 웬 그릇이 그리 많소? 부인이 대답하기를 집에 손님들이 오셨습니다. 두 사람이 밥을 같이 들고($\frac{1}{2}$), 세 사람이 국을 같이 마시며($\frac{1}{3}$), 네 사람이 고기를 같이 먹는데($\frac{1}{4}$), 모두 합해서 그릇 65

개를 쓰고 있으나, 손님이 몇인지 모르오니, 모두 얼마나 되는지요?

답 : 60명.

「손자산경」의 풀이법에 따라서 그릇 65개를 놓아 12로 곱하고, 13으로 나눈다. 이 풀이법은 자세하지 못한데, 모름지기 합분을 먼저 적용하고, 그 다음에 호환을 이용하여야 할 것이며 모두 자세한 계산(세초)을 참조하라.

계산법에 따라서 분모를 오른쪽에 늘어놓고, 분자를 왼쪽에 늘어놓는다.

좌	우
1 그릇	2명
1 그릇	3명
1 그릇	4명

분모를 분자와 호승하고, 더하여 나눗수로 삼는다.

(2명, 3명을 왼쪽 아래의 1과 곱하면, 6이 되고,

2명, 4명을 왼쪽 가운데의 1과 곱하면, 8이 되고,

3명, 4명을 왼쪽 위의 1과 곱하면, 12가 되어,

모두 26 그릇이 되는데, 반으로 나누면, 13이 된다.)

분모를 서로 곱해서 나뉨수로 삼아서(2명, 3명, 4명을 서로 곱하면, 24명이 됨), 반으로 나누면, 12가 된다.

앞서의 풀이법을 적용하여, 12를 65 그릇과 곱하고, 13으로 나눈다.

婦人河上蕩杯,津吏問曰,杯何多? 婦答曰,家有客至. 二人共飯(二分之一),三人共羹(三分之一),四人共肉(四分之一),總用杯六十五只,不知幾客,問總人.

答曰,六十人.

「孫子」術曰,置六十五杯,以十二乘之,以十三除之. 此術未詳,當先用合分,而後用互換,具見細草.

草曰,列分母于右行,列分子于左行.

左	右
一杯	二人
一杯	三人
一杯	四人

母互乘子,并之爲法.

(二人三人乘左下一,得六,

二人四人乘左中一,得八,

三人四人乘左上一,得十二,

共二十六杯,折半,得十三.)

母相乘爲實(二人,三人,四人相乘,得二十四人),折半,得十二.

入前術,以十二乘六十五杯,用十三除之.

[39] 병사 3,474명이 있는데, 3명당 한삼견 70자씩을 지급하고, 4명당 고견 50자씩을 지급했다. 모두 얼마나 나눠주었겠는가?(출처: 「응용산법」)

답 : 2,963필 3장 9자.

풀이법에 따라서, 사람 수와 해당 자수를 제대로 배열한 다음, 분수 덧셈법(합분법)과 비례법(호환)을 써서 구한다.

계산을 좇아서, 사람 수를 분모로 삼고, 비단의 수량을 분자로 삼는다.

(좌)	(우)
70필	3인
50필	4인

분모를 분자와 서로 곱하고 더해서 나눗수로 삼는다.

(오른쪽 위와 왼쪽 아래를 곱하면, 150이 되고, 오른쪽 아래와 왼쪽 위를 곱하면, 280이 됨)

더하면 430자가 된다. 분모들을 서로 곱해서 나눗수로 삼는다(오른쪽 3과 4를 서로 곱하면, 12명이 됨).

호환법을 써서 430자와 병사 총수(3,474명)를 곱하고, 12명을 나눗수로 삼아서 나눠주면, 답이 나온다.

兵士三千四百七十四人,每三人,支汗衫絹[98]七十尺,每四人,支褌絹[99]五十尺. 問共支幾何?(「應用」)

答曰,二千九百六十三匹三丈九尺.

術曰,齊人數,得尺數,求知合分法入互換.

草曰,人數爲分母,絹數爲分子.

左	右
七十尺	三人
五十尺	四人

母互乘子 幷之爲法.

(右上乘左下,得一百五十,

右下乘左上,得二百八十,)

幷得四百三十尺. 母相乘,爲法(右三四相乘,得十二人).

入互換法,以四百三十尺乘兵士總人(三千四百七十四人). 以十二人爲法,除之合問.

차등배분(差分)

문제의 숫자에 나머지가 없으면, 차분, 호환, 상제의 세 방법이 두루 이용될 수 있는데, 혹시 분자가 있을 때에는 세 가지 방법을 바꿔 쓸 수가 없다. 「구장산술」의 쇠분장에서는 다섯 사람이 사슴 5마리를 나누는데, 1, 2, 3, 4, 5를 차등적인 비율(쇠)로 사용하고, 마찬가지로 소, 말, 양이 조를 나누는데, 1, 2, 4를 비율로 사용하고, 베를 잘 짜는 여자의 작업량이 매일 배로 늘어나므로, 1, 2, 4, 8, 16을 비율로 사용하며 세 고을이 요역을 내는 데에는 각 고을의 인구가 많고 적음에 따라 비율로 삼았다. 이 모두가 딱 맞아떨어지는 답으로 귀결된다. 「응용산법」은 차등배분을 정해진 비율과 연결짓고 있는데, 이 역시 풀이법이 될 수 있을 것이다.

> 題數無零者,差分,互換,商除三法,自可通用. 或有分子,而三法不可互用也.「九章」衰分問,五人均五鹿,用一二三四五爲衰,如牛馬羊均粟,用一二四爲衰,女子善織,日自倍,用一二四八十六爲衰,三鄕發徭,以各鄕多寡人數爲衰. 皆准繩之數. 惟「應用算法」衰分兼帶定率,亦可爲法.

[40] 세 사람이 100문을 나누는데, 갑은 을보다 5문이 많고, 병은 을의 $\frac{5}{7}$에 해당하는 돈을 얻는다고 한다. 각각의 몫은 얼마인가?

98) "한삼견(汗衫絹)"은 내의에 사용되는 얇은 비단을 가리킨다.
99) "고견(褲絹)"은 바지를 만드는데 사용되는 비단이다.

답 : 갑 40문, 을 35문, 병 25문.

풀이법에 따르면, 100문 가운데에서 갑이 을보다 많은 5문을 먼저 빼면, 95문이 남는다. 문제에서 병이 을의 $\frac{5}{7}$ 에 해당하는 돈을 얻는다고 하였다. 병의 비율(쇠)은 5에 해당하고, 갑과 을의 비율은 각각 7에 해당한다. 그것들의 합 8을 나눗수로 삼고, 각각의 비율로 전체 금액을 곱한다. 그 값을 나눗수로 나누면, 각각의 답을 얻는다. 병의 경우에는 28을 빼줘야 답이 된다.

三人均一百,只云甲多乙五文,丙得錢如乙七分之五. 問各幾何?
答曰,甲四十文,乙三十五文,丙二十五文.
術曰,于百文內,先減出甲多乙五文,餘九十五文. 題云丙得乙七分之五. 丙當以五爲衰,甲乙各以七爲衰,幷之. 得十九,爲法. 以九十五乘列衰,以法除之,得數. 增原減五文添甲. 合問.

[41] 세 사람이 100문을 나누는데, 을은 갑의 $\frac{2}{3}$ 로 그리고 병은 갑보다 28문 적게 하려고 한다. 각각의 몫은 얼마인가?

답 : 갑 48문, 을 32문, 병 20문.

풀이법에 따라서 28문을 늘려서, 100문과 합친 것을 전체 금액으로 하면(병이 갑보다 28문 적다는 것을 감안해서), 문제에서 을이 갑의 $\frac{2}{3}$ 를 얻는다고 하므로 갑의 비율(쇠)은 3, 을의 비율은 2에 해당하고, 병의 비율도 3에 해당한다. 그것들의 합 8을 나눗수로 삼고, 각각의 비율로 전체 금액을 곱한다. 그 값을 나눗수로 나누면, 각각의 답을 얻는다. 병의 경우에는 28을 빼줘야 답이 된다.

「지남산법」에 4 : 6의 비율로 나누는 문제가 실려있는데, 차례대로 가5하면, 그 값들을 구할 수 있다. 갑의 비율을 4로 하고, 가5하면, 6이 되는데 을의 비율로 삼고 또 6 위에 가5하면, 9가 되는데, 병의 비율로 삼는다. 필자(양휘 자신)는 고소에 있던 시절에 누군가가 3:7로 나누는 법을 묻길래, "이것을 전하지 않을 수 없어서 쇠분장의 미흡한 점을 보충하기 위하여 포함시켰노라"고 답변한 바 있다.

三人均一百,欲令乙得甲三分之二,丙少甲二十八文. 問各幾何?
答曰,甲四十八文,乙三十二文,丙二十文.
術曰,增二十八,并一百爲總錢(以應丙少甲二十八文之數),題云乙得甲三分之二,當以甲衰三,乙衰二,丙亦衰三. 并八爲法,各以衰乘總錢. 以法除之,各得. 却于丙內退二十八,合問.

「指南算法」有四六差分,遞用加五,可以致其數. 如甲衰四,加五,作六,爲乙之衰,又于六上加五,得九,爲丙之衰. 輝因到姑蘇[100],有人求三七差術,繼答之. 尤不可不傳,以補衰分之萬一.

[42] 지금 네 사람이 있는데, 928관을 3:7로 차이가 나도록 나누려고 한다면, 각자의 몫은 얼마인가?

답 : 갑 548관 800문, 을 235관 200문, 병 100관 800문, 정 43관 200문.

풀이법과 계산법에 따라서 다음과 같이 배열한다.

갑 을 병 7 정 3

100) "고소(姑蘇)"는 오늘날의 강소성(江蘇省) 소주(蘇州)지방을 가리킨다.

병 7은 3의 인수를 가질 수 없으므로, 의당 3으로 병과 정을 곱하면, 을항(을차)이 된다.

갑 을 49 병 21 정 9

을항도 3의 인수를 가질 수 없으므로 역시 아래 자리도 3으로 곱하면 갑항(갑차)이 된다.

갑 343 을 147 병 63 정 27

그리고 네 항을 더하면, 580이 되는데, 그것을 나눗수로 삼는다. 나눈 돈으로 각각의 열쇠를 곱한 다음, 나눗수로 나눠주면, 답이 나온다.

今有四人,分錢九百二十八貫,欲遞以三七差分,問各得幾何?

答曰,甲五百四十八貫八百文,乙二百三十五貫二百文,丙一百貫八百文,丁四十二貫二百文.

術草曰,列置 甲 乙 丙七 丁三

丙七不可爲三,宜以三因丙丁,生乙差.

甲 乙四十九 丙二十一 丁九

乙之差.不可爲三,亦以三因下位,生甲差.

甲三百四十三 乙一百四十七 丙六十三 丁二十七

副幷四差,得五百八十,爲法. 以所均之錢,各乘列衰,以法除之,合問.

[43] 나무가 있는데 길이를 몰라서 끈을 잡아당겨 그것을 재니, 끈이 4자 5치가 남고, 또다시 끈을 반으로 접어서 재니, 끈이 1자가 모자랐다면, 나무의 길이는 얼마인가?

답 : 6자 5치.

풀이법에 따라서 모자라는 값의 배(1자의 배는 2자)를 남는 값에 더하면 나무의 길이를 얻게 되어 답이 나온다.(한 몫에 재서 4자 5치가 남은 것은 곧 끈이 나무 길이보다 긴 나머지이다. 다시 끈 길이의 반으로 쟀더니 1자가 모자란 것은 곧 나무 두 그루 각각에 대해서 1자씩 모자란 셈이다. 모자라는 길이의 배를 남는 길이에 더하여 나눗수로 삼는데 이는 곧 나무 두 그루를 이용한 다음, 한 그루의 길이를 소거한 것이다.)

주해 나무의 길이를 x, 끈의 길이를 y라고 하면,

$$y = x + 4.5$$

$$\frac{y}{2} = x - 1$$

이라는 연립방정식이 성립되며 그것을 풀면, 풀이법에서 말하는 바와 같이 $x = 2\times1 + 4.5 = 6.5$라는 답이 나온다.

有木不知長,引繩度之,繩多四尺五寸,再以半繩量之,繩少一尺,問木長幾何?
答曰,六尺五寸.
術曰,倍少數(倍一尺爲二尺),幷多數,得木長,合問. (一量,有餘四尺五寸,乃一木長外餘數也,再以半繩量,缺[101]一尺,乃二木中各缺一尺也.倍缺數幷多數爲法者,乃是作二木取用,陰去一木之長也.)

101) 세키 타카카즈(關孝和)가 베낀 필사본(任繼愈 편, 1993 : 1-1113)에는 이 풀이법 문장의 "缺"자 셋이 "欠"자로 되어 있다.

영부족(盈不足)

「손자산경」에 "도둑들이 어떤 사람의 비단을 훔치다"는 제목이 보이지만, 그것의 원래 풀이법이 「구장산술」에 나온다는 언급이 없는데, 대각선 방향으로 서로 곱하여 위아래를 더해주면, 답이 나온다. 숫자들이 모두 1씩 차이가 나는 것은 우연의 일치일 뿐이다. 만약 차이가 2, 3이면 곧, 위아래를 더하는 것은 이용할 수 없다.

「孫子算經」"賊人盜絹"題目,不云「九章」本法,而以羅紋相乘[102],上下相幷爲答. 盖其數差一,偶同也. 若差數二三,則上下相幷不可用矣.

[44] 도둑들이 훔친 비단을 나누는데, 한 명당 7필씩 하면, 모두 7필이 모자라고, 한 명당 6필씩 하면, 모두 6필이 남는다고 한다. 도둑들과 비단은 각각 얼마나 되는가?(출처 : 「손자산경」)

답 : 도둑 13명, 비단 84필.

풀이 계산을 좇아서 영부족의 수치를 다음과 같이 놓는다.

(좌)	(우)
6필	7필
+6필	-7필

102) "나문상승(羅紋相乘)"은 "유승(維乘)"과 마찬가지 의미로서 대각선 방향으로 서로 곱하는 것을 뜻한다.

대각선 방향으로 서로 곱하여(오른쪽 아래와 왼쪽 위를 곱하면, 42가 되고, 왼쪽 아래를 오른쪽 위와 곱해도 역시 42가 됨), 위아래를 각각 더해주면(위를 더한 84는 필수가 되고, 아래를 더한 13은 사람수가 됨), 답이 나온다.

주해 이것과 관련지어 음미할 만한 것이 이 비슷한 문제를 관리 승진심사에 활용했다는 9세기 당나라 때의 다음과 같은 고사이다.

어느 날 직위, 직책이 같을 뿐 아니라 인사고과상의 상벌 점수마저 같은 두 하급관리가 같은 자리를 놓고 경합을 벌이게 되었다. 누구를 승진시켜야 할지 몰라서 관련 상급자가 양순을 불렀더니, 그는 두 후보자를 불러다 다음과 같이 말하는 것이었다. "하급관리는 계산을 빨리 할 줄 알아야 된다. 두 후보자로 하여금 내가 내는 문제를 듣게 해서 빨리 푸는 쪽이 승진을 하도록 한다. 문제는 다음과 같다.

어떤 사람이 숲 속을 걷다가 도둑들이 훔친 포목을 분배하느라 왈가왈부하는 것을 주워 듣게 되었다. 그들이 말하는 내용은 각자 여섯 필씩 가지면, 5필이 남고, 7필씩 가지면, 8필이 모자란다는 것이다. 도둑들과 포목은 각각 얼마나 되는가?"

양순은 후보자들에게 현관의 타일 바닥 위에서 산가지로 계산하게 했다. 잠시 후, 하급관리중 한 명이 정답을 제시하여 승진이 결정되고, 그것에 대해 모두들 아무런 불만 없이 물러가게 되었다.

Once two clerks, of the same rank, in the same service, and with the same commendations and criticisms in their records, were candidates for the same position. Unable to decide which one to promote, the superior officer called upon Yang Sun, who had the candidates brought before him and announced: Junior clerks must know how to calculate at speed. Let the two candidates listen to my question. The one who solves it first will have the promotion. Here is the problem:

> A man walking in the woods heard thieves arguing over the division of rolls of cloth which they had stolen. They said that, if each took six rolls, there would be five left over; but if each took seven rolls, they would be eight short. How many thieves were there, and how many rolls of cloth?

Yang Sun asked the candidates to perform the calculation with rods upon the tiled floor of the vestibule. After a brief moment, one of the clerks gave the right answer and was given the promotion, and all then departed without complaining about the decision. (Cf. Needham in HGS 1, pp. 188-92; Ifrah, 2000: 283.)

問,賊人分所盜絹,人各七匹,總少七匹,人各六匹,總剩六匹. 問賊與絹各幾何?(「孫子」)

答曰,賊一十三人,絹八十四匹.

術草曰,置盈不足之數

左	右
六匹	七匹
多六匹	少七匹

維乘[103](右下乘左上,得四十二,左下乘右上,亦四十二.),各幷之(上幷得八十四,爲匹,下幷得十三,爲人數),合問.

[45] 도둑들이 비단을 훔쳤는데, 한 명당 12필씩 나누면, 모두 12필이 남고, 한 명당 14필씩 나누면, 모두 6필이 모자란다면, 도둑들과 비단은 각각 얼마나 되는가?

답 : 도둑 9명, 비단 120필.

「구장산술」의 풀이를 좇아서 영부족을 다음과 같이 놓는다.

(좌)	(우)
14필	12필
-6필	+12필

대각선 방향으로 서로 곱하여(오른쪽 아래와 왼쪽 위를 곱하고, 왼쪽 아래를 오른쪽 위와 곱함.), 각각 더했으나(위는 240필이 되고,

103) "유승(維乘)"은 앞서 나온 "나문상승(羅紋相乘)"과 같은 뜻이다.

아래는 18명이 됨), 문제에 부합되는 답이 나오지 않는다. (이 때) 비율의 차이를 나눗수로 삼고(14필에서 12필을 빼면 2필이 됨), 나눗수(2필)로 그것을 나눠주면(도둑 9명, 비단 120필), 답이 나온다.

또 다른 풀이법에 따르면, 영부족을 더하여 나뉨수로 삼고(남는 12필과 모자라는 6필을 더하면 18필이 됨.), 비율이 큰 것과 작은 것을 서로 뺀 나머지를 나눗수로 삼는다(14에서 12를 뺀 나머지는 2필임.). 나눗수로 나뉨수를 나눠주면, 사람 수를 얻는다(2로 18을 나누면, 9명이 됨.). 비율로 사람 수를 곱하고(14×9명 = 126이 됨.), 남는 것(12필)을 빼거나 모자라는 것(6필)을 더해주면 답이 나온다.

假如賊人盜絹,各分一十二匹,總多一十二匹,各分一十四匹,總少六匹,問賊人與絹各幾何?

答曰,賊是九人,絹百二丨匹.

「九章」術曰,置盈不足

左	右
十四匹	十二匹
少六匹	多十二匹

維乘(右下乘左上,左下乘右上),各幷之(上得二百四十,下得一十八人),不合所問. 以出率相減爲法(十二匹減十四匹,餘二匹),以法(二匹)除之(賊是九人,絹百二十),合問.

又術,幷盈不足爲實(多十二,少六匹,共十八匹). 以出率多少相減,餘爲法(十二減十四,餘二匹). 以法除實,得人數(二除一十八,得九人). 以所率乘人數(十四乘九人,得百二十六),減盈(一十二匹)增不足(六匹)合問.

정사각형과 원에 관한 논의(方圓論)

원둘레와 지름의 비가 3:1(원삼경일)이고, 정사각형의 한 변과 대각선의 비가 5:7(방오사칠)이라는 것은 산학자들이 항상 하는 얘기지만, 일반화시켜서 논하기는 쉽지 않다. 「구장산술」은 원 모양의 밭의 둘레가 30보이면, 넓이가 75보^{2}라고 하고 있다. 이순풍의 주에 따르면, 지름은 10보이다.

유휘의 풀이법(휘술)에 따라서 원둘레에 50을 곱하고, 157로 나누면, 지름은 $9\frac{87}{157}$ 보이다.

정밀한 원주율(밀률)에 따라서 원둘레에 7을 곱하고, 22로 나누면, 지름은 $9\frac{6}{11}$ 보가 된다.

두 비율을 비교하면 어느 것이 큰가? 과분술을 적용하여 공통분모를 구하도록 한다.

유휘의 풀이법을 쓰면, 전체 지름은 $9\frac{957}{1727}$ 보이다.

밀률을 쓰면 전체 지름은 $9\frac{942}{1727}$ 보이다.

이 풀이법에 따라서 둘레가 있으면, 저절로 지름을 구할 수 있고, 혹은 지름이 있으면 또한 그 역으로 둘레를 구할 수 있다.

휘술로 넓이를 구할 때에는 원둘레를 제곱하도록 하고, 또 25를 곱한 다음, 314로 나눈다. 그러면 면적은 $71\frac{103}{157}$ 보^{2}가 된다.

밀률로 넓이를 구할 때에는 원둘레를 제곱하도록 하고, 또 7을 곱한 다음, 88로 나눈다. 그러면 면적은 $71\frac{13}{22}$ 보^{2}가 된다.

두 면적을 과분술을 적용하여 공통분모를 구하도록 한다.

휘술의 면적은 $71\frac{2266}{3454}$ 보^{2}이다.

밀률의 면적은 $71\frac{2041}{3454}$ 보^{2}이다.

두 방법이 가리키는 바는 원둘레와 지름의 비가 3:1이 아니라는 것이다. 옛 사람들은 원둘레와 정사각형의 둘레의 비가 3:4(원삼방사)의 뜻을 취하였으므로, 원삼경일의 법칙을 적용한 것이다.

「구장산술」에는 밑변, 높이, 빗변의 비가 3 : 4 : 5인 것은 실려 있으나, 방오사칠은 보이지 않는다.

직사각형의 넓이를 구할 때에는 길이를 높이로 너비를 밑변으로 그리고 빗변을 현으로 삼는다.

정사각형의 넓이를 구할 때에는 한 변의 길이를 밑변과 높이로, 그리고 빗변을 현으로 삼는다.

원의 넓이를 지름으로 나누면, 현이 된다.

밑변과 높이로부터 현을 구하는 법(구고구현술)에 따라서 밑변과 높이를 각각 제곱하여 더한 다음, 제곱근을 구하면, 현이 된다.

밑변과 현으로부터 높이를 구하는 법(구현구고술)에 따라서 밑변의 제곱을 빗변의 제곱으로부터 뺀 다음, 제곱근을 구하면, 높이가 된다.

높이와 현으로부터 밑변을 구하는 법(고현구구술)에 따라서 높이의 제곱을 빗변의 제곱으로부터 뺀 다음, 제곱근을 구하면, 밑변이 된다.

정사각형의 한 변이 5자라면, 넓이는 25자^{2}가 되는데, 한 변을 취하여 밑변과 높이로 삼는다. 풀이법에 따라서 밑변 5와 높이 5를 각각 제곱하여 합친 50의 제곱근을 구하면 현이 되는데, 7자를 얻고도, 여전히 1자^{2}의 넓이가 남는다.

圓三徑一,方五斜七,算家之常談,未易槪論也. 「九章」圓田,周三十步,積七十五步.
李淳風注,徑一十步.
若劉徽術,以五十乘周,如一百五十七而一. 徑九步一百五十七分步之八十七.
密率云,七乘周,如二十二而一. 徑九步十一分步之六.
二率較之孰多? 今以課分術求同分母.
劉徽術合徑九步一千七百二十七分步之九百五十七.
密率合徑九步一千七百二十七分步之九百四十二.
此術有周,自可求徑,或有徑,亦可反術求周.
徽術求積,令圓周自乘,又二十五乘之,三百十四而一. 爲積七十一步一百五十七分步之一百三.
密率求積,令圓周自乘,又七乘之,如八十八而一. 爲積七十一步二十二分步之一十三.
二積,以課分術求同分母.
徽術積七十一步三千四百五十四分步之二千二百六十六.
密率積七十一步三千四百五十四分步之二千四十一.
二術言之,圓三徑一,亦未爲是. 古人取圓三方四之義,故行圓三徑一之法.
「九章」有句三股四弦五之率,無方五斜七之數.
直積以長爲股,闊爲句,斜爲弦.
方積以方面爲句爲股,斜爲弦.
圓積以徑數爲弦.
句股求弦術曰,句股各自乘,幷而開方,求弦.
句弦求股術曰,句自乘減弦自乘,開方求股.
股弦求句術曰,股自乘減弦自乘,開方求句.
假如自方五尺,計積二十五尺,取方面爲句爲股,依術句五,股五,各自乘,幷而爲五十,開平方求弦,得七尺,尙多餘積一尺.

[46] 「장구건산경」에 실려있는 문제 하나는 원모양의 자재의 지름이 2자 1치일 때, 내접 정사각형의 한 변이 얼마인지를 묻고 있다. **답**: 1자 5치.

이순풍의 주는 제곱근을 구하면, 1자 $4\frac{21}{25}$치가 된다고 한다.

풀이법에 따라서 지름 치수에 5를 곱하고, 7로 나눈다. 즉, 정사각형의 한 변과 대각선의 비가 5:7(방오사칠)이라는 뜻이다. 이순풍의 주에서 "치 아래에 $\frac{21}{25}$치가 있다"고 한 것도 역시 방오사칠의 뜻이다. 지름은 곧 현이다. 구고술에 따라서 지름(2자 1치)의 제곱을 반으로 나누고(2자 25리), 제곱근을 구하면 밑변 1자 $4\frac{245}{281}$치를 얻는다((흔히) 「변고통원」의 개방부진법을 이용하는데 방오사칠은 그 방법과는 다름).

「張丘建算經」問,圓材徑二尺一寸,得方面幾何?
答曰,一尺五寸. 李淳風注,開方除之. 爲一尺四寸二十五分寸之二十一. 術曰,五乘徑寸,以七除之. 卽方五斜七之義. 李淳風之注,有寸下二十五分寸之二十一,亦方五斜七之義. 徑卽弦也. 句股術曰,徑(二尺一寸)自乘半之(二尺二十五釐),開平方除之,得句面一尺四寸二百八十一分寸之二百四十五(用「辨古通源」開方不盡法,則方五斜七非其法也).

「구장산술」에 따르면 정사각형의 넓이로부터 원(지름)을 구하기 위해서는, 12로 그것을 곱한 다음, 제곱근을 구한다. 마찬가지로, 원의 넓이로부터 정사각형(의 한 변)을 구하려면, 둘레의 제곱을 써서

12로 나눈 다음 제곱근을 구하도록 한다. 이것들은 모두 원둘레와 정사각형의 둘레와 지름의 비가 3:4:1이라는 뜻을 취한 것이다. 하물며 휘율과 밀률의 두 가지처럼 각각 분수를 포함하고 있으면 제곱근을 구하는 데 장애가 될 수밖에 없다.「황제구장」에는 지금껏 나머지 분수가 딸려있는 제곱근을 푸는 법이 없다. 비록「변고통원」에는 그것이 들어있으나, 만약 그것의 바탕까지 들어가고자 하면, 반드시 일정한 넓이를 덧붙여야만 할 것이며 마침내 분수를 곱하거나 나눠서 매끈하게 되돌릴 수는 없을 것이다. 옛날 사람들이 이미 '원삼경일'의 비율을 사용했고, 마찬가지로 제곱근의 정수 이하를 구하는 법(개방부진지법)도 함께 쓸 수 있다고 해서 휘율과 밀률의 두 가지 원주율로 정사각형과 원을 구하는 것을 가로막아서는 안될 것이다.

九章欲將方積爲圓,用十二乘之,開平方除之. 如圓積求方,用周自乘,十二而一,開平方除之. 幷取圓三方四徑一之義. 矧如徽密二率,各有分子于開方有碍. 「黃帝九章」素無開方尙餘分子之法. 雖「辨古通源」有之,或欲還原,須添入一段積數,終不及乘除分子還原端正. 古人旣用圓三徑一之率,如開方不盡之法,亦可幷行,不妨徽密二術爲方爲圓.

「변고통원」의 개방부진법을 바로 잡음(校正「辨古通源」開方不盡之法)

근을 구하다가 정수로 딱 떨어지지 않는 (나머지) 수는 분자로 삼는다. 제곱근풀이법에 따라서 우수를 배로 곱하고, 그것을 염에 더하여 한 자리 물리는데, 제곱근의 경우에는 둘로 곱하고, 세제곱근의 경우에는 3으로 곱한 다음, 하법의 1을 함께 더하여, 분모로 삼고, 그것으로 분자의 수를 몇 분의 몇이라고 부른다.

제곱수를 다시 구하여 따져보는 풀이법(재재구적수환원술)에 따라서, 한 변의 정수 부분(전보)을 놓고, 분모로 곱해서 분자와 더하여, 제곱해서 위에 놓은 다음, 또 분자를 분모에서 뺀 나머지를 분자로 곱해서 얻은 값을 윗자리에 더하여 나뉨수로 삼는다. (나눗셈을 검산(상제환원)하는 경우에는 이 부분이 필요 없음.) 분모를 제곱하여 나눗수로 삼아서, 나뉨수를 나눗수로 나눈다.

제곱수가 분수를 지니고 있어서 제곱근을 구해도 분수가 붙는 경우의 풀이법(평평방본적유분자즉시개방이유분자지술)에 따라서, 분모를 한 변의 정수 부분과 곱하고, 분자에 더해서, 제곱근을 구하면, 한 변 길이의 분자(방면산분적수)가 된다. 별도로 원래의 분모를 놓고, 제곱근을 구하면, 한 변의 분모가 되는데, 그것으로 앞서의 변 길이의 분자를 나눠주면, 한 변이 몇 보와 몇 분의 몇인지가 나온다.

方除不盡之數,命爲分子. 術曰,倍隅數入廉一退,平方二因,立方三因,幷入下法一算,總爲分母,以命分子之數.

再求積數還原術曰,置方面全步,以分母通之,幷入分子,自乘于上,又以分子減分母,餘以分子乘之,得數幷入上位,爲實. (商除還原無此一段.) 以分母自乘爲法,實如法而一.

平方本積有分子卽是開方而有分子之術曰,分母乘全步,幷入分子,開方除得方面散分積數. 別置原分母,開方除得方面分母,以除前段散積[104],乃得方面幾步幾分步之幾.

[47] 정사각형의 넓이가 1,300자라면, 한 변은 몇 자인가?

답 : $36\frac{4}{73}$ 자.

제곱근을 구하는 계산(개방초)에 따라서 넓이(1,300자)를 놓아 나뉨수로 삼고, 하법의 1을 별도로 놓고, 방법(30)을 상상으로 부르고, 몫 900을 나누고, 나머지 몫 400 방법을 2인하고, 한 자리를 물려서 염으로 삼고(60), 하법을 다시 물러나게 하여 0을 정한다. 그런 다음에는 위에 상의 둘째 자리로 6자를 올리고, 그것으로 하법을 곱해서 우(6자)로 삼는다. 염과 우의 두 법(66자)으로 상상을 곱하고, 몫에서 빼주면(396자), 나머지 몫(여실 4자)이 곧 제곱근의 정수 아래 부분(개방부진지수)이다. 우법을 2배하여 염법에 더한 다음(모두 72), 1을 덧붙여서(합계 73) 분모로 삼고, 나머지(4자)를 분자로 삼으면, 답이 나온다.

대입하여 원래의 넓이를 구하는 계산(환원구원적초)에 따라서, 한 변($36\frac{4}{73}$ 자)을 놓고, 분모로 정수 부분을 통하게 하여 분자에 더한 것(모두 2,634)을 제곱해서 위에 올린다(6,927,424를 얻음.). 별도로 분모를 놓고, 분모(73)에서 분자(4)를 뺀 나머지(69)를 분자와 곱한 다음(69를 분자 4와 곱하니 276이 됨.), 더하여 나뉨수로 삼고(6,927,700을 얻음.), 분모 제곱을 나눗수로 삼아서(5,329를 얻음.), 나눗수로 나뉨수를 나눠주면, 원래의 넓이 1,300자가 나온다.

---

104) "산적(散積)"은 앞에서 구한 "방면산분적수(方面散分積數)"를 가리킨다.

積一千三百尺,問平方一面幾尺?

答曰,三十六尺七十三分尺之四.

開方草曰,置積爲實(一千三百),別置下法一算,從常超一位約實,百下定十,上商方面三十,以乘下法,方法(三十)命上商,除實九百,餘實四百,以二因方法,一退爲廉(六十),下法再退定零. 上又商第二位方面六尺,以乘下法爲隅(六尺). 以廉隅二法(六十六尺)命上商,除實(三百九十六尺),餘實(四尺)卽開方不盡之數. 二因隅法,幷入廉法(共七十二),添入一算(共七十三),命爲分母,所餘(四尺)命爲分子,合問.

還原求原積草曰,置方面(三十六尺七十三分尺之四),以分母通全尺,幷入分子(共二千六百三十四),自乘于上(得六百九十二萬七千四百二十四). 別置分母,以分子(四)減分母(七十三)餘(六十九),以乘分子(六十九乘分子四得二百七十六),幷之爲實(得六百九十二萬七千七百),以分母自乘爲法(得五千三百二十九),以法除實,得原積一千三百尺.

[48] 정사각형의 넓이가 $1590\frac{1}{64}$ 자라면, 한 변은 몇 자인가?

답 : $39\frac{7}{8}$ 자.

원래의 넓이에 분수가 들어있을 때 제곱근을 구하는 법(원적유분자개평방술)에 따라서 분모(64)를 넓이의 정수(1590)와 곱하고, 분자(1)를 더하여 나뉨수(101,761)로 삼은 다음, 제곱근을 구하여 한 변의 통분된 분자(319)를 얻는다. 원래의 분모(64)를 놓고, 제곱근을 구하면(8이 됨.), 한 변의 분모가 되므로 그것으로 한 변의 통분된 분자(319)를 나눠주면, 한 변의 길이 $39\frac{7}{8}$ 자가 나온다.

「구장산술」에 제시된 부피에 분수가 들어있을 때 세제곱근을 구하는 법(입방적내원유분모개방술)에 따르면, 부피의 정수를 통분하고, 분자와 더하여 나뉨수로 삼은 다음, 세제곱근을 구하여 한 변의 통분된 분자를 위에 얻는다. 별도로 부피의 분모를 놓고, 세제곱근을 구하여 나눗수로 삼은 다음, 그것으로 통분된 분자를 나눠주면, 한 변의 길이가 정수와 몇 분의 몇 보라는 답이 나온다.

積一千五百九十尺六十四分尺之一,問平方面幾何?
答曰,三十九尺八分尺之七.
原積有分子開平方術曰,以分母(六十四)通積尺(一千五百九十),分子(一)幷之爲實(一十萬一千七百六十一),開平方得方面分子積數(三百一十九). 置原分母(六十四)開平方(得八)爲方面分母,以除方面分積(三百一十九)得方面尺數三十九尺餘八分尺之七.
「九章」立方積內原有分母開方術曰,置念積通分幷分子爲實,開立方除得面積于上. 別置積內之分母,餘立方而一,爲法,以除求出面積卽得所答方面全步幾分步之幾.

[49] 긴 막대의 길이를 모르는데, 그림자를 재보니 1장 5자이었고, 별도로 1자 5치 짜리 작은 막대 하나를 세웠더니, 그림자가 5치였다. 긴 막대의 길이는 얼마인가?
답 : 4장 5자.

「손자산경」의 풀이법에 따라서 작은 막대 길이 1자 5치를 긴 막대의 그림자 1장 5자와 곱하고, 작은 막대의 그림자 5치로 나눈다.

길이는 그림자의 그것의 3배이다. 길고 작은 막대의 그림자들이 잘못된 결과를 낳을까봐 걱정이 되면, 막대 하나를 더 세워서 정확

도를 확인할 수 있다. 가령 1장 2자 짜리 막대를 또 세워서 4자 길이의 그림자를 얻었다면, 맞는 것이다. 이 방법을 터득했으면, 응당 막대로 산을 측량하는 데 응용할 수 있으며, 이 책 뒤에 나오는 장대를 바라보는 두 문제에 대해서 「해도산경」에 제시된 증명법을 적용하는 것도 역시 점차적으로 그 사고방식을 좇는 것이 된다.

竿不知長,量影得一丈五尺,別立一表,長一尺五寸,其影得五寸. 問竿長幾何?
答曰,四丈五尺.
「孫子」術曰,以表長一尺五寸,乘影一丈五寸,以表影五寸除之.
事貴再三,長短二影恐不實,須更別立一竿,驗之方定. 假如更立一丈二尺竿,得影長四尺,方是. 取的言之,當用以表望山之術,今卷後立望竿二題,引證「海島」之法,亦循循誘入之意.

「해도산경」의 문제에 대한 해설(「海島」題解)

위나라 유휘가 「구장산술」을 주해하면서 중차술을 확립하여 구고장 다음에 놓고, 그것으로 기존 기법을 정교화시키려고 했는데, 대저 높이나 깊이를 측정함에 있어서 구고법 없이는 알아낼 수 없었기 때문이었다. 중표, 누구, 삼망, 사망으로 살필 수 있으니, 소나무 뒤덮인 산의 높낮이와 네모난 고을의 크기를 알게 하는 것은 중표이고, 강둑에서 골짜기의 깊이를 바라보거나 산에서 나루터의 너비를 알게 하는 것은 누구이며, 높은 곳에서 누각의 높이를 바라보거나 거닐면서 파도치는 하구를 바라보게 하는 것은 어찌 삼망술이 아니겠는가! 「해도산경」은 거리를 두고 막대를 세운 것으로 책의 도입부를 삼고 그로써 제목을 삼았던 것이니, (이것들은) 실로 「구장산술」의 구고장으로부터 전해 내려오는 풀이법인 것이다. 이제 천여 년의 세월이 흘렀고, 당나라 이순풍이 계산을 덧붙여서 보완했으나, 여전히 저자의 뜻을 해석한 적은 없었다. 필자는 일찍이 「해도산경」의 작은 그림을 곁에 놓아두고는 선현들이 법칙을 세운 뜻을 헤아리려고 애썼다. 전해 내려온 것을 깨우치려고 한다면, 어찌 은밀한 뜻을 가볍게 여길 것이며, 혹은 맥이 끊겼다면, 또한 선현들의 업적을 이어갈 것이 있겠는가? 원래의 출전의 주제들이 광범위하고 적용하고 증명하기가 어려워서 배우는 이들이 달가워하지 않았으나, 이제 「손자산경」에 들어있는 그림자 길이를 재고 장대 높이를 측량하는 문제를 들어서 상세히 설명하여 작은 그림의 뜻을 밝히려고 한다. 그러므로 이 한 문제를 이해하면, 그 나머지는 학문을 사랑하는 여러분들이 스스로 헤아리고 따질 수 있을 것이니 어찌 가벼이 전하겠는가?

魏劉輝注「九章」,立重差,著于句股之下,以闡世術,夫度高測深,無句股之法則無自而可知,故重表,累矩,三望,四望,旁求審察. 是以松山高下,方邑大小,其重表也,岸望谷深,山望津廣,其累矩也,登望樓高,遙望波口,非三望之術乎! 海島去表爲之篇首,因以名之. 實「九章」句股之遺法也. 迄今千餘載間,唐李淳風而續算草,未聞解白作法之旨者. 輝嘗置海島小圖于座右,乃見先賢作法之萬一. 若欲盡傳,豈不輕易秘旨,或不傳流,亦無以伸前賢之美. 本經[105]題目廣遠,難于引證,學者非之. 今將「孫子」度影量竿題問,引用詳解,以驗小圖. 姑以一問,其餘,好學君子自能觸類而考,何必輕傳.

[50] 출전(「해도산경」)에 따르면, 지금 바다의 섬을 바라보려고, 높이 5장 짜리 막대 둘을 세웠는데, 앞뒤로 일직선이 되게 했으며, 서로간의 거리가 1,000보라고 한다. 한 사람이 앞 막대로부터 123보를 걸어가 육지 쪽을 바라보니, 섬 꼭대기가 바라다 보이며, 막대 끝과 더불어 일직선을 이루었다. 다시 뒷 막대로부터 127보를 걸어가 육지 쪽을 바라보니, 섬 꼭대기가 바라다 보이며, 막대 끝과 더불어 일직선을 이루었다. 섬의 높이와 막대까지의 거리는 각각 얼마나 되는가?

답 : 섬의 높이는 4리 55보, 앞 막대로부터 섬까지의 거리는 102리 150보.

원래의 풀이법에 따르면, 막대의 높이와 막대산의 거리를 곱하여 나뉨수로 삼고, 거리의 차이(상다)를 나눗수로 삼아서 나누어 얻어진 것에 막대 높이를 더하면, 곧 섬의 높이가 된다고 한다. (신 이순풍 등이 살펴보건대, 이 풀이법의 뜻은 의당 섬 꼭대기가 산의 정상이라는 것이고, 두 막대를 가지런히 세웠다는 것(입양표제)은 막대들을 세워서 일직선이 되게 했다는 것(입표목령단직)이다. 앞 막대의 끝과 섬 (정상)이 눈까지 이어진 것은 사람과 막대 사이의 거리가 123보일 때이고, 뒤에 또 하나의 막대를 세워, 막대 끝들이 서로 이어져 보인 것은 막대까지의 거리가 127보가 된 때이다. 두 막대까지의 거리를 서로 뺀 것은 나눗수로 삼는다. 앞뒤 막대간의 거리 1,000보를 막대간 거리로 삼아서, 막대 높이를 곱하여 나뉨수로 삼는다. 나눗수로 그것을 나누고 막대 높이를 더하면, 곧 섬의 높이가 되어, 1,255보가 나온다. 리의 나눗수 300보로 그것을 나눠주면, 4리와 나머지 55보가 나오는데, 이것이 바로 섬 높이의 보수가 된다.) 앞 막대로부터 섬까지의 거리를 구하기 위해서는, 앞 막대로부

105) "본경"은 「해도산경」을 가리킨다.

터 걸어간 거리와 막대 사이의 거리를 곱한 것을 나뉨수로 삼고, 거리의 차이를 나눗수로 삼아서 나눈다. (신 이순풍 등이 살펴보건대, 이 풀이법의 뜻은 의당 앞 막대로부터 걸어간 거리와 막대 사이의 거리를 곱한 것이 1,023,000보라는 것이다. 차이 4보를 나뉨수로 삼아서 나눠주면, 답이 나온다. 다시 리의 나눗수 300보로 그것을 나눠주면, 막대와 섬 사이의 거리가 나온다.)

本經,今有望海島,立二表高五丈,前後參直,相去千步. 人從前表却行一百二十三步,人目着地,取望島峰,與表末參合. 復從後表却行一百二十七步,人目着地,取望島峰,亦與表末參合,問島高及去表遠各幾何?

答曰,島高四里五十五步,前表至島遠一百二里一百五十步.

本術曰,表高乘表間爲實,相多爲法,除之,所得加表高,卽得島高. (臣淳風等按,此術意,宜云,島峰謂山之頂上. 立兩表齊,謂立表木令端直. 人目于木末望島參平. 人去表一百二十三步,爲前表之景. 後立表木,至人目,于木末相望,去表一百二十七步. 二去表相減,爲相多,以爲法. 前後表相去千步,爲表間,以表高乘之爲實. 以法除之,加表高,卽是島高積步,得一千二百五十五步. 以里法三百步除之,得四里餘五十五步,是島高之步數也.) 求前表去島遠者,以前表却行乘表間爲實,相多爲法,除之. (臣淳風等以此術意,宜云,前去表乘表間,得一百二萬三千步. 以相多四步爲法,除之,得數,又以里法三百步除之,得表去島遠數.)

[51] 장대가 있는데, 높이를 모르므로 그 밑에서부터 재서 25자 떨어진 곳에 1장 짜리 막대를 세웠다. 막대로부터 5자 뒤로 물러나서, 구멍

을 통해서 막대를 바라보았을 때 장대와 일직선이 되었는데, 구멍을 바라보는 사람의 눈 높이가 4자라고 하자. 장대의 높이는 얼마인가?

답 : 40자.

「구장산술」에 나오는 막대로 산을 바라보는 법에 따라서 막대의 높이 1장과 사람의 눈 높이 4자의 차이인 6자로 막대와 장대의 거리인 25자를 곱한다(150자가 됨.). 뒤로 물러난 5자로 그것을 나눠주면, 30자가 되며, 막대의 높이 1장과 더하면 합산한 높이는 40자가 된다.

해설의 풀이법에 따라서, 직사각형 밭의 길이를 세로, 너비를 가로, 빗변을 대각선이라고 부른다. 대각선 안팎이 2개의 직각삼각형으로 나눠어지는데, 그 하나가 가로에 접한 누은 직사각형(구중용횡)이고 다른 하나가 세로에 접한 바로 선 직사각형(고중용직)인 두 도형의 넓이는 모두 같다. 누은 직사각형의 넓이(횡적)를 가로의 연장선(여구)으로 나누면, 다른 도형의 높이(적외지고)가 나오고, 바로 선 직사각형의 넓이(직적)를 세로의 연장선(여고)으로 나누면, 다른 도형의 가로(적외지구)가 나와서, 둘은 서로 통한다.

假如竿不知高,從竿脚量遠二十五尺,立一丈表.　表後退行五尺,用窺穴望表,與竿齊平,其人目窺穴高四尺. 問竿高幾何?

答曰,四十尺.

「九章」以表望山術曰,以表高一丈,退人目四尺,以餘六尺,乘表去竿遠二十五尺(得一百五十尺). 以退行五尺除之,得三十尺,幷表高一丈,共高四十尺.

解術曰,直田之長名股,其闊名句,于兩隅角斜界一線,其名弦.　弦之內外分二句股,其一句中容橫,其一股中容直,二積之數皆同. 以餘句除橫積,得積外之股,以餘股除直積,得積外之句,二者相通.

[52] 또 다른 장대에 대해서도 높이를 몰라서 묻게 되었는데, 그 밑에서부터 재서 40자 떨어진 곳에 1장 짜리 막대를 세웠다. 막대로부터 8자 뒤로 물러나서 구멍을 통해서 막대를 바라보았을 때, 장대와 일직선이 되었는데, 구멍을 바라보는 사람의 눈높이가 4자라고 하자. 장대의 높이는 얼마인가?

답 : 40자.

「구장산술」에 나오는 막대로 산을 바라보는 법에 따라서 막대의 높이 1장과 사람의 눈 높이 4자의 차이인 6자로 막대와 장대의 거리인 40자를 곱한다(240자가 됨.). 뒤로 물러난 8자로 그것을 나눠주면, 30자가 되며, 막대의 높이 1장과 더하면, 합산한 높이는 40자가 된다.

해설의 풀이법에 따르면, 모름지기 가로에 접한 누은 직사각형(구중용횡)과 세로에 접한 바로 선 직사각형(고중용직) 두 도형의 넓이는 모두 같다. 옛 사람들이 문제에 따라 (이 방법의) 이름을 바꿔 부른 탓에 이름에 대한 설명이 없었으며, 따라서 그 근원을 알 도리가 없는 것 같이 보일 뿐이다.

又問竿不知高,從竿脚量遠四十尺,立一丈表. 表後退行八尺,用窺穴望表,與竿齊平,其人目窺穴高四尺. 問竿高幾何?

答曰,四十尺.

「九章」以表望山術曰,以表高一丈,退人目四尺,以餘六尺,乘表去竿遠四十尺(得二百四十尺). 以退行八尺除之. 得三十尺,加表一丈,共得高四十尺.

解術曰,凡股中容橫,句中容直,二積皆同. 古人以題易名,若非釋名,則無以知其源.

[53] 강물 건너편에 있는 장대의 높이를 알 수 없어서, 막대 두 개를 세우려는데, 각각의 높이는 1장이다. 앞 막대로부터 5자 뒤로 물러나서 구멍을 통하여 막대를 바라보았을 때 장대와 일직선이 되었고, 또 뒷 막대로부터 8자 뒤로 물러나서 구멍을 통하여 막대를 바라보았을 때 장대와 일직선이 되었다. 장대의 높이는 얼마인가?
답 : 장대 높이 40자, 앞 막대로부터 강 건너 장대까지는 25자.

「해도산경」의 풀이법에 따라서, 막대의 높이를 막대 사이의 거리에 곱하여 나뉨수로 삼고, 두 막대가 뒤로 물러난 거리를 서로 뺀 나머지를 나눗수로 삼아서 나뉨수를 나눈 다음, 막대 높이에 덧붙이면, 곧 장대의 높이가 된다. 앞 막대로부터 강 건너 장대까지의 거리를 구하려면, 앞 막대가 물러난 거리를 막대 사이의 거리에 곱하여 나뉨수로 삼고, 양자간 차이를 나눗수로 삼아서 나눠준다.

해설의 풀이법에 따르면, 앞 막대는 <그림 1>에서 막대로 나무를 바라보려고 한 것이고 뒷 막대는 <그림 2>에서 막대로 나무를 바라보려고 한 것이다. 이것을 일반적으로 설명하기가 쉽지 않다는 점이 염려스러웠으므로 그림을 둘로 나누어 작성하고 해설하려고 하였다. 옛 사람들은 두 그림을 함께 사용했으며 「해도산경」에도 중차술 문제가 실리게 되었던 것이다. 앞 막대로부터 나무까지의 거리는 바로 작은 가로에 접한 넓이(소구중용적)이고, 뒷 막대로부터 나무까지의 거리는 바로 큰 세로에 접한 넓이(대고중용적)이다. 큰 넓이에서 작은 넓이를 뺀 나머지로서 미처 떨어지지 않는 것은 앞 뒤 막대의 두 경계 사이의 넓이가 되며 막대 사이의 넓이(표간적)라고 부른다. 이 때문에 옛 사람들은 막대의 높이를 막대 사이의 거리에 곱하여 나뉨수로 삼았던 것이다. 앞 그림의 작은 가로의 연장선(소여구)을 큰 세로의 연장선(대여고)에서 뺀 나머지로 막대 사이의 넓이를 나눠주면, 대각선 밖의 높이가 나온다. 원래의 큰 넓이에서 작은 넓이를 뺀 나머지를 나뉨수로 삼는다. 작은 가로의 연장선을 큰 세로의 연장선에서 뺀 나머지를 나눗수로 삼는다. 나뉨수를 나눗수로 나눠서 대각선 밖의 높이를 구하고, 막대 높이를 더한 다음, 사람의 눈 높이를 덧붙이면, 나무의 전체 길이가 된다. 이제 뒤에 오는 이들이 선현들이 원리에 마음 쓴 바를 모를까봐 염려되어, 강 건너 나무를 바라보는 문제 둘을 예제로 싣고, 중차술을 따지게 되었다. 「해도산경」의 첫 번째 문제도 인용하였다. 관심 있는 사람들이 그것을 터득하여 도입하고 확장시키면, 그 이상으로 발전시킬 수 있을 것이다. 이 어찌 작은 보완이라고 하겠는가?

隔水有竿,不知其高,立二表,各高一丈. 前後相去一十五尺. 自前表退行五尺,于窺穴望表,與竿齊平,又從後表退行八尺,亦窺穴望表,與竿齊平. 問竿高幾何?

答曰,竿高四十尺,前表去竿隔水二十五尺.

「海島」術曰,以表高乘表間爲實,以二表退行尺數相減,餘相多爲法,除實,并表高卽竿高. 求前表去竿隔水遠者,以前表退行數,乘表間爲實,以相多爲法,除之.

解術曰,前表是第一圖以表望木,後表是第二圖以表望木. 盖恐未易總說,所以分作兩圖解白. 古人以二圖沓用,設海島爲題,以重差爲術. 前表去木遠,乃小句中容積一段,後表去木遠,乃大股中容積一段. 以小容積減大容積,其餘減不盡者,正在前後表兩界之中,名表間積. 所以古人以表高乘表間爲實. 以前圖小餘句減後圖大餘股,以餘除表間積,得弦外之高. 本是大容積減小容積,餘爲實. 小餘句減大餘股,餘爲法. 以法除實,求弦界外之高,加表高,增人目高,爲木之通長. 今恐後人不知先賢用心之源,故以隔水望木二題爲問,驗重差之術. 引用「海島」第一題. 好事者得之,自可引而伸之,以發其餘,豈小補哉.

참고문헌

孫宏安. 1997.「楊輝算法」. 遼寧教育出版社.

兒玉明人 編. 1966.「十五世紀の朝鮮刊 銅活字版數學書」. 東京：私刊.

吳文俊 編. 2000.「中國數學史大系」. 第5卷. 北京師範大學出版社.

任繼愈 編. 1993.「中國科學技術典籍通彙：數學卷」. Vol. I. 河南教育出版社.

靖玉樹 編. 1994.「中國歷代算學集成」. 上卷. 山東人民出版社.

Ifrah, Georges. 2000. *The Universal History of Numbers: From Prehistory to the Invention of the Computer*. Wiley.

Lam, Lay Yong. 1977. *A Critical Study of the Yang Hui Suan Fa : A Thirteenth-Century Chinese Mathematical Treatise*. Singapore University Press.

Libbrecht, Ulrich. 1973. *Chinese Mathematics in the Thirteenth Century: The* Shu-shu chiu-chang *of* Ch'in Chiu-shao. The MIT Press.

Martzloff, Jean-Claude. 1997. *A History of Chinese Mathematics*. Springer.

녹우당 소장 필사본

양휘산법의 특징과 조선시대의 산학

1. 들어가기

고산 윤선도(1587-1671)의 고택인 녹우당(綠雨堂) 소장 전적들 가운데「양휘산법(楊輝算法)」이 포함되어 있다는 사실을 필자는 전남대 송일기 교수를 통하여 연전에 처음 전해 듣게 되었는데, 그 때 송 교수는 필자에게 손수 촬영한「양산」사진 몇 장을 복사해서 건네주며 한번 검토해보라고 당부를 했었다. 사진들은 일견하여 녹우당「양산」이 필사본이라는 것을 알려주고 있어서, 필자는 그것을 고다마 아키히토(兒玉明人, 1966 : 51-97)에 수록된 소위 "15세기 조선간 동활자판"「양휘산법」과 비교해보면, 필시 그것의 문헌학적 특징이 잘 드러나리라는 인상을 받았다. 그것은 15세기 간본의 간행시기가 녹우당을 처음 경영한 고산의 4대 조부 어초은(漁樵隱, 1476-1543)의 출생보다도 삼십 년 이상 앞선다는 점에서 15세기 간본이 직접적으로 전사의 저본이 되었을 개연성도 있는 등 양자간에 관련이 깊을 것으로 여겨졌기 때문이었다. 따라서 이 글에서 필자는 그 때 받은 인상을 구체적으로 확인해보자는 의미에서라도 녹우당 소장본을 15세기 간본과 비교함으로써 그것의 특징을 밝혀보려고 하며, 아울러 그것이 장서 가운데 포함되었다는 사실 자체의 의미를 더듬어보자는 취지에서「양휘산법」의 수학적 의의와 조선시대 문화에 대한 영향에 대해서도 주의를 기울이도록 하겠다.

2. 녹우당 「양산」의 문헌적 특징

그러면 먼저, 필사본 녹우당 「양산」과 15세기 간본을 도판들을 통해서 직접 비교 · 검토해보도록 하자. 이 작업은 특히 전자에 관한 서영(書影) 몇 장만 갖고 벌리려는 무모한 모험이라는 점이 부담되기도 하고, 또한 바로 그 때문에 어쩔 수 없이 극히 제한적인 고찰에 그칠 수밖에 없기도 하지만 아무튼 현재로서 전자의 문헌적 특징을 알아보는 데에는 그런 대로 얼마간의 쓸모가 있을 것이다.

〈도판 1〉 녹우당 소장 「양휘산법」

(1)

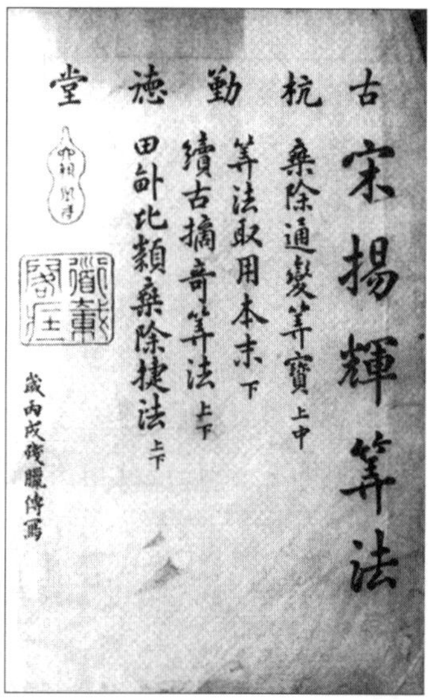
古杭勤德堂
宋揚輝筭法
乘除通變筭寶 上中
筭法取用本末 下
續古摘奇筭法 上下
田畝比類乘除捷法 上下

(2)

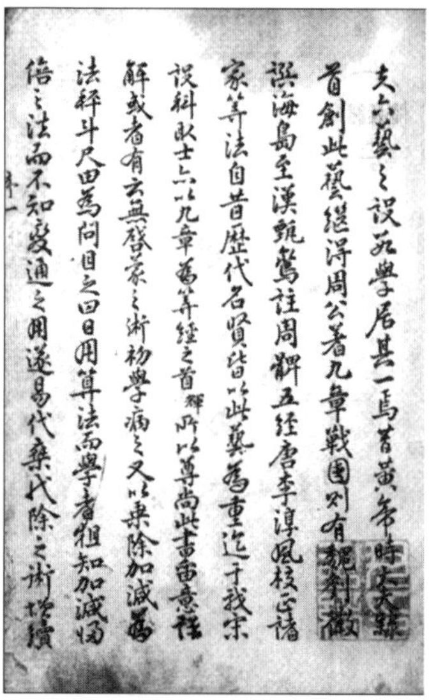
夫六藝之設數學居其一焉昔黃帝時大夫隸首創此藝繼得周公著九章戰國則有魏劉徽撰海島至漢甄鸞注周髀五經唐李淳風校正諸家筭法自昔歷代名賢皆以此藝爲重迄于我宋設科取士亦以九章爲筭經之首輝所以尊尚此書留意詳解或者有云無啓蒙之術初學病之又以乘除加減爲法秤斗尺田爲問目以日用筭法而學者粗知加減歸倍之法而不知變通之用遂易代乘代除之術增續

(3)

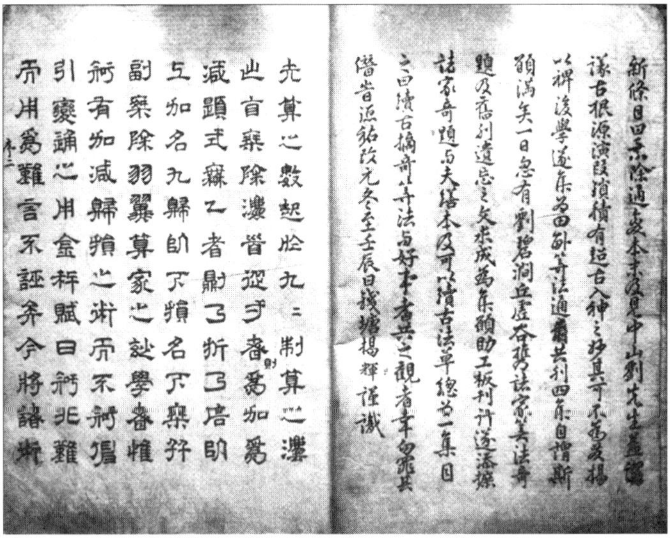

(4)

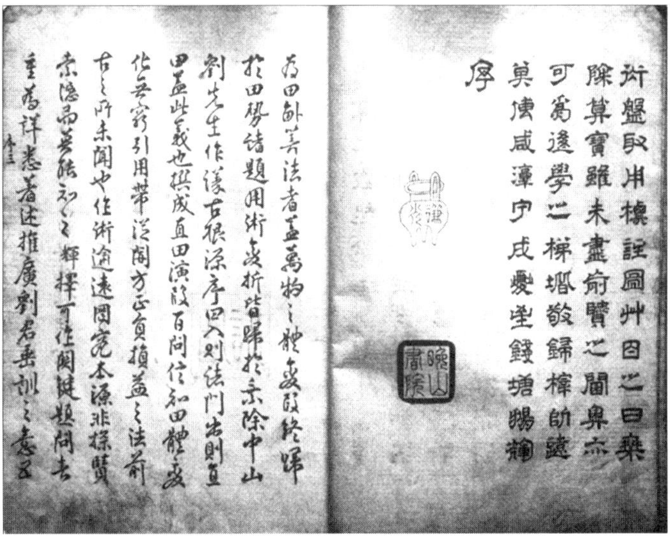

(5)

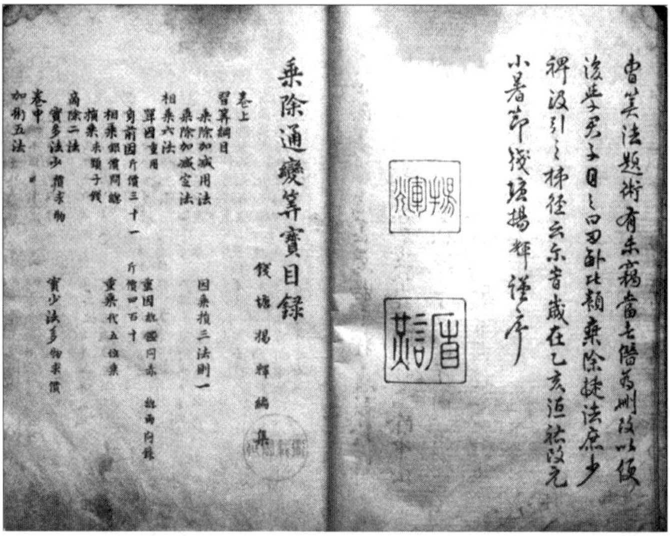

(6)

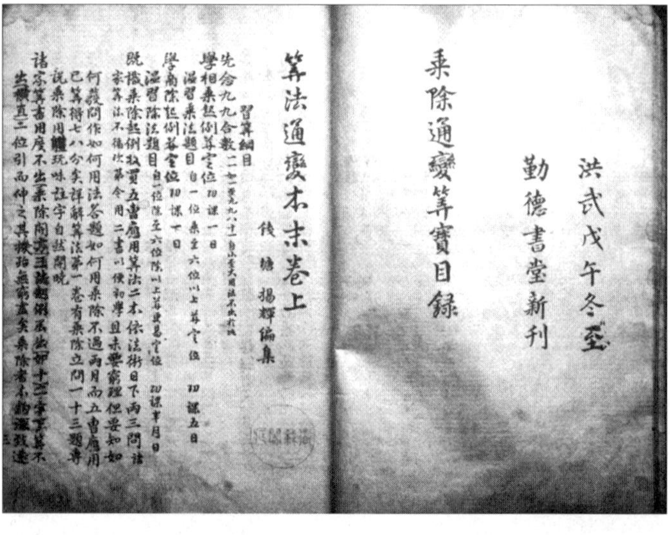

〈도판 2〉 15세기 조선간본 「양휘산법」

(1)

(2)

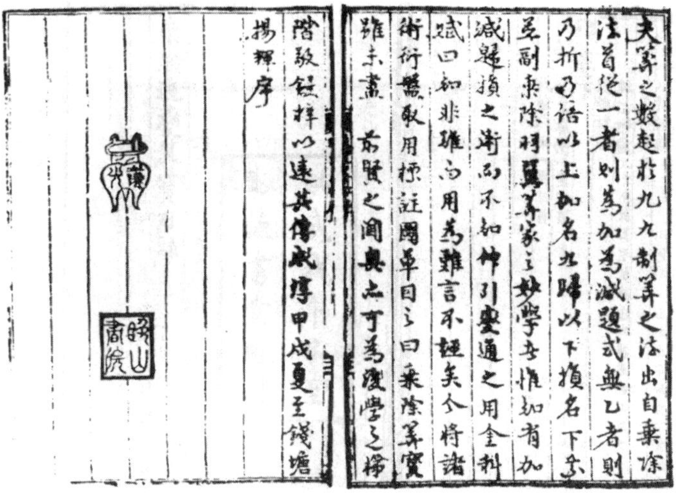
夫算之數起於九九制算之法出自乘除
法首從一者則為加為減題式無乙者則
乃折而語以上加名九歸以下損名下乘
至副乘除同異算家之妙學者惟知有加
減題損之術而不知伸引變通之用金科
賦曰知非難而用為難言不誣矣今將諸
術衍演取用標註圖草目之曰乘除算寶
雖未盡前賢之閫奧亦可為淺學之梯
階啟鋟梓以遠其傳咸淳甲戌夏至錢塘
楊輝序

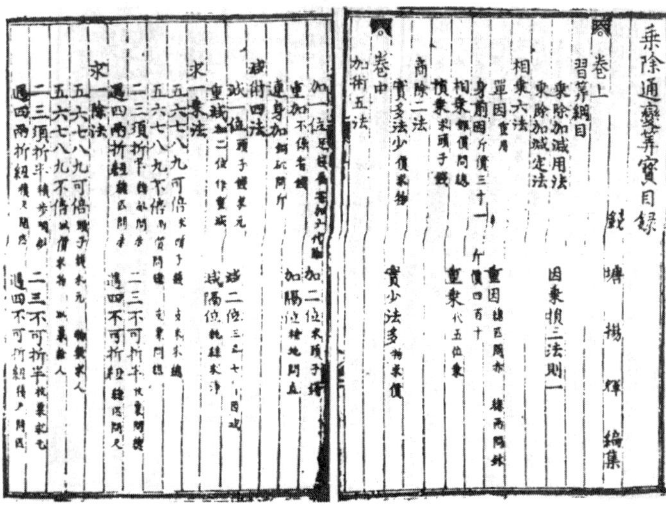
乘除通變算寶目録
錢塘 楊輝 編集
卷上
習算綱目
乘除加減用法
因乘損三法則一
乘除加減定法
相乘六法
單因
重因
身前因
相乘
重乘
損乘
商除二法
實多法少
實少法多
卷中
加術五法
加一位
加二位
重加
加隔位
連身加
減術四法
減一位
減二位
重減
減隔位
求一乘法
五六七八九可倍
五六七八九不倍
二三須折半
二三不可折半
遇四兩折
遇四不可折
求一除法
五六七八九可倍
五六七八九不倍
二三須折半
二三不可折半
遇四兩折紐
遇四不可折紐

(3)

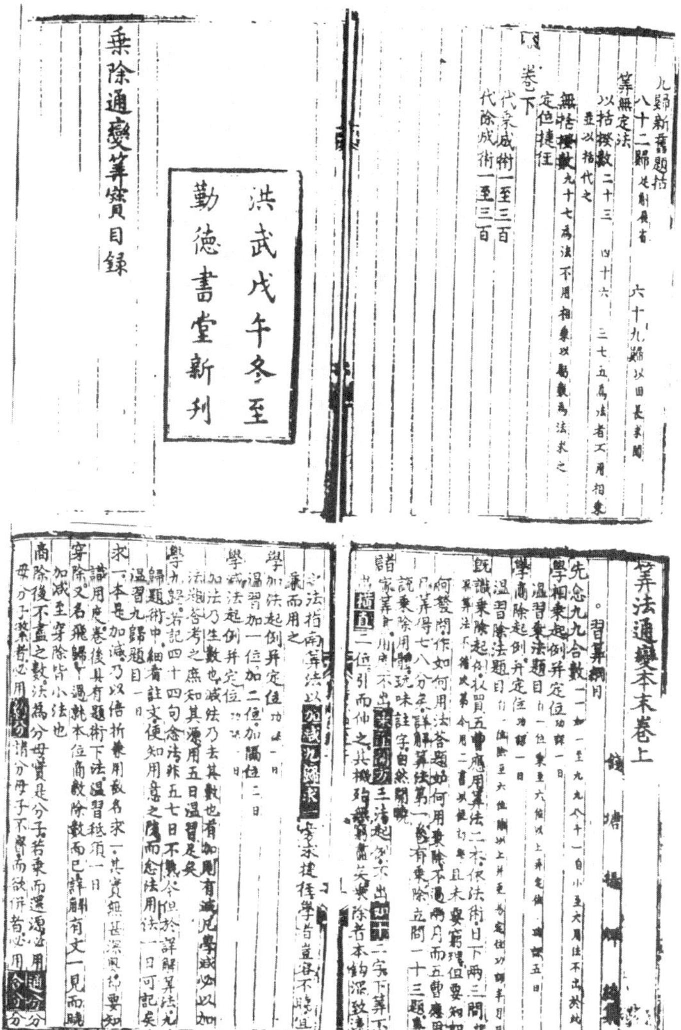
九歸新舊題括
算無定法
以括損數
無括損數
定位捷徑
卷下
代乘成術 一至三百
代除成術 一至三百
乘除通變算寶目錄
洪武戊午冬至
勤德書堂新刊
算法通變本末卷上
習算綱目

<도판 1>과 <도판 2>는 각각 녹우당 소장 필사본과 15세기 간본의 앞 부분을 보여주는 것들이다. <도판 1>의 (1)과 <도판 2>의 (1)은 각각 안 표지를 나타내고, <도판 1>의 (3)의 왼쪽 면에서 (4)의 오른쪽 면까지와 <도판 2>의 (2)의 상반부 두 면은 각각 「승제통변산보(乘除通變算寶)」의 서문을 나타내며, <도판 1>의 (5)의 왼쪽 면, (6)의 오른쪽 면과 <도판 2>의 (2)의 하반부 두 면에서 (3)의 상반부 두 면까지는 「승제통변산보(乘除通變算寶)」의 목차를 나타내며, 각각 마지막을 장식하는 <도판 1>의 (6)의 왼쪽 면과 <도판 2>의 (3)의 하반부 두 면은 「승제통변산보(乘除通變算寶)」 상권 본문의 시작 부분인 "습산강목(習算綱目)"의 서두를 나타낸다.

그런데 <도판 1>의 앞머리에 덧붙여진 것들 가운데 (2)에서 (3)의 오른쪽 면으로 이어지는 것은 실은 「양휘산법」 내에 합편된 세 종의 책 중의 하나인 「속고적기산법(續古摘奇算法)」의 서문이며, (4)의 왼쪽 면에서 (5)의 오른 면으로 이어지는 것은 또 다른 책인 「전무비류승제첩법(田畝比類乘除捷法)」의 서문인 것으로 드러난다. 15세기 간본도 그렇지만, 정상적인 체제라면, 「전무비류승제첩법」과 「속고적기산법」의 서문들은 각각 해당 책들의 첫머리에 놓이게 마련이다. 코다마 아키히토(1966)의 쪽 번호를 기준으로 삼는다면, 동활자본의 「승제통변산보」의 서문은 53쪽에 보이지만, 「속고적기산법」의 서문은 70쪽, 그리고 「전무비류승제첩법」의 서문은 83쪽에 각각 등장하는 것이다. 그리고 순홍안(孫宏安, 1997) 역주본에서는 「승제통변산보」의 서문이 228-229쪽에 나타나고, 「전무비류승제첩법」의 서문이 315쪽, 그리고 「속고적기산법」의 서문이 380쪽에 각각 나타나고 있다. 여기서 우리는 15세기 간본의 합편 순서가 순홍안 역주본의 그것과 다르다는 점에 주목하게 된다. 녹우당

필사본은 적어도 안 표지에 등장하는 제목들의 순서로 미루어보아 15세기 간본의 순서와 일치할 것으로 여겨진다. 그러나 아무튼 녹우당 필사본의 경우에는 무슨 이유에서인지는 알 수 없으나「승제통변산보」의 서문 앞뒤로「양휘산법」에 들어있는 나머지 책들의 서문들까지 함께 붙여 놓았다는 점이 일단 확인된 셈이다.

이제, 녹우당 필사본과 15세기 간본의 안 표지를 서로 비교해보면, 제목을「송양휘산법」이라고 하고, 네 편의 서명을 열거하고 있는 점에서는 일치하지만,[106] 1) 15세기 간본에는 두 번째 편명이「법산취용본말(法算取用本末)」이라고 제대로 되어있는 반면, 녹우당 필사본에는「산법취용본말」이라고 하여 처음 두 자가 뒤바뀌었고, 2) 15세기 간본은 표지의 좌우 가장자리에 세로로 각각 두 편씩 편명만을 그래픽 처리한 반면, 필사본은 편명을 중앙에 일렬로 열거하면서 일일이 권수까지 밝히고 있으며, 3) 저본을 펴냈을 간행처의 표시도 15세기 간본에서는 "고항근덕서낭 신산(古杭勤德書堂新刊)"이라고 한 반면, 필사본에서는 그냥 "고항근덕당"이라고만 했다든지 하여 여러 가지로 약간씩 차이가 난다는 것을 알 수 있다.[107]

그러면 이번에는 필사본과 15세기 간본 양쪽에 함께 등장하는, 놀라울 정도로 같은 모양의 낙관들을 주목해 보기로 하자. 특히 <도판 1>의 (4)의 오른쪽 면과 <도판 2>의 (2)의 상반부 왼쪽 면에서

106) 원래 세 종임에도 불구하고, 네 편의 이름이 등장하는 이유는「승제통변본말」을 이루고 있는 세 권--즉,「산법통변본말(算法通變本末)」,「승제통변산보(乘除通變算寶)」,「법산취용본말(法算取用本末)」--가운데 앞의 두 권을「승제통변산보」라는 둘째 권의 이름만으로 표시한 때문이다.

107) 둘 다「승제통변산보」목록 끝에 "洪武戊午冬至勤德書堂新刊"이라고 표시하고 있듯이, 저본의 간행 연도는 홍무 11년(1378)이며, 흔히 "홍무간본" 또는 "명홍무각본"이라고 불리기도 한다(<도표 1>의 (6)과 <도표 2>의 (3)을 참조.).

볼 수 있듯이, 「승제통변산보(乘除通變算寶)」 서문 말미에 덧붙여진 "광겸(光謙)"이라고 표시된 정(鼎) 모양의 도장과 "만산서원(晩山書院)"이라고 적힌 사각 도장은 바로 그와 같은 좋은 예가 될 것이다.108) 필사본이건 동활자본이건 간에 모두 저본인 고항근덕서당본을 얼마나 충실히 옮기려고 애썼는지는 이 낙관들만 보아도 충분히 짐작되고도 남을 정도로 그것들의 형태적 유사성은 놀라운 바가 있다. 그런데 "광겸"이 곧 양휘의 자라는 점을 상기한다면, 그것들은 필시 오리지널 송각본(宋刻本) 시절(1274-75)의 흔적이기 십상이다. 그리고 이런 맥락에서 추측을 확장해보자면, 비록 이제까지 양휘 연구자들 사이에서 이렇다할 지적이 없었다고는 하나, "만산서원"이라는 것도 실은 그의 당호일 가능성이 매우 높아진다.109)

또한, 필사본과 15세기 간본의 "습산강목(習算綱目)" 부분들을 서로 비교해보면, 활판 인쇄이기에 기술적으로 가능했겠지만, 유독 15세기 간본에서 역상으로 인쇄하여 강조한 곳이 여기저기 눈에 띈다는 점이 이채롭게 드러난다. 예를 들어, <도판 2>의 (3)의 하반부 오른쪽 면 끝에서 왼쪽 면의 앞부분까지 이어지는 문장은 다음과

---

108) 전각학적인 관점에서 볼 때, 전자는 화압자인(花押字印), 후자는 재관인(齋館印)에 각각 해당된다(Cf. 吳清輝(1999).). 15세기 간본을 보면, 이 도장들은 음각된 형태로 「전무비류승제첩법」의 서문 뒤에도 나타나는 것을 알 수 있다(兒玉明人, 1966 : 83).

109) 이 점과 관련해서는 황윤석(1729-1791)의 「산학입문(算學入門)」 부록에 실려있는 「양휘산법」의 서문이 "咸淳甲戌德祐改元錢塘晩山書院"이라고 끝맺고 있는 사실이 좋은 증거가 될 것이다(김용운, 1985(3): 212.). 그런데 황윤석이 제시한 양휘의 서명 연대 자체는 원래 「승제통변산보」의 서문이 "咸淳甲戌夏至,錢塘楊輝序."로 끝나고, 「전무비류승제첩법」의 서문이 "時歲在乙亥,德祐改元,小暑節,錢塘楊輝謹序.", 그리고 「속고적기산법」의 그것이 "歲德祐改元,冬至壬辰日,錢塘楊輝謹識."로 각각 끝난 것을 뭉뚱그려서 적은 것에 불과하다는 점에 유의할 필요가 있다.

같이 인쇄되어 있다.

諸家算書,用度不出乘,除,開方三法,起例不出如,十二字,下算不出橫,直二位. 引而申之,其機殆無窮盡矣. 乘除者,本鉤深致遠之法,指南算法以加,減,九歸,求一旁求捷徑,學者豈容不曉宜兼而用之.

다음으로는 녹우당 필사본과 15세기 간본의 밀접한 관계를 보다 직접적으로 드러내주는 증거를 살펴보도록 하겠다. 이 목적을 위해서, 우리가 주목하고자 하는 것은 <도판 3>의 사진 두 장이다. 그것은 바로 <도판 3>의 (1)이 15세기 간본의「전무비류승제첩법」발문을 보여주는데 비해서, (2)는 그것을 전사한 녹우당 필사본의 해당 부분을 보여줌으로써 녹우당 필사본이 15세기 간본을 참조했다는 움직일 수 없는 증거를 제공하기 때문이다. 이 발문을 보면, 간행 연도가 선덕(宣德) 8년 계축(癸丑) 5월로 되어 있어서, 정확히 세종 17년(1433)에 해당된다는 것과 판간한 곳이 경주부(慶州府)라는 것을 알 수 있다. 또한, 간행사업에 책임 있는 위치에 있었던 인사들은

觀察使臣辛引孫,引奉內旨,囑府尹臣金乙辛,刊官李好信命工鋟梓.

라는 기록에 의해서 관찰사 신인손, 부윤 김을신, 간관 이호신으로 그 범위가 드러나고 있다.

사실 이러한 계축간본의「전무비류승제첩법」발문은 최소한 그것이 간행되기 이전 몇 년 사이의 세종실록에 비추어보면 보다 잘 조명될 수 있는 듯하다. 이를테면,

세종 12년(1428) 3월 상정소(詳定所)에서 여러 학(學)과 더불어 산학의 시험과목도 정해서 올린 것을 보면, "상명산(詳明算)·계몽산(啓蒙算)·양휘산(楊輝算)·오조산(五曹算)·지산(地算)"으로 되어 있다.

고 하여「양휘산법」이 산학시험의 과목으로 지정되었음을 알려주는 기록이나

十五年八月乙巳慶尙道新刊宋揚輝算法一百件進. 分購集賢殿,戶曹,書雲觀,習算局.

이라고 하여 이미 그로부터 2년 전인 세종 15년(1431)에 홍무 11년(1378) 고항근덕서당간본("신간송양휘산법")을 경상도에서 복각하여 주요 국가기관에 배포했음을 보여주는 세종실록 61권의 기록은 모두 계축간본을 위한 중요한 맥락을 제공해준다고 봐야 할 것이다. 이 기록들은 모두「양휘산법」이 적어도 세종 때에는 산과 과목의 하나로서나 주요 국가기관 실무를 위하여 수요가 컸을 것임을 가리키는 동시에, 계축간본 이전에도 "신유(辛酉)간본"이 존재했거나, 아니면 예정된 간행이 지연되어 결국 계축년에 결실을 맺었을 것을 강하게 시사해준다.

〈도판 3〉 15세기 간본의 「전무비류승제첩법」 발문과 녹우당 소장 필사본의 전사 부분

(1) 15세기 간본의 「전무비류승제첩법」 발문

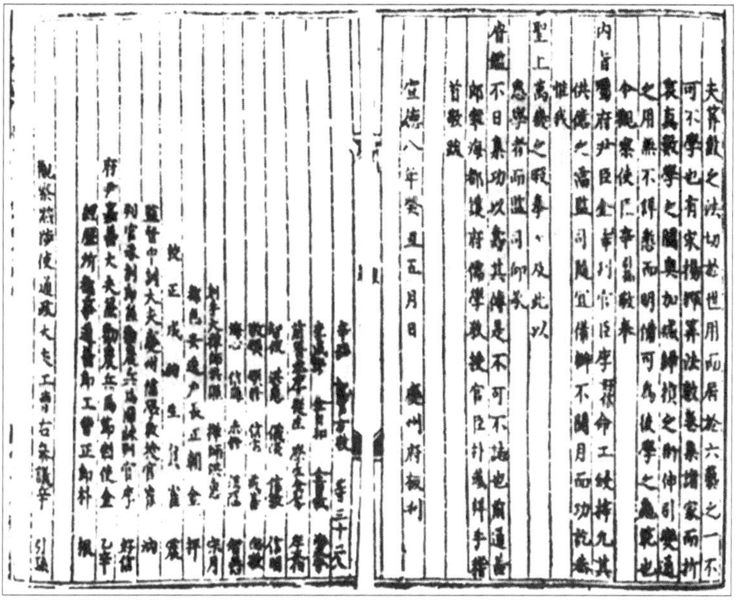

夫算數之法切於世用而居於六藝之一不
可不學也有宋楊輝算法數卷集諸家而折
衷真數學之閫奧加減歸損之術伸引變通
之用無不詳悉而明備可爲後學之龜鑑也
今觀察使[illegible]敬奉
內旨令府尹臣金[illegible]判官臣[illegible]命工鋟梓凡其
供億之需監司隨宜備辦不閱月而功訖
惟我
聖上[illegible]之暇事事及此以
急學者而監司[illegible]
睿鑑不日集功以壽其傳是不可不識也府通書
郎[illegible]
首敬跋
宣德八年癸丑五月日 慶州府板刊

(2) 녹우당 소장 필사본의 전사 부분

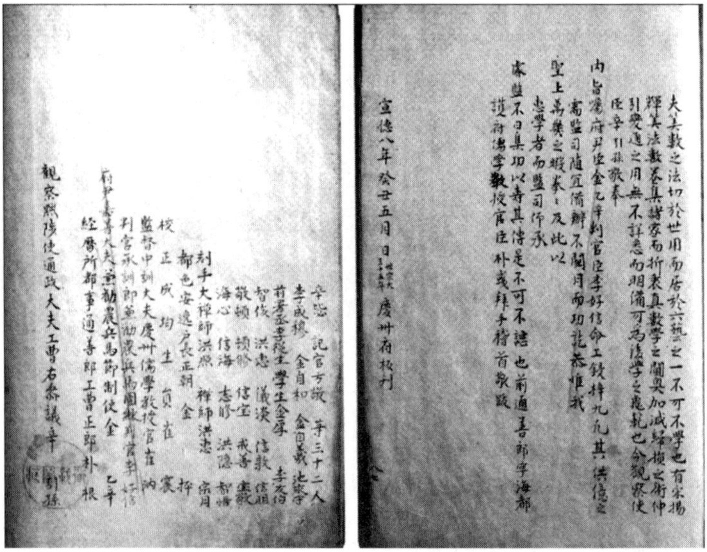

그런데 계축간본에 대한 최대의 문제 제기는 어쩌면 그것이 과연 동활자본인지의 여부가 될 것이다. 그 의문은 특히 계축간본의 「전무비류승제첩법」 발문에 등장하는 '판간(板刊)'이니 '각수(刻手)'와 같은 용어들에 의해서 제기될 만하다. 그러나 서지학에 대한 기초지식이 부족한 데다 정작 계축간본을 직접 열람한 적도 없이 일본인 해설자의 말만 신봉하고 출발한 필자로서는 이 자리에서 문제 제기에 그칠 수밖에 없는 처지이다.110) 판식이라든지 간행처 만

110) 이 중대한 의문은 원래 필자가 품었던 것은 아니며, 이 글의 초고에 제시된 <도판 3> (1)의 사진을 접한 즉시, 필자에게 보내온 송일기 교수의 "권말 간행기록에 '경주부판간'이란 내용으로 보아 목판본으로 간행된 것이 분명하며 일본 학자의 주장은 재고되어야 할 것"이라는 소견에 의해서 제기된 것이다. 송 교수는 또한 필사본의 필체로 미루어볼 때, 필사자가 공재 윤두서(恭齋 尹斗緖, 1668-1715)일 것이라고 지적하고 있기도 하다.

으로는 단정 짓기가 어렵기 때문에 어려움은 더욱 가중되는데,[111] 아무튼 이 점에 관해서는 앞으로 본격적인 고찰이 이루어졌으면 하고 바랄 뿐이다.

3.「양휘산법」의 수학적 의의와 조선시대 산학에 미친 영향

3.1. 양휘와「양휘산법」의 판본

「양휘산법」의 저자 양휘는 13세기 후반에 활동한 남송의 수학자인데 자세한 생몰연대는 오늘날 제대로 확인할 길이 없다. 그는 현재의 절강성 항주시(浙江省 杭州市)에 해당되는 전당(錢塘) 출신으로서 생애의 대부분을 그곳에서 보냈던 것으로 알려져 있으며,「일용산법」서문과「양휘산법」내 몇 군데의 기술로 미루어 보아 현재의 강소성 소주시(江蘇省 蘇州市)에 해당되는 고소(姑蘇)지방에서 관직생활을 역임했을 것으로 강하게 추측되고 있다(吳文俊, 2000(5) : 552-553). 그의 저술로는「상해구장산법(詳解九章算法)」(1261) 12권,「일용산법(日用算法)」(1262) 2권,「승제통변본말(乘除通變本末)」(1274),「전무비류승제첩법」(1275) 2권, 그리고「속고적기산법」(1275) 2권 등 도합 다섯 종 21권의 존재가 알려져 있는데,

111) 이 점에 관해서는 천혜봉(1997)을 참조할 것.

현재「상해구장산법」은 일부가 남아있고,「일용산법(日用算法)」은 일실되었으나 마지막 세 종은 온전한 형태를 유지한 채 합편되어 흔히「양휘산법」이라고 통칭되고 있다.

「양휘산법」은 명 홍무 11년인 1378년에 고항근덕서당(古杭勤德書堂)에서 재간행되었고 일부가「영락대전(永樂大典)」(14073-1406)에 포함되었는데, 세종 17년(1433)에 복각·인행된 계축간본의 저본이 바로 홍무간본이었음은 이미 전술한 바와 같다. 그 후 중국에서는 일실되어 오랫동안 까마득하게 잊혀졌다가 후일 리루이(李銳), 송징창(宋景昌) 등의 노력에 힘입어 그 가치를 다시 인정받게 되었다고 한다(Martzloff, 1997: 157).[112] 또한, 이 계축간본「양휘산법」이 임진왜란때 일본으로 유출되어, 오늘날 화산(和算)의 아버지로 널리 추앙 받고 있는 세키 타카카즈(關孝和, ?-1708)에 의해서 부분적으로 전사되었다는 것은 화산사 상의 유명한 사실에 속한다(Martzloff, 1997: 157).[113] 이 초본은 1917년 미가미 요시오(三上義夫)에 의해서 리얀(李儼)에게 기증되어, 현재 북경 중국과학원 자연과학사연구소에 소장되어 있는 것으로 알려져 있다(吳文俊, 2000(5) : 569). 코다마 아키히토에 의하면 계축간본「양휘산법」이 일본에는

---

112) 이처럼 중국의 주요 산학서가 그곳에서 완전히 잊혀졌다가 조선판본들이 청대에 입수되어 재조명되게 된 사례는 주세걸(朱世傑)의「산학계몽(算學啓蒙)」의 경우에도 마찬가지이다. 조선간「산학계몽」가운데에는 얼마 전 1451년 안평대군의 자체인 경오자(庚午字)를 사용해서 인쇄한 최고본 한 질이 대구의 한 개인에 의해 소장되어 있다는 사실이 드러난 적이 있으며, 성종때 간행된 활자본 한 권은 보물 1217호로 지정되어 있다고 전한다(Cf.「조선일보」1998. 12. 15일자.).

113) 이 사실은, 그러나 石黑信由(1760-1836)의「산법서적목록(算法書籍目錄)」에는 "大明宣德八年宋楊輝算法三冊. 本書爲關孝和所傳寫,時寬文元年次辛丑." 이라고 기록되어 있는데, 아무튼 전사 연대가 신축년, 곧 1661년이었던 것은 분명한 듯하다(Cf. 吳文俊, 2000(5) : 569).

동경교육대학에 2질, 존경각문고(尊經閣文庫)와 내각문고(內閣文庫)에 각 1부씩 소장되어 있고, 중국에는 북경국립도서관에 양수경(楊守敬)이 메이지(明治)시대에 일본에서 입수한 1부가 소장되어 있다고 한다(兒玉明人, 1966: 7, 31) 그런데 보다 최근의 보고에 따르면 일본 동경에 계축간본이 있는 곳은 궁내성, 내각문고, 대총고등사범학교의 세 곳이라고 하여 약간의 변동이 있는 듯도 하다(靖玉樹, 1994(1) : 853). 한편, 북경도서관 소장본이 조선각본이라는 사실은 징유수(靖玉樹, 1994(1) : 853)에 의해서도 거듭 지적된 바 있으나, 우웬준(吳文俊) 편, 「中國數學史大系」에서는 계축간본 내지 "조선선덕각본" 대신 홍무간본으로 간주하고 있어서 앞으로 확인되어야 할 사안으로 남는다(<도판 5>를 참조.).

〈도판 5〉 양휘저작 판본의 계보

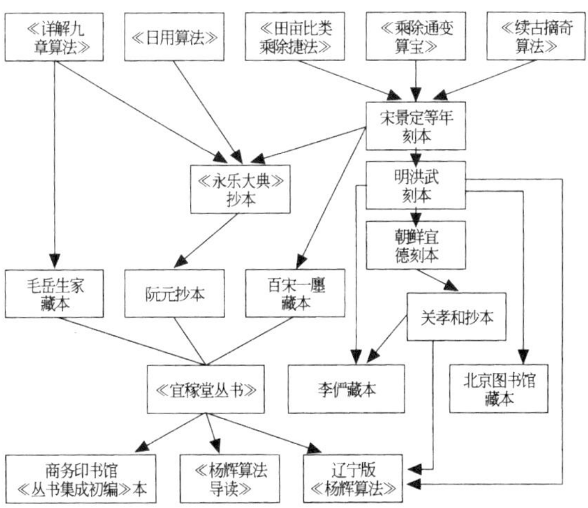

※ 출처: 吳文俊 編, 「中國數學史大系」, 5권, 570쪽.

3.2「양휘산법」의 수학적 의의

양휘의 산학이 수학적인 면에서 독창적으로 기여한 바에 대한 현대 수학사가들의 일반적인 평가는 다음과 같은 마츠로프(Martzloff, 1997: 157)의 논평에서 엿볼 수 있듯이, 그다지 긍정적이라고 하기는 어렵다.

Unlike Li Zhi, Qin Jiushao and Zhu Shijie, who were all algebraists who accomplished complicated algorithms, Yang Hui worked in the area of elementary arithmetic. Even though he did sometimes extract roots using Horner′s method, his writings rarely exceed the level of the Ten Computational Canons.

아닌 게 아니라「양휘산법」의 첫머리를 장식하는「승제통변본말(乘除通變本末)」같은 것은, 비록 "곱셈과 나눗셈에 관한 여러 가지 계산법을 망라했다"는 제목 자체의 뜻에서도 드러나듯이 가감승제의 편리한 계산법을 안내하려는 저술 의도를 담고 있는지는 모르겠지만, 현대 독자에게는 여간 진부하게 비쳐지는 게 아니다. 그러나,「전무비류승제첩법」의 발문에서도 엿볼 수 있듯이 기초적인 계산에 역점을 두면서도 제가를 종합・절충하려고 애쓴 그의 노력은 어쩌면 조선시대에는 오히려 각광을 받기에 충분한 하나의 원인이 되지 않았을까 싶기도 하다. 바로 이런 측면에서 하나의 예로 들 수 있는 것이「승제통변본말」의 첫머리를 장식하고 있는 "습산강목(習算綱目)"인데, 전통적인 수학교육 교과과정의 일단을 보여주는 희귀한 자료로서의 그 가치는 제아무리 까다로운 수학사가들조차도 인정해 마지않는 정도인 것이다. 이를테면, 나눗셈을 마친 독자에게는 「오조산경」과 「응용산법」을 학습할 것을 다음과 같이 권장하고 있음을 볼 수 있다.

나눗셈법과 자리수 정하는 법을 배운다. (1일 학습분량.)

나눗셈법의 주제를 익힌다.(첫째 자리 나누기에서 시작하여 6째 자리 이상의 나눗셈까지 하며, 자리수를 다시 조정하고 정하는 법도 익힌다. 반달 학습분량.)

곱셈법과 나눗셈법을 알았으면, 「오조산경」과 「응용산법」 두 권을 구하여, 그 책들의 공식과 풀이법에 따라서 매일같이 두세 문제를 푼다.(여러 학파의 산학서들은 진도가 순서대로 되어 있지 않은 수가 많으므로 이 두 권을 이용하는 것이 처음 배우는 사람에게 편리하다.) 또한 이치를 완전히 이해할 필요는 없으나, 문제가 어떻게 나오는지, 그에 답하기 위해서 어떤 풀이법을 써야 되는지, 어떻게 곱하고 나눠야 되는지는 알아야 한다. 두 달 이내에 「오조산경」과 「응용산법」 계산의 7, 80퍼센트를 마칠 수 있을 것이다. 「상해산법」 제1권에는 곱셈과 나눗셈의 응용에 초점을 맞춘 문제 13개가 실려 있는데 그 뜻과 주석을 음미해보면 저절로 밝혀질 것이다.

「전무비류승제첩법」 2권은 주로 도형의 넓이를 구하는 문제들을 취급하고 있고, 역시 2권으로 이루어진 「속고적기산법」의 상권은 "종횡도(縱橫圖)"[114]를 비롯해서 수열 및 급수, 계량 및 다양한 분배관련 문제들을 그리고 하권은 비례, 쇠분, 영부족, 방원론 및 측

114) 보통 마방진(magic square)라는 이름으로 더 잘 알려져 있으며, 형태에 따라 "환방(幻方)," "환원(幻圓)" 등으로 지칭되기도 한다.

량문제를 각각 다루고 있다. 수학사적으로 볼 때, 그는 새로운 방법을 고안해내기보다는 오히려 전통을 집대성하고 소개하는 역할을 담당했다고 하겠다. 이를테면, 원래 「손자산경」에 나오는 '중국의 잉여정리(Chinese Remainder Theorem)'를 다시 부각시킨 「속고적기산법」의 첫 문제만 하더라도 바로 그의 그런 역할을 잘 보여주는 전형적인 예가 될 것이다.

물건의 총수를 모르는데, 지금 3으로 나누면 2가 남고, 5로 나누면 3이 남고, 7로 나누면 2가 남는다고 하면, 원래의 총수는 얼마인가(출처 : 「손자산경」)?

답 : 23.

해제(속칭 '진나라 왕의 비밀스러운 병사 점검법(진왕암점병),' 또는 '반복사격술(복사지술)'이라고 함. 만약 105가 넘으면, 반드시 문제 내에 적혀 있어야 함.)

관을 자르는 방법(전관술)에 따라서 3으로 나누면 1이 남는 것에 대해서는 70을 놓는데, 문제에서의 나머지가 2이므로 140을 놓고, 5로 나누면 1이 남는 것에 대해서는 21을 놓는데, 문제에서의 나머지가 3이므로 63을 놓고, 7로 나누면 1이 남는 것에 대해서는 15를 놓는데, 문제에서의 나머지가 2이므로, 30을 놓는다. 셋을 더하면 233이고, 105의 최대배수(highest common factor)인 2×105를 빼면, 나머지가 23으로서 답의 숫자가 된다.

이런 종류의 부정방정식 문제들을 푸는 방법은 원래 대연술(the superfluous art)로 불리다가, 나중에 대연구일술(the superfluous art of seeking unity)로 알려지게 된 것이다(Lam, 1977 : 323). 이 문제에서 "3으로 나누면 2가 남고, 5로 나누면 3이 남고, 7로 나누면 2가 남는다"는 것은, 현대적인 표기법을 쓴다면,

$$x \equiv 2 (\text{mod } 3) \equiv 3 (\text{mod } 5) \equiv 2 (\text{mod } 7)$$

로 표시될 수 있다. 이 문제의 답은 '전관술'이라는 풀이법에 따라

$$70 \times 2 + 21 \times 3 + 15 \times 2 - 210$$
$$= (140 + 63 + 30) - 210 = 233 - 210 = 23$$

이라는 계산을 통해서 도출되고 있는데, 21이나 15를 보면, 각각 3과 7, 3과 5의 최소공배수로서 그 순서대로 5와 7로 나눴을 때, 나머지가 1이 되게 하는 가장 작은 수들이며, 각각 3배와 2배 한 것은 나눗수를 제외한 두 숫자들의 영향을 통제하려고 한 것임을 알 수 있다. 그런데 이렇게 볼 때, 계산 가운데 발견되는 70이라는 숫자는 결코 원리에 충실한 선택이었다고 볼 수가 없다. 왜냐하면 애당초 그것 대신에 5와 7의 최소공배수인 35를 선택했더라면, 그 자체로서 3으로 나누어 2가 남는 숫자이기 때문에, 굳이 70의 2배인 140까지 고려해야 할 필요가 생기지 않기 때문이다. 즉, 보다 엄밀한 계산은

$$35 + 21 \times 3 + 15 \times 2 - 105 = (35 + 63 + 30) - 105$$
$$= 128 - 105 = 23$$

이라고 했어야 됐다는 얘기다. 따라서 이 문제에 대한 원래의 풀이법을 소개하면서, 그것이 "완벽하게 정확한 규칙에 의해서 서술되었다"고 추켜세운 마츠로프(Martzloff, 1987 : 310)의 말은 다소 도를 넘어선 칭송이 아닐 수 없다.

한편, 23이 문제의 조건을 일반적 수준에서 충족시키는 다시 말해서,

$$x = 23 + 105m \text{ (단, } m \geq 0\text{인 정수)}$$

으로 표시되는 일련의 정수들 가운데 가장 작은 수라는 점에 유념한다면, 우리는 문제가 바로 그와 같은 최소값을 찾는 것임을 어렵지 않게 확인하게 된다.

3.3 「양휘산법」과 조선시대 산학

앞에서 이미 살펴본 바와 같이, 「양휘산법」은 「산학계몽」, 「상명산법」과 더불어 조선시대 초기부터 가장 영향력이 컸던 산학서였으며 그 영향력은 초기 이후에도 지속적으로 확인된다. 일례를 들자면 현종 2년(1660)에 간행된 「산학계몽」 중간본 서문에는 당시 전남도관찰사, 병마수군절도사 및 전주부윤을 겸하고 있었던 김시진(金始振)이 그로부터 3년 전인 효종 8년(1657)에 「양휘산법」을 입수하게 된 경위를 다음과 같이 적고 있다.

歲丁酉居憂抱病無外事,適得抄本楊輝算書於今金溝縣令鄭君瀁.

그러나 조선시대에 미친 「양휘산법」의 영향력은 뭐니뭐니 해도 그 시대에 이루어진 산학서들의 내용 속에서 직접 찾지 않으면 안될 것이며, 사실상 그 영향은 곳곳에서 어렵지 않게 감지된다. 이를테면, 최석정(1645-1715), 「구수략(九數略)」의 참고문헌에는 「양휘

산법」이 원 곽수경의 「칠개산」, 주세걸의 「산학계몽」, 명 정대위의 「산법통종」, 마테오 리치(利馬竇, Mateo Ricci, 1552-1610)와 이지조의 「천학초함」, 지아코모 로(Giacomo Rho, 羅雅谷, 1592-1638)의 「주산(籌算)」, 「상명산법(詳明算法)」, 그리고 경선징의 「묵사집」 등과 함께 등장한다. 특히 그가 권말 부분에서 "하락변수(河洛變數)"라는 제목으로 소개하고 있는 것은 바로 「속고적기산법」 상권의 종횡도를 참고한 것이다.

또한 황윤석(1729-1791)의 「산학입문」도 「양휘산법」에서 인용한 많은 예제를 다루고 있을 뿐 아니라, 권말 부록에는 아예 그 서문까지를 「산학계몽」의 그것과 함께 소개하고 있음을 볼 수 있다(김용운, 1985(3) : 212-213).

그리고 홍대용(1731-1783)의 「주해수용(籌解需用)」의 인용서목에도 「속고적기산법」이 주세걸의 「산학계몽」, 정대위의 「산법통종」, 청 장수성(蔣守誠)의 「산법전서」, 마테오 리치(利馬竇, Mateo Ricci, 1552-1610)와 이지조의 「혼개통헌(渾蓋通憲)」, 「율력연원(律曆淵源)」, 강희제의 「수리정온(數理精蘊)」, 경선징의 「상명수결(詳明數訣)」, 박율(朴繘)의 「수원(數原)」 등과 함께 등장한다(김용운, 1985(3)」: 376).

한편, 「속고적기산법」 상권에 소개된 종횡도의 영향은 배상열(裵相說, 1759-?)의 「서계쇄록(書計瑣錄)」과 같은 데서 발견되며(김용운, 1985(4) : 131-134), 「전무비류승제첩법」 등에서 다루고 있는 퇴타(堆垜) 문제는--물론 주세걸의 「사원옥감」 등에서도 취급되었으므로 양휘 만의 영향이라고 보기는 어렵겠지만--이상혁(李尙爀, 1810-?)의 「익산(翼算)」 하편(下篇) 등에 그 흔적이 뚜렷이 드러난다(김용운, 1985(4) : 625-686).

4. 결론

지금까지 우리는 녹우당에 소장되어 있는 필사본 「양휘산법」의 문헌적 특징과 수학적 내용에 관해서 알아보았다. 이 과정에서 우리는 15세기 간본이 과연 활판본인지 등의 중요한 서지학적 문제와 맞닥뜨리게 되었다. 필사자가 과연 누구인지는 추후에 엄밀한 감식 절차를 거쳐서 밝혀져야 할 문제로 남지만, 아무튼 녹우당의 역대 주인 가운데 송대의 산학서에까지 깊은 관심을 보여서 꼼꼼하게 필사하기를 마다 않은 사람이 있었다는 것만으로도 조선시대 상류층의 교양과 행동 반경에 대한 새로운 인식을 갖게 하기에 충분하다고 여겨진다. 녹우당 「양산」 또한 산학서라는 과학기술서적의 필사 양식의 의미 있는 예를 제공한다는 점에서도 앞으로 보다 면밀하게 검토되어야 할 것이다.

참고문헌

「算學啓蒙」.

「世宗實錄」.

「조선일보」 1998. 12. 15일자.

金容雲 편. 1985.「韓國科學技術史資料大系: 數學篇」. 전10권. 驪江出版社.

차종천. 2003. "녹우당 소장「양휘산법」의 위상." 송일기 · 노기춘 편,「해남 녹우당의 고문헌」, 태학사, 137-175쪽.

馬繼興 · 眞柳誠 · 鄭金生 · 王鐵策 · 小曾戶洋 · 蕭永芝 編. 1999.「日本現存中國稀覯古醫籍 叢書」. 人民衛生出版社.

孫宏安. 1997.「楊輝算法」. 遼寧敎育出版社.

兒玉明人 編. 1966.「十五世紀の朝鮮刊 銅活字版數學書」. 東京 : 私刊.

吳文俊 編. 2000.「中國數學史大系」. 第5卷. 北京師範大學出版社.

吳淸輝. 1999.「中國篆刻學」. 西泠印社.

靖玉樹 編. 1994.「中國歷代算學集成」. 上 · 中 · 下卷. 山東人民出版社.

千惠鳳. 1997.「韓國書誌學」. 민음사.

Lam, Lay Yong. 1977. *A Critical Study of the Yang Hui Suan Fa: A Thirteenth-century Chinese Mathematical Treatise*. Singapore University Press.

Martzloff, Jean-Claude. 1997. *A History of Chinese Mathematics*. Springer.

찾아보기

(ㄱ)

(ㅇ)

(ㅎ)

차종천(車鍾千)

서울대학교 영어영문학과 졸업
서울대학교 대학원 사회학과 수료
미국 위스콘신대 대학원에서 사회학 석・박사학위 취득
한림대학교 사회학과 교수 역임
위스콘신대 방문교수
도쿄대학 객원교수
캠브리지대 방문 펠로우
현재 : 성균관대학교 사회학과 교수

역・저서 : 「구장산술・주비산경」, 「현대사회통계학」 등 다수
논문 : "Reception and Appropriation of Chinese Mathematics in Joseon Dynasty : With Respect to *Hushilun*" 등 다수

東洋數學大系 V
楊輝算法

2006년 6월 20일 초판 인쇄
2006년 6월 26일 초판 발행

편역자 / 차종천
발행자 / 오판근
발행처 / 교우사

주 소 / 서울 동대문구 제기2동 148-19
전 화 / 925-2861, 929-4865
팩 스 / 925-2860
E-mail / kw2861 @ chollian. net
http: // www. kyowoo. co. kr
등록 / 1994. 3. 24 제7-119호

ISBN 89-8172-614-0 (94410)
89-8172-609-4 (세트)

값 **29,000**원